航空发动机新技术丛书

国家出版基金项目
NATIONAL PUBLICATION FOUNDATION

航空燃气轮机
结构系统动力学设计

Dynamic Design of Aero-Engine Structural System

程荣辉　马艳红　李　超　王永锋　洪　杰　著

北京航空航天大学出版社

内 容 简 介

本书围绕航空燃气轮机结构系统动力学设计问题,讲述转子结构特征、运动状态及动力学特性之间的内在联系以及在工作过程中的交互影响,给出复杂转子系统共振转速分布、动力响应仿真及稳定性评估等动力学设计理论方法。针对支承-承力结构系统,给出了隔振/减振设计方法和技术方案;面向航空燃气轮机总体布局,阐明整机刚度/质量布局设计、整机变形控制方法,以及极限载荷下整机结构冗余设计和安全性评估方法。

本书可作为航空、宇航动力专业和流体机械专业本科生和研究生的参考书,也可供航空燃气轮机工厂,研究院(所),空军、海军和陆军航空兵部队相关人员参考,还可供从事车辆和舰船用燃气轮机相关工作的技术人员参考。

图书在版编目(CIP)数据

航空燃气轮机结构系统动力学设计 / 程荣辉等著
. -- 北京 : 北京航空航天大学出版社,2023.2
ISBN 978 - 7 - 5124 - 4001 - 2

Ⅰ.①航… Ⅱ.①程… Ⅲ.①航空发动机－燃气轮机
－空气动力学－设计 Ⅳ.①V235.1

中国国家版本馆 CIP 数据核字(2023)第 016305 号

航空燃气轮机结构系统动力学设计

程荣辉 马艳红 李超 王永锋 洪杰 著
策划编辑 蔡 喆 责任编辑 龚 雪

*

北京航空航天大学出版社出版发行

北京市海淀区学院路 37 号(邮编 100191) http://www.buaapress.com.cn
发行部电话:(010)82317024 传真:(010)82328026
读者信箱: goodtextbook@126.com 邮购电话:(010)82316936
北京雅图新世纪印刷科技有限公司印装 各地书店经销

*

开本:710×1 000 1/16 印张:22.25 字数:474 千字
2023 年 2 月第 1 版 2023 年 2 月第 1 次印刷
ISBN 978 - 7 - 5124 - 4001 - 2 定价:139.00 元

前　言

　　航空燃气涡轮发动机(航空燃气轮机)是一种结构复杂的高速旋转热动力机械系统,需要在高温、高压、高转速和变工况的恶劣工作条件下长期运转。在现代高负荷先进航空燃气涡轮发动机的结构设计中,需要综合考虑几何构形、连接界面、支承约束等结构特征参数对转子动力学特性的影响。

　　高结构效率结构系统均采用不同材料、几何构形和界面连接设计,在复杂多变载荷环境下,结构变形及力学特性随工作状态变化呈现一定的分散性,需要考虑连接结构界面损伤积累与宏观动力学特性的内在关联性。

　　由于航空燃气轮机转子结构质量、刚度分布的非连续性,故在高速旋转状态下,结构特征和运动状态变化不仅影响转子共振转速分布,还对转子弹性线和支点动载荷等动力响应也产生越来越重要的影响。

　　在航空燃气轮机设计中,为了保证转子结构系统具备承载一切可能发生的极限甚至恶劣载荷的能力,需要兼顾综合性能与安全性,为防止极限工况下的结构损伤失效及其危害,整机结构设计主要包括安装结构冗余设计、转子轴系防断轴设计以及支承结构安全性设计。

　　本书重点阐述航空燃气轮机结构系统动力学设计理论方法,共8章。第1章对航空燃气轮机结构特征及其定量描述模型进行概述,突出典型航空燃气轮机总体布局及转子、承力结构特征。第2~5章介绍航空燃气轮机转子动力学基础理论,以及共振特性、动力响应、稳定性等,并给出航空燃气轮机转子结构及动力学设计基本方法。第6章聚焦航空燃气轮机支承结构系统,重点关注其隔振、减振设计方法,以及叶片飞失等极端载荷下的安全性设计策略。第7、8章聚焦航空燃气轮机整机结构布局与安全性设计方法,重点阐明整机刚度/质量布局设计、整机变形控制方法,以及极限载荷情况下的安装结构冗余设计、整机安全性评估方法等。

　　本书是北京航空航天大学"结构系统与动力学研究团队"在国家重大基础研究项目(2017-Ⅳ-0011-0048)、预研项目、型号研制和国家自然基金的支持下,在多年研

究成果的基础上将具有普适性的先进设计理念、设计理论、设计方法结合工程应用编写而成的。参加本书编写的专家学者均常年从事工程型号研制和基础科研工作,有中国航发沈阳发动机研究所的程荣辉、曹茂国、张西厂、孙博、王东,湖南动力机械研究所的李维、梅庆、宋双文、苏志敏、郑华强,以及北京航空航天大学的洪杰、马艳红、李超、王永锋、陈雪骑、闫琦、付杰、王维斌、李毅沣等。

本书可作为航空、宇航动力专业和流体机械专业本科生和研究生的参考书,也可供航空燃气轮机工厂,研究院(所),空军、海军和陆军航空兵部队及从事燃气轮机相关工作的技术人员参考。

目 录

第1章　航空燃气轮机及其结构系统……………………………………… 1

　1.1　总体结构特征 ……………………………………………………… 2

　　1.1.1　基本概念 ……………………………………………………… 3

　　1.1.2　典型发动机 …………………………………………………… 3

　1.2　转子结构特征 ……………………………………………………… 9

　　1.2.1　涡扇发动机 …………………………………………………… 10

　　1.2.2　涡轴/涡桨发动机 …………………………………………… 14

　1.3　承力结构特征………………………………………………………… 16

　　1.3.1　承力框架 ……………………………………………………… 17

　　1.3.2　支承结构 ……………………………………………………… 21

　1.4　结构特征定量描述 ………………………………………………… 25

　　1.4.1　结构特征等效 ………………………………………………… 26

　　1.4.2　力学模型 ……………………………………………………… 28

第2章　转子运动及旋转惯性 ……………………………………………… 32

　2.1　坐标系与转子运动 ………………………………………………… 33

　　2.1.1　坐标系 ………………………………………………………… 34

　　2.1.2　转子运动状态 ………………………………………………… 37

　2.2　质量分布与旋转惯性 ……………………………………………… 44

　　2.2.1　质量分布不对称 ……………………………………………… 45

　　2.2.2　旋转惯性载荷 ………………………………………………… 47

　2.3　旋转惯性载荷分布 ………………………………………………… 50

2.3.1　分布特征描述 ·· 50

    2.3.2　运动状态影响 ·· 53

第3章　转子系统动力学特性 ······································ 57

  3.1　共振转速分布 ·· 58

    3.1.1　刚性转子系统 ·· 59

    3.1.2　柔性转子系统 ·· 62

  3.2　动力响应特性 ·· 65

    3.2.1　旋转惯性激励载荷 ······································ 66

    3.2.2　支承约束的影响 ·· 70

  3.3　双转子共振转速分布 ······································ 73

    3.3.1　运动方程 ·· 74

    3.3.2　模态求解 ·· 75

    3.3.3　转动方向影响 ·· 79

    3.3.4　共振转速分布特征 ······································ 82

第4章　转子结构及动力学设计 ···································· 88

  4.1　设计内容与方法 ·· 89

    4.1.1　内容及要求 ·· 89

    4.1.2　设计要点 ·· 91

    4.1.3　设计方法 ·· 92

  4.2　高速刚性转子设计 ·· 101

    4.2.1　设计模型 ·· 102

    4.2.2　转子构形 ·· 108

    4.2.3　转子动力学特性 ·· 109

  4.3　多支点柔性转子设计 ······································ 114

    4.3.1　设计模型 ·· 114

    4.3.2　转子构形 ·· 116

    4.3.3　转子动力学特性 ·· 117

第5章　转子系统动力响应及稳定性 ································ 125

  5.1　叶片飞失激励动力响应特性 ································ 126

    5.1.1　运动状态与载荷特征 ···································· 127

    5.1.2　动力响应 ·· 133

    5.1.3　动力损伤控制 ·· 138

  5.2　弯扭耦合动力学响应特性 ·································· 141

　　　　5.2.1　转子弯扭耦合产生机理 ·················· 142

　　　　5.2.2　转子弯扭耦合动力学特性分析模型 ·········· 144

　　　　5.2.3　旋转惯性激励转子弯扭耦合振动 146

　　　　5.2.4　转静件碰摩激励转子扭转振动 ·············· 169

第6章　支承结构减振隔振及安全性设计 ·················· 180

　6.1　力学特征与失效模式 ·························· 181

　　　　6.1.1　工作载荷环境 ······················· 182

　　　　6.1.2　动刚度特征 ························· 189

　　　　6.1.3　损伤失效模式 ······················· 195

　6.2　支承结构减振设计 ···························· 197

　　　　6.2.1　鼠笼挤压油膜阻尼结构 ·················· 198

　　　　6.2.2　弹性环阻尼结构 ······················ 203

　　　　6.2.3　弹支阻尼结构设计要求 ·················· 209

　6.3　承力结构隔振设计 ···························· 212

　　　　6.3.1　振动耦合机理 ······················· 213

　　　　6.3.2　几何构形突变设计 ····················· 219

　　　　6.3.3　干摩擦耗能结构 ······················ 226

　6.4　支承结构安全性设计 ·························· 231

　　　　6.4.1　叶片飞失载荷特征 ····················· 231

　　　　6.4.2　抗冲击结构设计 ······················ 232

　　　　6.4.3　角向变形协调设计 ····················· 239

第7章　整机结构布局及变形协调性设计 ·················· 244

　7.1　整机结构布局设计 ···························· 245

　　　　7.1.1　高推重比涡扇发动机 ···················· 246

　　　　7.1.2　高涵道比涡扇发动机 ···················· 252

　　　　7.1.3　大功率涡桨发动机 ····················· 256

　　　　7.1.4　变循环涡扇发动机 ····················· 260

　7.2　整机质量预估与分布 ·························· 263

　　　　7.2.1　质量分布特征 ······················· 263

　　　　7.2.2　质量预估方法 ······················· 266

　　　　7.2.3　质量评估参数 ······················· 276

　7.3　整机变形协调性设计 ·························· 277

　　　　7.3.1　极限载荷特征 ······················· 277

　　　　7.3.2　变形协调性评估 ······················ 279

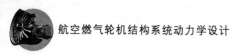
      7.3.3　结构布局设计策略 ……………………………………… 284

第8章　安装结构设计与整机安全性评估……………………………… 287

  8.1　整机结构安全性 ……………………………………………… 288
     8.1.1　结构安全性 ………………………………………… 288
     8.1.2　极限载荷及设计要求 ……………………………… 290
  8.2　安装结构及安全性设计 ……………………………………… 299
     8.2.1　整机安装要求 ……………………………………… 300
     8.2.2　结构及力学特征 …………………………………… 303
     8.2.3　安全性设计 ………………………………………… 310
  8.3　整机安全性评估方法 ………………………………………… 317
     8.3.1　术语与定义 ………………………………………… 317
     8.3.2　评估要求 …………………………………………… 318
     8.3.3　评估流程 …………………………………………… 322
     8.3.4　分析方法 …………………………………………… 326

参考文献……………………………………………………………… 331

第 1 章
航空燃气轮机及其结构系统

航空燃气涡轮发动机(简称航空燃气轮机)是为航空器提供动力的高速旋转热机,通过高速旋转的转子系统实现连续的吸气、压缩、燃烧、做功循环模式。航空燃气轮机由转子系统、轴承、承力系统以及各类附件系统等构成,并通过不同连接结构组合为一体,形成复杂整机结构系统。航空燃气轮机结构系统是联系气动性能、燃烧传热、强度振动、材料工艺、装配维修等先进技术的桥梁和纽带。新型航空燃气轮机设计总是以新结构为载体,保障气动性能、使用寿命与可靠性的均衡。

在先进航空燃气轮机研制过程中,结构系统动力学问题受到越来越多的关注,已不限于单一构件的结构特征参数的确定,而是必须考虑结构间相互约束和多个构件组合的影响。在工作过程中,航空燃气轮机在高温、高压条件下高速运转,在气动、机械和温度等多种载荷交互作用下,不同构形和材料结构存在连接状态变化及损伤积累等,造成结构系统力学特性的分散性加大,对载荷环境的敏感度不断提高;长期工作中,表现出多种失效模式相互耦合、结构间损伤失效力学过程相互影响的结构系统可靠性问题。因此,需要开展以结构系统为对象的动力学分析,并实现多设计目标、多设计参数的航空燃气轮机结构系统设计。

| 1.1　总体结构特征 |

20 世纪 30 年代初,Frank Whittle 在其发明的专利中首先提出航空燃气涡轮发动机的概念设想,至今经过了近百年的演变和发展,根据飞行器对动力装置功能要求和使用环境的不同,多类型航空燃气轮机已衍生发展出来,如涡喷发动机、涡扇发动机、涡轴/涡桨发动机以及新型桨扇/齿轮传统发动机等。各类型发动机具有不同的结构特征、力学特性与工作特点。不过,随着现代航空燃气轮机在气动性能、成本要求,以及可靠性、安全性、维修性等方面设计要求的不断提高,在现代航空燃气轮机研制过程中,多采用以先进通用核心机为基础,不同类型发动机衍生发展的模式。

1.1.1　基本概念

航空燃气轮机中的结构特征是结构固有特性的具体表现,包括结构几何构形、材料性能、界面配合状态等要素。其中,几何构形确定结构基本特征,尺寸是将结构及其性能具体化的参数,特征参数包括:长度、截面积、质心、惯性矩等。材料性能表示的是所使用材料本身所具有的细观基本属性,材料参数包括:密度、弹性模量、强度极限等。界面配合状态取决于不同构件间的连接方式与位置。

结构系统(structural system)是指由两个或多个构件通过界面配合、连接而成的结构组合体。结构系统的力学特性是由各构件的力学特性与连接界面的力学特性共同作用所形成的,在一定的工作载荷环境下,需要考虑结构连接界面对结构系统力学特性的影响。

在航空燃气轮机中,结构系统按照所涉及结构范畴可分为整机、部件和组件。按照结构特征、工作载荷环境等,航空燃气轮机又可以分为转子结构系统、承力结构系统、附属系统(如起动系统、燃油系统、滑油系统、冷却系统等附属结构),以及用于轴功率传递的传动系统等。

转子-支承结构系统(简称转子系统)是指叶片、轮盘、轴段及支承通过界面配合、连接形成的转子轴系。转子系统通常承受离心载荷、气动扭矩、轴向力与机动载荷等。对于航空燃气轮机转子系统的动力学分析,通常以转子-支承结构系作为分析对象。不同的转子结构、支承方案和支承刚度都会使得转子系统产生不同的动力学特性,从而对整机及转子系统的抗变形能力、动力响应特性产生影响。

承力结构系统(简称承力系统)是从轴承到发动机安装节之间的承力结构与相应连接结构的统称,包括发动机的支承结构、承力框架、承力机匣和安装结构,用于承受和传递作用在转子结构单元上的载荷。其中,承力框架是指将转子支点的载荷从轴承通过气流通道传至外承力机匣的组件,还包含一些必要的承力件和相应的冷却、封严结构。承力机匣主要包括进气机匣、中介机匣、扩压器机匣、燃烧室机匣、涡轮级间机匣和涡轮后承力框架和尾喷口。为了减轻航空燃气轮机的质量、充分利用机匣的材料,大部分发动机的机匣均作为承力结构,即为承力机匣。除支承转子系统的作用外,承力机匣上还须布置运输用固定结构和传动附件等。

整机结构系统(简称整机)是指发动机转子-支承-机匣-安装节系统,主要包括转子及其连接结构、转子支承结构、机匣结构、安装结构,以及各组件之间的连接等。此外,整机结构系统需要考虑发动机外部的管路、附件、驱动附件的传动系统等与整机力学特性有关的附属系统。

1.1.2　典型发动机

20 世纪 30 年代,作为替代活塞发动机的一种航空动力装置——燃气涡轮喷气发动机的设计概念及方案在英国出现,其显著提高了空气流量,大幅度提高了发动机输出功率(推力)。其后,逐渐衍生出涡扇发动机、涡轴/涡桨发动机,以及近年来提出的桨扇发动机、齿轮驱动风扇发动机等。

不同类型的航空燃气轮机,在总体结构布局设计上具有各自的特点,如涡扇发动机空气流量大,径向、轴向尺寸均较大,并直接产生推力;而涡轴、涡桨发动机则具有空气流量小、径向尺寸小、转速高的特点,并采用功率输出轴为旋翼或螺桨提供轴功率。

1. 涡喷发动机

早期涡轮喷气发动机(简称涡喷发动机)结构组成相对简单,图 1－1 为典型的单转子涡喷发动机总体结构示意图。该发动机的转子结构系统由压气机转子组件(六级压气机盘和前、后轴径通过螺栓连接组成)和涡轮转子组件(涡轮轴及涡轮叶盘)通过套齿连接构成,通过压气机前、后支点和涡轮前支点共计三个支点支承。承力结构系统由压气机前承力框架、压气机机匣、燃烧室扩压器及内机匣等构成。附属系统由压气机前的中央传动装置、机匣外附件系统以及置于进气锥内的起动机等构成。

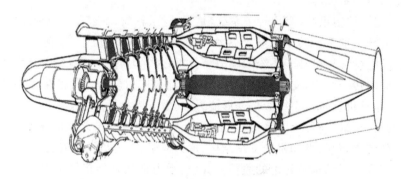

图 1－1　典型单转子涡喷发动机

为了减小气流在流动过程中的损失,根据空气增压、燃烧、做功的顺序,将燃烧室置于压气机和涡轮之间,而压气机由涡轮驱动,需要同轴旋转,二者间进行功率传递的转子轴必须"穿过"燃烧室。由于压气机、涡轮部件的工作环境不同,为了降低结构质量,一般采用不同的材料和构形,转子系统结构特征中表现出质量/刚度沿轴向分布变化的特征,并随载荷环境的变化可产生相应的变化。

2. 涡扇发动机

20 世纪 60 年代末期,为了进一步加大航空燃气轮机的推力、降低耗油率,通过改变燃气轮机的热力循环,提出了涡扇发动机的设计方案。涡扇发动机设置有内外两个涵道,充分利用内涵道气流高循环参数所产生的热能,通过高温燃气驱动涡轮,并传递给风扇,通过在外涵道中增加空气流量,提供推力。涡扇发动机可更充分利用燃烧中产生的热能,使得流经发动机的空气流量大幅增加,同时有效降低了排气温度和速度,从而提高了涡扇发动机的总效率。

涡扇发动机可分为高涵道比涡扇发动机(多用于客机和运输机)和小涵道比涡扇发动机(多用于军用战斗机)两类。涡扇发动机常见的结构组成为双转子或三转子系统,其中双转子发动机通常采用三承力框架(多为低压 3 支点＋高压 2 支点)的承力系统,并通过刚性联轴器连接压气机和涡轮组件。

典型的高涵道比涡扇发动机如图 1-2 所示。GE90-115B 发动机的涵道比为 9∶1,其风扇直径为 3.25 m,最大推力达到 580 kN。为了能够驱动大尺寸的风扇,其低压涡轮有 6 级,风扇和涡轮使得低压转子呈大比例的"杠铃"构形,质量刚度分布极不均匀。高压转子系统转速达到 10 850 r·min^{-1},轴向距离超过 2 m,涡轮前温度达 1 700 K,高压压气机和高压涡轮以大直径鼓筒轴连接,为大跨度准刚性转子结构系统。GE90 系列发动机以高可靠性著称,为了应对其转速、涡轮前温度和气动负荷大幅提高带来的载荷环境变化,高压转子采用大跨度"拱形环壳"构形转子系统,低压转子通过支承方案和转子几何构形设计获得了较大的局部径向和角向刚度,优化了质量刚度分布特征,并在此基础上优化设计了主要连接结构以控制整机结构系统各子结构间的交互影响,为该发动机良好的动力学特性和高可靠性奠定了基础。

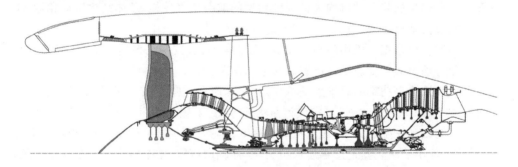

图 1-2　GE90-115B 高涵道比涡扇发动机

典型的小涵道比涡扇发动机如图 1-3 所示。F110-GE-100 发动机采用中介支点布局方案和拱形构形设计,高压转子的 7 级高压压气机通过大直径鼓筒轴与 1 级高压涡轮相连,后支点通过中介轴承支承于低压涡轮轴上。低压转子由 3 级风扇和 2 级低压涡轮组成,并由 3 个支点进行支承约束。承力结构系统由 3 个承力框架(风扇前、中介、涡轮后)和承力机匣组成。

小涵道比涡扇发动机总体结构设计应严格考虑结构系统层面的影响。其一,整体结构细长,其迎风面积较小,最大径向直径一般都在 1 m 左右,而主机长度通常达 2 m 以上,并在发动机后段有同主机长度相近的加力燃烧室,整机变形控制影响大、要求高、实施困难;其二,转子系统转速相对高涵道比涡扇发动机提高约 50%,工作转速的提高可诱发转子间耦合振动、转子-承力系统间振动传递和耗散等,给结构系

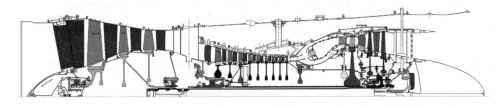

图 1-3   F110-GE-100 小涵道比涡扇发动机

统动力学设计带来了挑战;其三,作为军用发动机,需要面对更为严苛的外部环境(如高机动、大过载、变化较为频繁的气动负荷等),更易造成转/静子结构损伤,从而影响整机结构系统力学特性。

3. 涡轴/涡桨发动机

涡轴/涡桨发动机主要通过输出轴功率驱动螺旋桨或旋翼产生向前或向上的拉力,而通过尾喷口排出燃气产生的推力较小。由于空气流量低于涡扇发动机,为保证叶片气动效率和便于加工制造,涡轴/涡桨发动机整体径向尺寸较小。其转子结构系统可分为产生高温、高压燃气的燃气发生器转子和通过减速器输出轴功率的动力涡轮转子。涡轴与涡桨发动机均为输出轴功率的航空燃气轮机,总体结构特征相近,本部分以涡轴发动机为例,对其总体特征进行概述。

涡轴发动机是直升机用的小尺寸、小流量发动机,按照功率输出形式,涡轴发动机可以分为动力涡轮轴前端输出和后端输出两类。

典型前端输出功率的涡轴发动机如图 1-4 所示,其为 GE 公司在 20 世纪 70 年代研发的 T700 系列发动机,其空气流量为 4.5 kg/s,输出功率为 14 00~2 000 kW。该发动机的燃气发生器转子、压气机组件由 6 级轮盘通过端齿传扭、中心拉杆轴向拉紧,涡轮组件由 2 级轮盘通过端齿传扭、长螺栓轴向压紧,整个转子由 2 个支点支承,高压涡轮悬臂。动力涡轮转子由两级动力涡轮和向前穿过燃气发生器转子的细长动力涡轮轴组成,前后 3 个支点支承。其承力系统由进气机匣承力框架、燃烧室内机匣承力框架以及涡轮后承力框架组成。

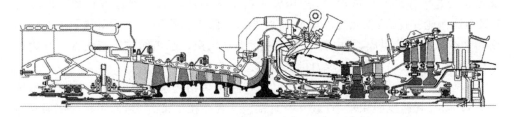

图 1-4   T-700 涡轴发动机(前端输出功率)

典型后端输出功率的涡轴发动机如图 1-5 所示,其为透博梅卡公司在 20 世纪

70 年代研发的 Arriel(阿赫耶)系列涡轴发动机。其空气流量为 2.5 kg/s,输出功率为 450～650 kW。发动机的燃气发生器转子采用 1 级轴流＋1 级离心压气机＋2 级高压涡轮布局,并通过端齿连接传扭、中心拉杆轴向压紧,由 3 个支点支承。动力涡轮转子是单级盘轴一体化结构,向后输出和内置减速器连接,这种结构形式避免了动力涡轮轴前伸穿过燃气发生器转子的情况,大幅降低了两个转子系统的结构设计难度。

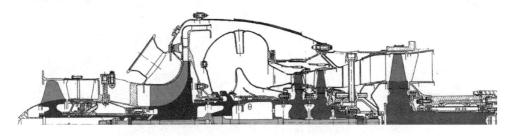

图 1-5　Arriel 涡轴发动机(后端输出功率)

涡轴/涡桨发动机需要在整机尺寸偏小的情况下输出较大功率并维持效率,转子系统具有大长径比、高转速的特点。如 T700 发动机燃气发生器转子转速为 44 720 r·min^{-1},动力涡轮转子转速为 20 900 r·min^{-1}。大长径比的转子系统在高转速下工作时,其总体结构设计面临的问题更加鲜明。转子结构长径比大,刚度较弱,在高转速区存在转子系统变形控制挑战;由于径向尺寸小,多采用中心拉杆进行分段轴向压紧连接,在高速旋转状态下,需要保证连接界面具有稳定的接触状态,控制接触损伤积累,保证连接界面接触状态和预紧力等对载荷环境变化的低敏感度。

为减小发动机轴向长度,降低结构重量,在涡轴/涡桨发动机中常采用“共用承力框架”的方案,即多个轴承支承于同一承力框架上,以减少承力框架数。尤其因尺寸限制,小型涡轴/涡桨发动机通常难以采用中介轴承,而多采用涡轮级间共用承力框架实现不同涡轮结构支承,如图 1-6 所示。共用支承结构可有效减少承力框架,降低结构重量。不过,在多转子不同旋转激励的环境下,承力结构需要考虑隔振、减振及抗高周疲劳损伤等设计问题,尤其涡轮级间共用承力框架工作于热端高温环境中,给结构系统变形控制、动力学设计及其可靠性带来更严峻的挑战。

4. 桨扇/齿轮驱动风扇发动机

20 世纪 80 年代开始出现的一种在结构和性能上介于涡扇发动机和涡桨发动机之间的新型燃气涡轮发动机,即桨扇发动机。桨扇发动机在高亚声速进行巡航时,可以具有接近涡扇发动机的推力和效率,而能保持与涡桨发动机相似的低耗油率特性。桨扇发动机总体结构综合了涡扇和涡桨发动机的技术特点:从涡扇的角度,增大了桨叶直径,甚至去除了风扇机匣以获得足够大的涵道比、低耗油率;从涡桨的角度,采用了宽弦长、大后掠的多片桨叶以提高巡航效率、降低激波损失。

D-27 发动机是目前国际上唯一服役的桨扇发动机,如图 1-7 所示,由乌克兰

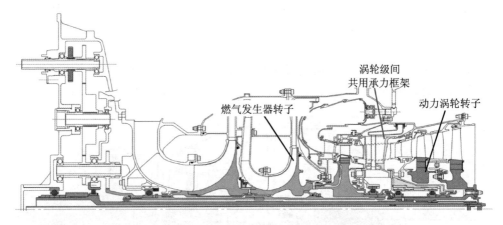

图 1-6　MTR390 涡轴发动机(涡轮级间共用承力框架)

伊夫琴柯进步设计局于 20 世纪 80 年代中期设计,并由"马达尔索其"(Мотор‐Сич)制造。其为一款功率前输出的三转子桨扇发动机,长 4.205 m,宽 1.259 m,高 1.37 m,总重 1 650 kg,最大输出功率超过 10 000 kW,空气流量超过 27 kg/s。

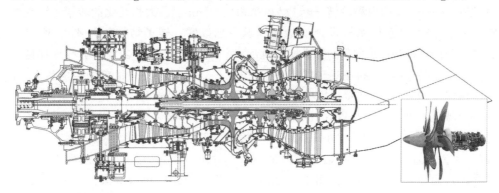

图 1-7　D-27 桨扇发动机

　　D-27 发动机采用三转子结构布局,燃气发生器为双转子系统,其中高压转子后支点通过中介轴承支承在中压涡轮轴上;中压转子采用 1-1-1 形式的三支点支承方案,中压涡轮后支点与动力涡轮前支点采用涡轮级间共用承力框架支承。动力涡轮转子输出轴前伸穿过高压和中压转子,再通过齿轮系拆分出共轴反转的两个输出端口,采用 0-2-0 支承方案,后支点位于动力涡轮前,4 级动力涡轮悬臂支承。由于转子系统间、转子-承力系统间复杂的支承约束关系,需要考虑与中介支点有关的高压-中压涡轮转子间的耦合振动,中压-动力涡轮转子与涡轮级间承力结构间的耦合振动,以及大跨度动力涡轮输出轴的动力学特性等问题。

　　涡扇发动机的一类新型衍生机型,即齿轮传动风扇发动机(geared turbo fan,GTF),主要用来解决大尺寸风扇与低压涡轮对转速需求的矛盾。GTF 发动机的概念在更早期就已经提出,20 世纪 70 年代初就出现了产品化的小推力 GTF 发动机,如 ALF502、TFE731 等。但是,受限于大功率齿轮减速器的技术瓶颈与较弱的市场需求,大推力 GTF 发动机的研发一直较为缓慢,直到 20 世纪 90 年代,受高油价刺激,GTF 发动机在历经几十年的技术储备之后,开始走向快速发展阶段,出现了 PW1000G,如图 1-8 所示。

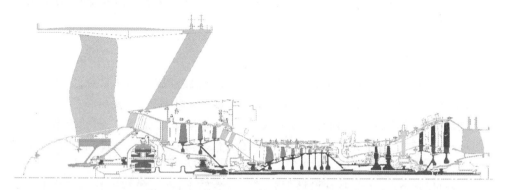

图 1-8   PW1000G 齿轮传动风扇发动机

GTF 发动机通过风扇与低压涡轮转子间的传动齿轮,使得低压涡轮可高转速运转,以较少级数提供大驱动功率;同时降低了大尺寸风扇运转速度,从而允许发动机进一步提高涵道比、降低油耗。但是,放置于风扇和低压涡轮之间的减速器为总体结构带来了新的挑战,即风扇、减速器和低压涡轮转子的支承约束状态、彼此间的耦合激励控制等。风扇-低压转子系统结构质量/刚度轴向分布具有鲜明的非均匀性,并需要采用更多支点实现相分隔风扇及涡轮转子的支承;同时考虑到齿轮结构啮合等,风扇转子和低压转子结构系统动力学特性存在多重交互影响。

综上所述,不同类型航空燃气轮机总体结构布局均包括转子结构系统,轴承、承力结构系统,以及将不同结构组合而成的各类连接结构等。但不同类型发动机功能要求、使用环境的不同,又带来转子等结构系统几何构形特征及力学特性的差异。随着现代新型发动机对工作负荷及高结构效率设计要求的提升,载荷对不同航空燃气轮机结构系统动力学特性产生了各具特色的影响。

| 1.2   转子结构特征 |

燃气涡轮发动机的工作是建立在转子系统高速旋转的基础上,其高速旋转激励是重要的载荷特征,转子结构及其动力学设计是结构系统动力学设计的核心。不同航空燃气轮机在转子结构设计上有不同的要求,带来几何构形、支承约束、连接结构等结构特征的不同,其本质是确定满足结构功能及动力学要求的质量/刚度分布。

1.2.1　涡扇发动机

现代涡扇发动机主要分为径向尺寸较小的高推重比(小涵道比)涡扇发动机和径向尺寸较大的高涵道比涡扇发动机。现代航空燃气轮机多以高性能核心机为研制基础,再搭配不同风扇和低压涡轮结构,形成针对不同使用要求的高涵道比、小涵道比涡扇发动机。

1. 核心机转子

核心机转子由压气机转子、涡轮转子及连接轴段组成(见图1-9),用来提供高压、高温燃气。为降低耗油率,需要提高发动机热力循环参数,需要更高的增压比,因此压气机级数增加,这使得轴向尺寸变大;所需压缩功率增加,相应涡轮级数的增加也使得转子结构重量增加。为追求高气动性能和结构效率,转子结构需要满足高转速、小变形、少支承等设计要求。

核心机转子在动力学特性设计上要求为刚性转子,即工作转速在转子弯曲模态共振转速以下。但在先进航空燃气轮机中,为使压气机和涡轮具有更强的做功能力和更高的气动效率,其转子转速不断提升;而同时,轻质化要求提升,转子自身刚度减弱,固有频率降低。因而,转子最大工作转速不断逼近其弯曲临界,工作中不可避免地产生弯曲变形。

为减小转子横向变形和有效控制叶轮机叶尖与机匣的间隙变化,降低气动性能损失,核心机转子通常采用高弯曲刚度设计。需要通过对几何构形、支点约束等转子结构特征参数进行调整优化,保证转子自身抗弯刚度;同时,也必须利用在高速旋转状态下转子结构所产生的旋转惯性载荷的作用,提高转子旋转工作状态的抗变形能力。

核心机转子系统一般采用两支点支承,以控制支点数量,并减少承力结构、降低整机重量,主要包括1-1-0和1-0-1两种方案。

典型1-1-0支承的转子系统如图1-9(a)所示。由于转子弯曲刚度近似与支点跨度三次方成反比,因此缩短支点跨度可有效提高转子系统整体刚度。采用1-1-0支承方案的转子系统,通过将后支点置于涡轮前,减小支点间跨度,提高转子系统的横向抗弯刚度;同时涡轮悬臂支承,高速旋转中高压涡轮盘产生较强的陀螺力矩效应,有利于提高弯曲模态共振转速。但受轴承DN值限制,压气机和涡轮转子间连接轴直径较小、刚度低,悬臂支承的高压涡轮盘角向刚度较弱;且后支点外有燃烧室环绕,环境温度高,对支点轴承的冷却、封严和润滑提出了极高要求。

典型1-0-1支承的转子系统如图1-9(b)所示。1-0-1支承方案的支点跨度明显大于1-1-0方案,不利于支承约束进行转子弯曲变形的控制。因此,需保证核心机转子自身高抗弯刚性,以工作于弯曲临界之下,并控制弯曲变形。通常,可采取的结构设计措施包括:① 转子整体采用拱形结构,通过几何构形和质量分布优化提高转子弯曲刚度;② 合理设计压气机与涡轮转子间的连接鼓筒轴直径尺寸,以提高鼓筒轴弯曲刚度;③ 加强涡轮与鼓筒轴连接结构的角向刚度,有效控制连接结构接触状态变化对转子弯曲刚度的影响,并可使涡轮盘陀螺力矩效应充分作用于鼓筒轴;④ 降低涡轮后轴颈角向刚度,减少涡轮盘陀螺力矩对后支点动载荷的影响。

(a) F100小涵道比涡扇发动机核心机转子(1-1-0)

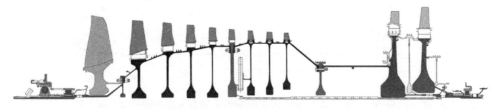

(b) GE90高涵道比涡扇发动机核心机转子(1-1-0)

图1-9 典型两支点转子结构系统

需要说明,目前在先进高推重比航空燃气轮机双转子结构系统设计中,核心机转子多采用1-0-1大跨度支承方案,除了高压转子结构及动力学设计的自身限制因素以外,另一重要目的是应用中介轴承或涡轮级间承力框架,以减小承力结构数量、缩短轴向尺寸、降低整机结构重量。

2. 高涵道比低压转子

高涵道比涡扇发动机通过大尺寸风扇对大流量空气做功来产生巨大推力,降低了发动机的余气损失并提高了推进效率,从而降低了发动机的耗油率,适用于客机和运输机等飞行器。其低压转子系统由风扇转子、低压涡轮转子与转子轴组成,如图1-10所示,通常采用0-2-1或0-3-0三支点支承方案,以适应发动机总体结构布局和安全性设计要求。

低压转子采用大直径风扇,受叶尖切向速度的限制,其转速相对较低,为保证低压涡轮产生足够的轴功率驱动风扇对空气做功,采用多级低压涡轮,并提高叶片径向位置以增加轮缘功。大直径风扇和多级低压涡轮的结构特征使低压转子两端具有较大的集中质量,其间通过穿过高压转子的低压涡轮轴连接,呈现出两端重、中间柔的"杠铃"构形,结构质量/刚度沿轴向分布极不均匀。

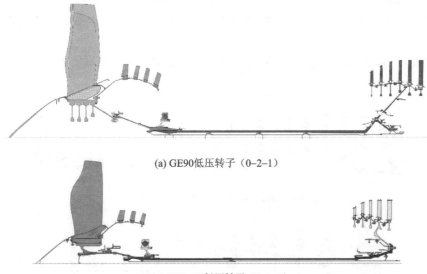

(a) GE90低压转子（0-2-1）

(b) LEAP-1B低压转子（0-3-0）

图 1-10 典型高涵道比涡扇发动机三支点低压转子

为控制风扇和涡轮的局部位移,低压转子一般采用三支点支承方案,前两个支点位于风扇转子附近,后支点位于涡轮转子前或后,如图 1-10 所示。前端风扇转子处采用两支点约束支承,大直径风扇为悬臂支承,充分利用其旋转惯性力矩效应改善转子动力学特性;后端低压涡轮转子处则采用大直径鼓筒和锥壳结构,以提高局部弯曲刚度。

低压转子工作转速虽然较低,但在其工作转速范围内弯曲变形不可忽视,为柔性转子结构设计,存在多阶局部弯曲模态共振转速,在转子上具有较大的应变能,并且由于轮盘陀螺力矩效应的影响,使得转子弯曲变形及共振转速随转速发生明显的变化;此外,由于低压转子不同结构间质量、刚度差异较大,转子局部模态振动特性较为明显。

在低压转子整体弯曲共振转速下,弯曲应变能主要集中在低压涡轮轴上,并在风扇和涡轮处产生较大的角向位移,使得风扇和低压涡轮盘产生较大的陀螺力矩,且随着转速增加迅速提高。为使低压转子两端陀螺力矩能作用于低压涡轮轴上,以抑制其弯曲变形,需保证两端盘-轴间的连接结构具有较大角向刚度。对于悬臂支承风扇转子,利用两支点和轴颈锥壳角度优化,以提高角向刚度;对于涡轮转子,涡轮盘-轴连接结构采用"人"形和反"匚"形几何构形,如图 1-11 所示,并进行支点位置的优化设计,提高低压涡轮盘-轴连接结构角向刚度。

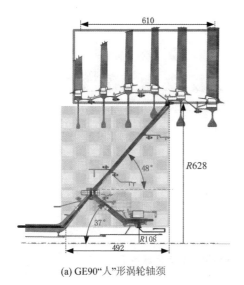

(a) GE90"人"形涡轮轴颈

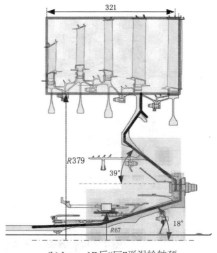

(b) Leap-1B反"匚"形涡轮轴颈

图 1-11　高涵道比涡扇发动机低压涡轮轴颈构形对比

3. 小涵道比低压转子

为减小风扇迎风面积、提高机动性和控制整机质量,小涵道比涡扇发动机一般采用多级风扇设计,低压转子由多级风扇转子、低压涡轮转子、低压轴等组成,如图 1-12 所示。低压转子整体结构质量同样集中于两端,但其风扇转子径向尺寸远小于高涵道比发动机,且多级风扇轴向尺寸较大,因而其极转动惯量与直径转动惯量之比(I_p/I_d)较小,为"厚盘"结构。而单级低压涡轮极转动惯量远大于直径转动惯量,具有"薄盘"结构特征。

与高涵道比低压转子相似,小涵道比低压转子同样多采用三支点支承方案。但对于具有"厚盘"特征的多级风扇,无法利用其旋转惯性力矩控制,而通常采用"拱形"构形,在前后两端应用支点约束,以实现风扇转子角向变形控制。后支点一般位于低压涡轮盘质心附近,具体位置取决于高压转子后支点支承结构和总体结构布局设计。若高压转子采用中介支点,则低压转子后支点位于涡轮后,如图 1-12(a)所示;若高压转子后支点支承在涡轮级间共用承力框架处,则低压转子后支点位于涡轮前,如图 1-12(b)所示。一般现代先进的小涵道比涡扇发动机在涡轮处仅使用一个承力框架,以减轻整机结构质量。

综上,小涵道比涡扇发动机的低压转子为柔性转子系统,具有"杠铃"构形,质量/刚度沿轴向分布极不均匀,其中多级风扇近似于厚盘转子,而涡轮盘多为薄盘,具有较强的陀螺力矩效应。

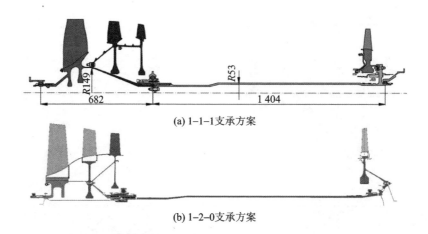

(a) 1-1-1支承方案

(b) 1-2-0支承方案

图 1 - 12　典型小涵道比涡扇发动机三支点低压转子

1.2.2　涡轴/涡桨发动机

涡轴发动机是直升机的主要动力装置,高功重比、低油耗、长寿命、高可靠性是先进涡轴发动机的发展方向和主要设计要求。同样,涡桨发动机有推进效率高、耗油率低,起飞和低空性能好的特点,在航空飞行器动力装置中不可或缺。

由于空气流量低于涡扇发动机,为保证叶片气动效率和便于加工制造,涡轴/涡桨发动机整体径向尺寸较小。涡轴/涡桨发动机转子可分为产生高温、高压燃气的燃气发生器转子和通过减速器输出轴功率的动力涡轮转子,二者具有不同的结构特征。

1. 燃气发生器转子

燃气发生器转子由压气机转子、涡轮转子和连接鼓筒组成,用来产生高温、高压燃气,驱动动力涡轮输出轴功率,典型涡轴/涡桨发动机燃气发生器转子结构简图如图 1 - 13 所示。为追求高气动性能和结构效率,燃气发生器转子具有高转速、大长径比、少支承等特点。

由于转子径向尺寸限制,为提高气动部件轮缘功,燃气发生器转子工作转速很高,例如,T700 发动机燃气发生器转子转速高达 44 600 r·min^{-1}。由于转子连接鼓筒径向尺寸较小,增大了转子的长径比,降低了截面抗弯刚度,为提高转子整体横向刚度,需缩短转子轴向尺寸和支点跨度,因此燃气发生器转子常使用单级增压比较高的离心压气机和 1 - 1 - 0 支承方案。

由于小尺寸效应,综合考虑叶轮及间隙控制以及加工难度,现代涡轴发动机普遍

图 1-13　典型涡轴/涡桨发动机燃气发生器转子(T700 发动机)

采用轴流＋离心组合式压气机,如图 1-13 所示。对于流量较小的涡轴发动机也可采用双级离心压气机,如图 1-14 所示。涡轮转子一般为轴流涡轮,特殊的也采用向心涡轮。但需注意,离心压气机转子质量集中,旋转惯性载荷较大,需合理设计其动力学特性。

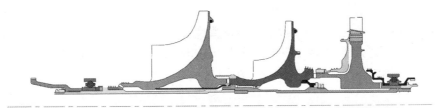

图 1-14　双级离心压气机燃气发生器转子(MTR390 发动机)

1-1-0 支承方案可缩短支点跨度和控制压气机转子变形,如图 1-15 所示。后支点位于燃烧室内部高温环境中,通过燃烧室机匣承力框架支承,为降低支点负荷、提高支承寿命,其轴向位置一般设计在转子弯曲模态后节点附近。涡轮转子为悬臂结构,通过多层套齿轴提高与压气机转子连接刚度,并可利用其陀螺力矩效应提高转子的弯曲临界转速。不过 1-1-0 支承方案后支点处于燃烧室内部,需要配套高温环境封严、冷却与润滑技术。

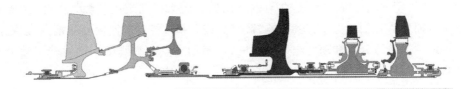

图 1-15　双转子燃气发生器(PW150A 发动机)

现代大功率的涡轴/涡桨发动机燃气发生器转子一般为双转子设计,以适应整机空气流量、总压比和叶轮机效率的提高,但转子系统的结构及动力学特性设计更具挑战性,由于支点增多,为减轻承力结构质量,提高发动机功重比,多采用共用承力框架结构,这就要求承力框架具有良好的隔振、阻尼效果,以降低转子系统的动力响应耦合。

2. 动力涡轮转子

动力涡轮转子由涡轮叶盘和涡轮轴组成,通过减速器输出轴功率,图 1-16 是典型的多支点盘-轴转子结构简图。由于涡轴/涡桨发动机多为前功率输出,涡轮轴穿过燃气发生器转子,结构细长,弯曲刚度较低,一般工作转速高于转子弯曲模态,故将动力涡轮转子设计为柔性转子。

图 1-16　典型涡轴/涡桨发动机动力涡轮转子(T700 发动机)

高速柔性转子的支承结构设计,不仅要支承转子运动,还需要控制转子局部变形,可在动力涡轮盘组件两端各设置两支点,如图 1-17 所示,以增加局部角刚度,控制功率输出轴同轴度和涡轮部件变形协调性。

图 1-17　动力涡轮转子柔性联轴器(PW150A 发动机)

在多支点柔性转子结构设计中,为保障转子多支点同心及动力学特性的稳定,可将其分为主支点和辅助支点。前端滚珠轴承支点和后端涡轮前支点为主支点,采用较大支承刚度(或刚性支承);而其他两个滚棒轴承为辅助支点,为避免转子不同心等影响,通常采用弱刚度弹性支承,并与轴承间留有较大径向装配间隙。因此,主支点支承刚度通常对转子动力学特性影响较敏感,需要精准控制其刚度变化范围,以控制转子系统共振转速分布和动力响应分散度;而辅助支点支承刚度变化对转子动力学特性影响相对较小,主要用于提供角向约束和阻尼结构。

| 1.3　承力结构特征 |

在整机结构系统动力学设计过程中,承力结构系统在设计阶段需要确定 3 个关键问题:一是确定转子支承方案和传力路径;二是确定最佳约束刚度,保证转子系统共振转速分布和动力响应特性满足设计要求;三是考虑支承-承力结构系统的隔振、减振特性。除此之外,还需与转子系统一同保证整机变形协调和转子-静子间隙控制的要求,使承力结构系统具有较小的结构质量,具备良好的加工装配工艺性,以保证整机结构完整性和可靠性的设计要求。

1.3.1　承力框架

承力框架是用于转子支承并通过气流通道传递载荷至外承力机匣的结构组件。承力框架的结构相对复杂,涉及因素较多:其一,承力框架在外侧关联安装结构,在内侧关联支承结构,在总体上受支承方案制约,是发动机传力路线的主通道,其静态和动态刚度特性对发动机整机响应特性敏感;其二,承力框架要穿过气流通道,温度载荷分布的多变和不均匀对结构力学特性和可靠性产生了复杂的影响;其三,承力框架是发动机中最重的承力结构组件,为实现高结构效率设计目标,需要在结构功能、结构质量和结构可靠性等多方面进行平衡设计。

1.　涡扇发动机

高涵道比涡扇发动机承力系统承力框架根据位置和载荷环境的不同可以分为三种:位于风扇和压气机之间的中介机匣承力框架、位于低压涡轮后的涡轮后承力框架,以及位于高温环境下的涡轮级间承力框架或高压压气机后承力框架。图 1-18 所示为采用涡轮级间承力框架的高涵道比涡扇发动机承力结构系统。

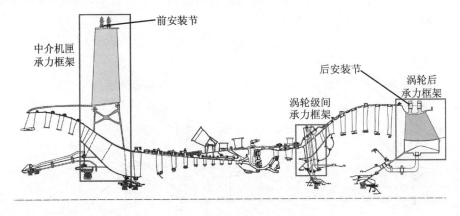

图 1-18　GE90 发动机承力结构系统示意图

中介承力框架一般采用风扇导向器叶片与承力框架一体的结构,如图 1-19 所示,中介承力框架装有支承风扇转子和增压级转子的 2 个支点以及支承高压转子的 1 个滚珠/滚棒并用支点,因而承受了低压转子和高压转子的全部轴向力、部分径向力。作为发动机最主要的承力部件,其外侧机匣装有安装节传递径向和侧向载荷,中间机匣位置有与推力杆连接的结构,用于将轴向力传递给后安装结构,发动机所受的机械载荷和气动载荷的合力大多要通过中介机匣传递给飞机。

涡轮级间承力框架已经在高涵道比涡扇发动机中取得了良好的应用效果。对于

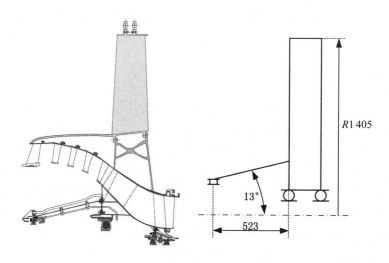

图 1 - 19　GE90 发动机中介承力框架

大空气流量的涡扇发动机,如 GE90 采用涡轮级间承力框架结构用于支承高压涡轮转子后支点,如图 1 - 20 所示。对于空气流量略小、推力在 150 kN 左右的高涵道比涡扇发动机,如 LEAP - 1B 则采用涡轮级间共用承力结构,即采用两个支点分别支承高低压转子后端支点,使得整台发动机只有前后两个承力框架,减轻了结构重量,降低了轴向尺寸,如图 1 - 21 所示。

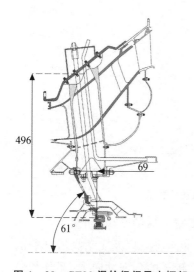

图 1 - 20　GE90 涡轮级间承力框架

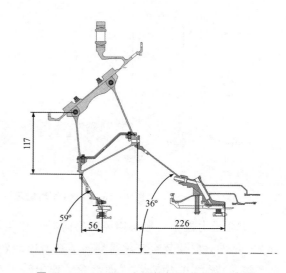

图 1 - 21　LEAP - B 涡轮级间共用承力框架

　　对于采用两个轴承的涡轮级间共用承力框架,在结构设计上需要从以下三个方面考虑:① 需要保证足够的承载能力(强度);② 抗变形能力(静态和动态刚度);③ 支点和支点间、支点和安装节间的振动隔离。一般情况下,要求承力框架结构可承受大的交变载荷和横向冲击载荷,不发生偏移、倾斜,以及需要全面考虑涡轮外机匣与承力辐板连接结构的变形协调及应力分布优化等。也可以应用挤压油膜阻尼器来提高系统阻尼,减小外传激振力,以及采用高振动隔离特性结构设计。图 1-21 所示的承力框架具有不同锥角的承力锥壳、折返式弹支和挤压油膜阻尼结构。

小涵道比涡扇发动机承力系统的组成很大程度上受总体结构布局及转子支承方案的制约。不同的支承方案确定了不同的传力路线、承力框架类型及数量,一般情况下需要根据发动机整机尺寸和整机变形控制要求决定。以 F119 为代表,推力为 120 ~160 kN 的高推重比涡扇发动机多选择带中介支点的转子-支承结构设计方案,承力系统有 3 个承力框架,由风扇前承力框架、中介承力框架、涡轮后承力框架以及相应的承力机匣组成,如图 1-22 所示。

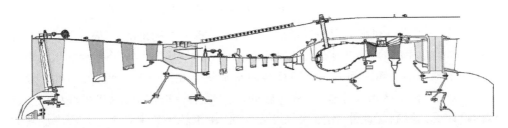

图 1-22　小涵道比涡扇发动机承力系统示意图

高低压转子止推轴承通常情况下放置于风扇与压气机之间的中介承力框架上,如图 1-23 所示,发动机的主安装节在此截面上,辅助安装节则靠近涡轮后承力框架。推力为 100 kN 以下的高推重比涡扇发动机,以 EJ200 为代表,也可采用涡轮级间共用支承方案,如图 1-24 所示,有效减小了承力框架数及转子轴向长度,降低了结构重量。

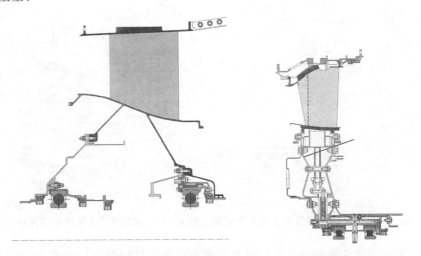

图 1-23　小涵道比中介承力框架　图 1-24　小涵道比涡轮级间共用承力框架

2. 涡轴/涡桨发动机

现代先进涡轴/涡桨发动机为了实现高功重比的性能目标,以及满足尺寸和重量的要求,其承力系统多采用涡轮级间共用承力框架设计,如图1-25所示。

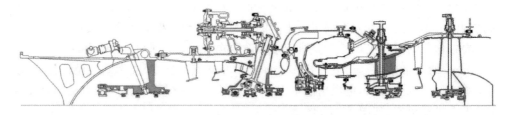

图1-25 涡桨发动机承力系统示意图

涡轴/涡桨发动机所采用的涡轮级间共用承力框架结构是由板、壳等基本结构经连接结构组合而成的,具有复杂的几何构形,图1-26和图1-27分别为支承3个轴承和2个轴承的涡轮级间共用承力框架结构简图。由于涡轴/涡桨发动机一般空气流量较小,转子结构尺寸较小,故涡轮间承力框架结构构形、冷却润滑和封严结构的设计受到限制。此外,对于大尺寸发动机,由于转子转速在工作过程中旋转激励载荷频率范围更宽,因此用于涡轴/涡桨发动机转子系统的共用承力框架结构,在设计中需要对支点位置的抗变形能力及支承结构静/动刚度特性进行评估和优化。

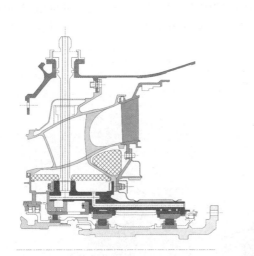 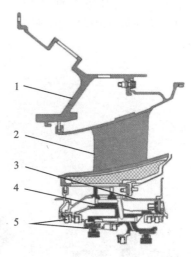

图1-26 涡轴发动机涡轮级间共用承力框架　图1-27 涡桨发动机涡轮级间共用承力框架

对比分析前述几种典型涡轮级间共用承力框架的结构特征可以发现:采用共用承力框架总体结构布局设计可减少承力框架总数,缩短整机长度,减轻整机重量。

然而,在不同结构尺寸、工作转速和级间高温负荷下,此种承力框架的变形控制要求有很大的不同,应考虑充分利用其结构几何构形变化及高阻尼结构材料提高转子间、转子承力结构间的阻尼隔振效应,并保证在热载荷和机械载荷作用下的变形协调。

1.3.2　支承结构

支承结构对转子系统提供支承约束,并将转子运动所产生的旋转激励载荷传递到静子承力系统,同时可以通过支承刚度和阻尼对转子动力学特性进行调整。支承结构主要包括轴承、弹性支承结构和阻尼器等。支承结构是保证转子正常旋转工作的关键结构,应当在充分考虑发动机的载荷传递、转子动力学特性、转静子间隙控制以及结构间振动隔离等多方面因素的基础上做权衡安排。

1. 主轴承及冷却润滑

航空燃气轮机转子支点(主轴承)的结构形式主要有滚珠轴承(又称止推轴承)、短圆柱滚棒轴承、滚珠-滚棒轴承并用、双滚珠轴承并用等。其中滚珠轴承用于转子相对于机匣的轴向定位和径向定心,将转子的轴向力和径向力传递到承力结构上,而滚棒轴承只能承受径向载荷。

主轴承是指支承发动机主机转子的轴承,其结构完整性对发动机结构可靠性和安全性具有重要影响。综合考虑航空燃气轮机的功能、性能、可靠性、安全性等设计要求,提出发动机对主轴承的需求牵引为:① 最大限度地减少质量、体积和成本;② 减少摩擦与功率损失;③ 减少冷却需求量与滑油流量;④ 具有一定的滑油中断承受能力与冷起动能力;⑤ 具有短时大过载承受能力,如机动飞行、硬着陆及叶片飞失引起的极限载荷。

为了实现航空燃气轮机转子系统的准确轴向定位和径向跳动量的有效控制,转子支承上一般仅采用滚珠轴承和短圆柱滚棒轴承,如图 1 - 28 和图 1 - 29 所示。

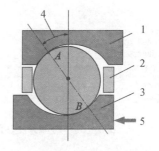

1—外环;2—保持架;3—内环;
4—压力角;5—轴向推力。
图 1 - 28　滚珠轴承

在航空燃气轮机中,为了增加接触角与滚珠数目,同时保持架能做成整体式,从而提高承受轴向载荷的能力,一般采用内环分半的滚珠轴承(极少采用外环分半),为使内环分半不影响滚珠的工作,大多数发动机止推轴承均做成内环分半的三点接触式轴承,如图 1 - 30 所示。在设计这种轴承时要合理选择滚珠半径 r 与滚道曲率半径 R 之比。根据发动机安装、配合和滑油冷却等情况的不同,轴承结构也可根据需要进行特殊设计,如外环带安装边,内环上有油孔、油槽等;保持架也有不同结构,如兜子形状、兜子锁口、加宽或带翅等,其定位方式也分为外环定位和内环定位。

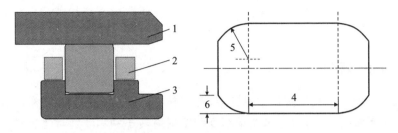

1—外环;2—保持架;3—内环;

4—滚子平直段;5—冠半径;6—冠落差。

图 1-29　短圆柱滚棒轴承

滚棒轴承设计,主要是精细地设计滚子尺寸,如滚子平直段长度、滚子冠半径、冠落差等,这些尺寸的优化与组合对滚棒轴承工作品质会产生重要的影响。性能方面除与滚珠轴承相同外,控制滚子歪斜对于高速滚子特别关键。图 1-31 所示为鼓状滚棒轴承,一般圆柱形滚棒轴承在轴线偏斜时,会造成在滚棒两端的载荷过大,以致引起滚道剥落、滚棒端面磨损、保持架过度磨损等损伤。采用两端直径较小的腰鼓形滚棒可减小轴线偏移时滚棒两端的载荷,提高滚棒寿命。

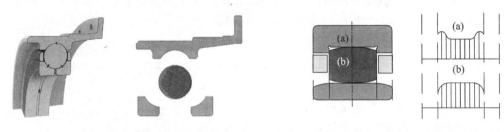

图 1-30　内环分半轴承　　　　**图 1-31　鼓状滚棒及应力分布**

图 1-32 所示为航空燃气轮机滚珠、滚棒轴承的典型喷油冷却结构。需要注意,在喷油咀喷射滑油时,必须将滑油喷射到保持架和内环之间,这样在滚子转动的离心效应下,滑油可以很好地对滚子进行冷却润滑。

随着现代航空燃气轮机轴承载荷和 DN 值的不断提高,轴承的冷却效率需要进一步提高。现代发动机大多对轴承采用环下供油冷却的结构,如图 1-33 所示。滑油喷射到轴承内环下面,通过相应的沟槽流到滚珠轴承的内环分半处,在离心载荷的作用下通过其间隙甩向滚珠进行冷却,试验证明其具有良好的冷却效果。对于滚棒轴承,近年来也设计了环下供油结构,即在轴承内环上开有油孔,滑油通过轴向槽道流向轴承内环两端的径向油孔,在离心载荷的作用下甩向上方的保持架并反射到滚子上进行冷却。

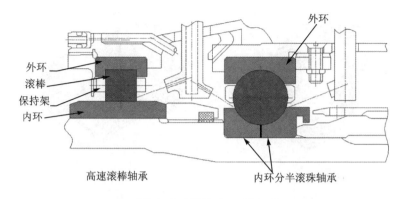

图 1 – 32　轴承典型滑油喷射冷却

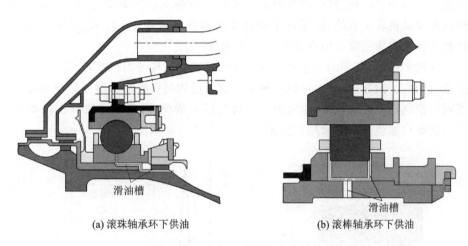

(a) 滚珠轴承环下供油　　　　　　　　(b) 滚棒轴承环下供油

图 1 – 33　典型环下供油冷却结构

2. 弹性支承与阻尼器

航空燃气轮机转子系统工作转速一般高于第一阶临界转速,甚至趋近或超过弯曲振型临界转速。因此,在起动过程中达到临界转速时,转子及整机均会发生较大的振动。为了保证转子-支承结构系统在工作过程中"不产生有害振动"且疲劳损伤可控,需合理设计弹性支承与阻尼结构的动力学特性。

在转子系统动力学设计中,为满足临界转速安全裕度要求,可采用弹性支承结构调整支承刚度。航空燃气轮机中典型的弹性支承结构形式有弹性环式和鼠笼式,如图 1 – 34 所示。

弹性支承是相对于转子弯曲刚度而言的,即当支承刚度值远大于转子弯曲刚度时,转子系统在支点处的振动位移相对于转轴变形可以忽略,支点约束可以视为刚性支承;相反,支点约束刚度小于或接近转轴的弯曲刚度时,转子系统首先出现的共振

(a) 弹性环式   (b) 鼠笼式

图 1-34　典型弹性支承结构

是以支点位移为主的振型（即刚体模态振型），这时的支点约束即为弹性支承。对于现代涡扇发动机转子系统，高压转子弹性支承刚度一般在 10^7 N/m 的量级，而低压柔性转子弹性支承刚度一般在 10^6 N/m 的量级。

　　发动机工作时，转子的不平衡力通过轴承及支承结构传给机匣，使发动机在外部产生动力响应。因此，原则上可以在轴承与支承结构间设置减振器耗散振动能量，这样既可以抑制转子振动幅值，也可以衰减外传振动载荷，降低发动机整机振动水平，挤压油膜阻尼器就是一种常用的阻尼结构，其基本特征如图 1-35 所示。

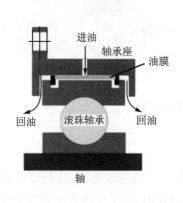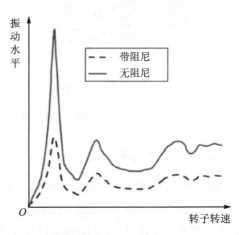

图 1-35　挤压油膜阻尼器工作原理

　　挤压油膜阻尼器的工作原理是在限幅环和弹性支承座之间充以滑油，从而形成油膜，油膜厚度一般为 0.08～0.11 mm，最高可达 0.25 mm。当轴承外圈与轴承座进行进动时，油膜产生径向变形，油膜的挤压、流动会消耗一定的振动能量，但是也会产生一定的油膜刚度。需要注意的是，采用挤压油膜阻尼器时，一定要防止轴承外圈在轴承座中倾斜，倾斜时偏心油膜的刚度会表现出非线性特征，不仅起不到降低振动幅值的作用，反而会增加发动机的振动幅值，有时甚至会导致转子系统失稳。

由于挤压油膜阻尼器的工作需要轴承外圈产生横向位移,因此常与弹性支承同时使用,如图 1-36 和图 1-37 所示。以后者为例,支点主轴承为滚珠轴承,折返式弹性支承通过拉杆的长度和个数调整支承刚度,挤压油膜阻尼器由轴承座和限位环之间的间隙构成,并设计有涨圈封油。轴承采用内环分半和环下供油结构,油腔的封严采用典型的端面石墨封严。

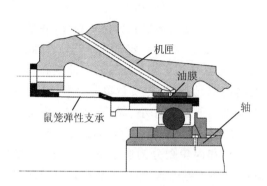

图 1-36　鼠笼式弹性支承阻尼结构

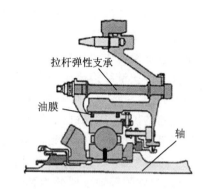

图 1-37　折返式弹性支承阻尼结构

　　图 1-38 为一典型的双转子发动机涡轮后支点支承结构示意图,其高压转子后支点为中介轴承,高压转子的外传力路线为:力由高压转子后轴段传至中介轴承,经带限幅环的支承组件传至低压涡轮转子。低压涡轮后支点为一滚棒轴承,其内环安装在低压转子上,以轴承外圈与支承结构连接,挤压油膜阻尼器由轴承外圈与外侧限位环结构间的间隙形成。低压转子的外传力路线为:力由低压转子后轴段传至滚棒轴承,再经轴承外圈、挤压油膜阻尼器传至支承结构。

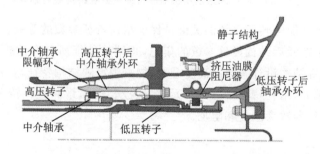

图 1-38　带中介轴承的双转子支承结构

1.4　结构特征定量描述

　　对于由不同几何构形和不同材料所组成的转子系统结构特征的定量描述,在工程应用中,可将复杂的转子结构离散为多个子结构单元,实现自由度的缩减,然后通过各结构单元的质量/刚度的轴向分布描述转子系统的结构特征及其在旋转状态下的变化。

1.4.1　结构特征等效

结构特征等效是指根据航空燃气轮机转子质量和刚度分布特征,以及支承、连接结构对转子力学特性的影响,将具有相似特性的三维结构体简化为结构单元,并采用结构特征参数表示其特性。由于各结构单元间的质量、刚度有着显著的差异,据此可将其分为质量结构单元和弹性结构单元两类。质量结构单元是指具有大质量和转动惯量,并且在运动中可忽略自身变形影响的结构单元,简称为质量单元,常见结构为含轮盘的风扇、压气机、涡轮等;弹性结构单元是指质量占比小、局部变形大,决定了转子系统刚度的结构单元,简称为弹性单元,常见结构为轴段、支承、非连续结构等。

以典型涡扇发动机核心机转子为例,压气机和涡轮划分为质量单元,前轴颈、鼓筒轴、后轴颈等轴段划分为弹性单元,支承结构和关键非连续位置也划分为弹性单元,如图 1-39 所示。

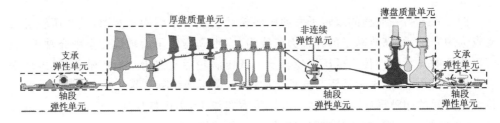

图 1-39　典型涡扇发动机核心机转子系统结构单元划分

采用结构单元简化转子系统的关键是保证结构特征参数的等效。结构特征参数是对结构划分为单元后结构设计参数的集总,是结构特征所包含的构形、几何尺寸、材料属性、连接等结构设计参数的高度凝练,能直观反映结构特征与力学特性的关联性。对于质量单元,结构特征参数为单元质量、极转动惯量和直径转动惯量;对于弹性单元,结构特征参数为刚度和阻尼。

1. 质量单元

转子在旋转过程中,组成转子的各结构单元做非惯性运动,其动量和角动量始终在发生变化,从而产生旋转惯性载荷(将在第 2 章具体介绍)。转子的旋转惯性载荷主要由质量单元产生,其动量由结构质量和质心速度决定,角动量由角速度和转动惯量决定。

转子质量单元可视为轴对称刚体,如图 1-40 所示,通过结构某一点使结构惯性积为零的特定坐标轴称为惯性主轴(inertial principal axis)。通过结构任一点,都有三个互相垂直的惯性主轴,其中,相交于质心的惯性主轴称为中心惯性主轴,其中,沿转子旋转中心线方向的为极惯性主轴,也称作旋转惯性轴,对应极转动惯量为 I_p;与极惯性轴垂直的另外两个惯性主轴称为直径惯性主轴,对应直径转动惯量为 I_d。需要说明的是,由于转子具有旋转对称性,因此其直径惯性主轴不唯一。

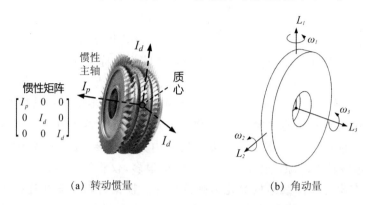

(a) 转动惯量　　　　　　　　　　(b) 角动量

图 1 - 40　质量单元转动惯量与角动量示意图

根据理论力学基础理论,均质刚体相对于惯性主轴的转动惯量的计算公式为

$$I = \int r^2 \, \mathrm{d}m \tag{1-1}$$

其中,r 为刚体结构的质量微元与惯性轴的距离。因此,质量单元转动惯量表征了其自身质量大小及质量的空间分布特征,从而等效表征结构单元质量特征。角动量与角速度和转动惯量的关系为

$$\begin{bmatrix} L_1 \\ L_2 \\ L_3 \end{bmatrix} = \begin{bmatrix} I_d & 0 & 0 \\ 0 & I_d & 0 \\ 0 & 0 & I_p \end{bmatrix} \begin{bmatrix} \omega_1 \\ \omega_2 \\ \omega_3 \end{bmatrix} \tag{1-2}$$

因此,质量单元结构特征参数表示为 $[m, I_p, I_d]$。定义质量单元惯量比 I_p/I_d 为极转动惯量和直径转动惯量之比,根据理论力学,惯量比取值范围为 $[0, 2]$。根据惯量比大小,可将质量单元分为薄盘质量单元和厚盘质量单元两类。

在实际的航空燃气轮机转子结构中,薄盘质量单元一般为轴向尺寸较短的旋转组件,如单级风扇和高压涡轮,有些多级轮盘组件由于其径向尺寸大且中心开孔,虽然是多盘结构,但在力学特性上也是属于"薄盘";厚盘质量单元一般为轴向尺寸较长的叶轮机,如涡扇发动机的高压压气机、涡轴/涡桨发动机轴流+离心组合压气机转子等,具体单元类型还是要视惯量比而定。

2. 弹性单元

根据原始结构不同,弹性单元可分为轴段弹性单元、支承弹性单元和非连续弹性单元三类。不同类型的弹性单元虽然都会影响转子刚度,但不同弹性单元采用不同

的结构特征参数表示。

轴段弹性单元：根据材料力学，梁发生弯曲变形后在各截面处产生横向和角向位移，且二者间相互影响，因此可将轴段刚度表示为两自由度刚度矩阵 $\boldsymbol{K}_{\mathrm{sft}}$，表达式为

$$\boldsymbol{K}_{\mathrm{sft}} = \begin{bmatrix} k_{rr} & k_{r\theta} \\ k_{\theta r} & k_{\theta\theta} \end{bmatrix} \qquad (1-3)$$

其中，k_{rr} 为横向刚度；$k_{\theta\theta}$ 为角向刚度；$k_{r\theta}$ 和 $k_{\theta r}$ 为横向与角向耦合刚度。根据材料力学的位移互等定理，$k_{r\theta} = k_{\theta r}$，可得轴段刚度矩阵为对称矩阵。

支承弹性单元：支承结构主要包括主轴承、弹支和阻尼结构。主轴承支承转子转动，其结构特征本身是支承弹性单元的位置和约束类型，不体现在结构特征参数中；根据弹支和阻尼结构功能，归纳出支承弹性单元结构特征参数为 $[k_b, c_b]$。

非连续弹性单元：非连续结构主要指转子内界面连接、构形突变等位置，相较第6章内容未包含轴承间隙。转子内非连续结构很多，仅将局部变形较大且对转子力学特性影响突出的非连续结构简化为弹性单元。根据材料力学和连接结构变形特征，在转子弯曲时，界面连接和构形突变位置会产生附加角向位移（详见第6章），可将此力学效果等效为局部附加角刚度，因此非连续弹性单元结构特征参数可归纳为 k_θ。

1.4.2　力学模型

以典型高推重比涡扇发动机转子系统为例，定量分析高低压转子系统刚度质量分布，将各部分结构特征简化为质量或弹性结构单元，建立与转子结构特征等效的离散力学模型，用于分析转子结构特征与力学特性之间的内在关联性。对于支承结构特征，可以采用"动刚度"描述其对转子在不同转速下的约束特性；当支承结构固有模态远高于转子系统时，可以采用"静刚度"描述。

1. 两支点转子系统

根据涡扇发动机高压转子的结构特征，充分考虑其质量/刚度分布特性，可将高压转子划分为5个子结构单元，其中单元1为压气机前轴颈结构单元；单元2为压气机转子结构单元；单元3为压气机后轴颈及大直径鼓筒轴结构单元；单元4为涡轮转子结构单元；单元5为涡轮后轴颈结构单元，如图1-41所示。计算得到转子各子结构单元的质量/转动惯量沿轴向的分布，如图1-42所示。

由图1-42可以看出，转子的质量和转动惯量大部分都集中在压气机转子结构单元和涡轮转子结构单元上。压气机转子单元极/直径惯量比约为1，是典型的"厚盘"转子；涡轮转子单元极/直径惯量比略小于2，是典型的"薄盘"转子。当质量单元发生倾斜时，在角向自由度上，直径转动惯量代表离心项，会增大转子的角向变形；极转动惯量代表科氏项，会抑制角向变形，等效于增加角向刚度。当表征旋转惯性载荷

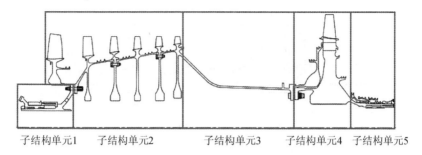

子结构单元1　　子结构单元2　　　　子结构单元3　　　子结构单元4　　子结构单元5

图 1-41　典型高速两支点转子结构及单元划分

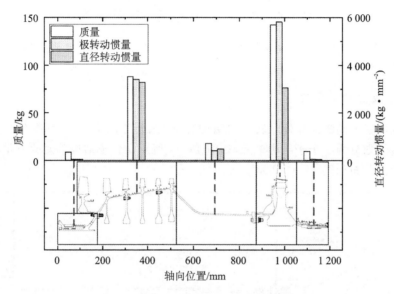

图 1-42　转子结构质量/转动惯量轴向分布

对支点的作用时,二者被合称为陀螺力矩项。需要说明的是,薄盘转子陀螺力矩效应强,导致支点动载荷对转速变化敏感。厚盘转子在低转速状态下陀螺力矩较小,但随着转速的增加而不断提高,在高转速区支点动载荷明显增加。

　　根据涡扇发动机典型高压转子的结构特征,充分考虑转子几何构形、关键参数和连接结构对转子系统力学特性的影响,建立两支点刚性转子系统离散力学模型,如图 1-43 所示,相较 Jeffcott 传统单盘转子动力学模型,该模型可更准确地描述航空燃气轮机结构与力学特征。

　　转子构形和刚度分布可通过改变弹性单元 1、3 和 5 的鼓筒与锥壳的长度、半径、角度等几何特征参数来调整,质量分布由质量单元 2 和 4 的内外径、厚度等几何特征参数决定。刚度参数 $k_{\theta 1}$、$k_{\theta 2}$、$k_{\theta 3}$ 和 $k_{\theta 4}$ 表示不同结构单元间连接角向刚度,以表征几何突变、界面连接等非连续结构导致的角向刚度损失,当转子以刚体运动为主,自身变形较小时,可不考虑连接结构刚度损失等影响,并忽略连接角向刚度项。k_6、k_7、

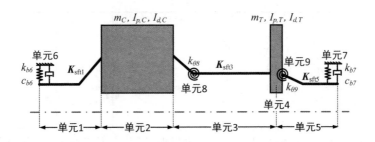

1—压气机前轴颈;2—压气机转子;3—压气机后轴颈及鼓筒轴;
4—涡轮转子;5—涡轮后轴颈;6、7—弹性支承。

图 1-43 两支点刚性转子系统离散力学模型

c_6 和 c_7 表示支点弹支和阻尼结构的特征参数,这些参数可表征支承结构对转子系统力学特性的影响。

2. 三支点转子系统

根据涡扇发动机典型低压转子的结构特征,充分考虑其质量/刚度分布特性,可将低压转子划分为 5 个子结构单元,如图 1-44 所示。各子结构单元的质量/转动惯量沿轴向的分布如图 1-45 所示。

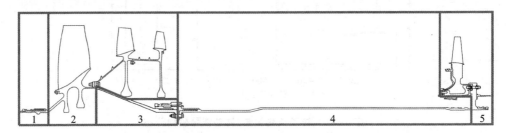

1—风扇前轴颈结构单元;2—风扇转子结构单元;3—风扇后轴颈结构单元;
4—细长转子轴结构单元;5—涡轮转子及涡轮后轴颈结构单元。

图 1-44 涡扇发动机低压转子结构单元划分

由图 1-45 可以看出,转子的质量和转动惯量大部分都集中在风扇转子结构单元和涡轮转子结构单元上,前者为厚盘转子,后者为薄盘转子,其动力学特性在前文已经介绍,此处不再赘述。值得注意的是,细长涡轮轴弯曲刚度较弱,在涡轮轴产生弯曲变形时,涡轮盘的倾斜角度及其旋转惯性力矩随转速会产生较大的变化。

根据涡扇发动机低压转子的结构特征,充分考虑转子几何构形、关键参数和连接结构对转子系统力学特性的影响,可建立三支点柔性转子系统离散力学模型,如图 1-46 所示。

当各结构单元材料属性确定后,转子的质量/刚度分布主要由单元几何特征参数

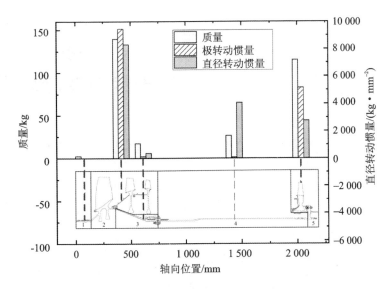

图 1-45　涡扇发动机低压转子结构单元质量/转动惯量轴向分布

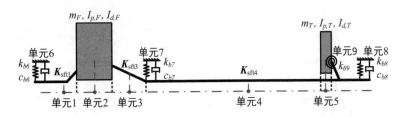

1—风扇前轴颈；2—三级风扇转子；3—风扇后轴颈；4—涡轮轴；

5—涡轮转子及涡轮后轴颈；6、7、8—弹性支承。

图 1-46　三支点柔性转子系统离散力学模型

确定，如 $k_{\theta1}$、k_6、c_8 等。对于三支点转子模型，需要注意涡轮盘-轴连接结构角向刚度 $k_{\theta3}$ 对转子系统力学特性的影响。因为涡轮盘的旋转惯性载荷与轮盘倾斜角、涡轮轴变形量以及转速等参数交互影响，而盘-轴连接刚度是各参数间平衡的"纽带"，所以当盘-轴连接处角向刚度 $k_{\theta3}$ 较小时，轮盘倾斜角与涡轮轴弯曲变形不协调，会发生涡轮盘局部"掰正"，无法对涡轮轴持续产生较大陀螺力矩作用，而不能有效抑制涡轮轴弯曲变形和提高转子系统弯曲模态共振转速。

综上所述，对于航空燃气轮机转子与支承结构系统，在其动力学建模中需考虑其独特结构特征，以实现对其刚度/质量分布特征的准确描述。在航空燃气轮机转子中，质量与转动惯量等集中于风扇/压气机与涡轮部件，可分别采用质量惯性单元予以描述，并根据其 I_p/I_d 大小，分为薄盘转子与厚盘转子；而对转子轴、轴承及支承刚度，可采用相应弹性单元予以建模，从而实现力学特征的准确等效描述。

第 2 章
转子运动及旋转惯性

　　航空燃气轮机为高速旋转机械,工作中转子结构系统做转动(自转)与进动(公转)组合的涡动。在旋转运动中,结构质量所产生的旋转惯性效应可等效为作用于转子结构上的惯性力与力矩,统称旋转惯性载荷。旋转惯性载荷的产生及变化,与转子运动状态密切相关,同时对转子动力学特性具有重要的影响。准确认识转子运动状态及旋转惯性,是转子动力学设计的基础。

| 2.1　坐标系与转子运动 |

　　转子运动是指转子在某个坐标系中的位置随时间的改变,不同坐标系中对同样的运动会有不同的描述。根据转子结构体不同运动状态描述需求,需要建立不同的绝对坐标系和随动坐标系(相对坐标系)。

　　为了准确描述转子的运动,首先阐述与其运动相关的基本概念。

　　中心线是由转子支承中心连线所确定的轴线,是转子所受约束的基准。

　　形心线是转子上的轮盘、转轴等结构体上各横截面上的形心连成的空间曲线。质量结构单元可以近似为刚性回转体,转子形心线与结构单元质心或几何回转对称轴重合,可以利用形心线描述结构单元的空间位置。

　　质心是结构体的质量中心,是结构体上被认为质量惯性集中于此的一个假想点。通过对组成结构体所有质点的坐标按质量加权平均,可得质心位置;在质心施加作用力,结构体会沿着力的方向运动而不会旋转。

　　惯性主轴是一组穿过结构体质心的假想轴。结构体的惯性主轴与其质量分布有关,任意物体至少有三条相互正交的惯性主轴。当且仅当在以三个相互正交的惯性主轴建立的参考系中,物体惯性矩阵为对角阵,即物体只有绕惯性主轴旋转时,角动量方向才与角速度方向相同。结构体在无约束旋转时,会绕惯性主轴旋转。

2.1.1　坐标系

航空燃气轮机转子由多结构单元组成,其质量惯性分布具有复杂空间离散特征;同时,其高速旋转运动中,可产生局部弯曲等复杂变形。因此,在对其运动状态及旋转惯性载荷描述时,除转子总体坐标系外,还需在其不同结构单元分别建立局部坐标系。

1. 总体坐标系

总体坐标系是指以转子整体为描述对象,以旋转中心线作为基准建立的坐标系,包括绝对坐标系和绕旋转中心线的旋转坐标系。

绝对坐标系即在空间中固定静止的坐标系 $O-xyz$。三个坐标轴为 Ox、Oy、Oz,其中 Oz 轴沿转子系统的支点连线方向,如图 2-1 所示。对于一个自由质点,可使用 x、y、z 三个坐标完全确定其空间位置。对于航空燃气轮机转子系统,轴向位移很小,可以忽略,因此只需要 x、y 来描述结构单元质心的空间位置,z 则为一恒定值。

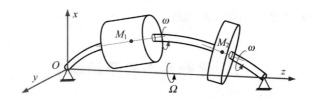

图 2-1　转子系统绝对坐标系示意图

旋转坐标系 $O-x_ry_rz_r$ 由绝对坐标系 $O-xyz$ 绕 Oz 旋转角度 α 得到,如图 2-2 所示,属于整体相对坐标系。旋转坐标系与绝对坐标系原点坐标相同,Oz_r 轴与 Oz 轴重合,都沿转子系统旋转中心线方向。旋转坐标系的建立是为了便于分析转子运动,选取以适当角速率变化的转角 α 可保证形心 M 始终位于 x_rOz_r 平面上。

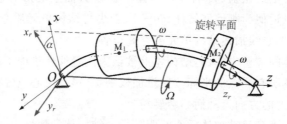

图 2-2　转子系统旋转坐标系示意图

2. 局部随体坐标系

针对转子系统不同结构单元，以转子结构形心/形心线为基准建立局部坐标系，以描述结构体的局部运动状态。局部坐标系为相对坐标系，其包括随体平动坐标系和随体转动坐标系。

以不同结构单元的形心 M_i 为原点，建立局部随体平动坐标系 $M_i-x_i'y_i'z_i'$（简称平动坐标系），如图 2-3 所示，此坐标系随各结构单元形心平动而不发生转动，三个坐标轴 M_ix_i'、M_iy_i'、M_iz_i' 分别与 Ox、Oy、Oz 平行。此坐标系的建立是为了将转子系统各结构单元的平动与转动分离，$M_i-x_i'y_i'z_i'$ 与 $O-xyz$ 的相对位置描述了不同结构单元的平移运动。

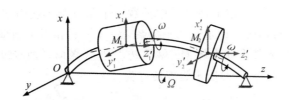

图 2-3   转子系统随体平动坐标系示意图

以各结构单元形心 M_i 为原点，形心线为 M_iz_i'' 方向，建立局部随体转动坐标系 $M_i-x_i''y_i''z_i''$（简称转动坐标系），如图 2-4 所示，下标 i 表示第 i 个结构单元。此坐标系固连在各结构单元上，与结构单元同步旋转，可由随体平动坐标系 $M-x'y'z'$ 绕形心 M_i 进行空间旋转得到。$M-x''y''z''$ 与 $M-x'y'z'$ 相对位置关系描述了结构单元绕形心 M 的转动。结构单元的空间位置可由 $M-x'y'z'$、$M-x''y''z''$、$O-xyz$ 三者的相对位置确定。

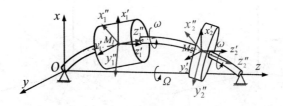

图 2-4   转子系统随体转动坐标系示意图

3. 坐标系变换——欧拉角

随体转动坐标系 $M_i-x_i''y_i''z_i''$ 可由随体平动坐标系 $M_i-x_i'y_i'z_i'$ 绕结构单元形心 M_i 做定点转动得到，如图 2-5 所示，下标 i 表示第 i 个结构单元。其中，截面 A' 与平面 $x'My'$ 重合，截面 A'' 与 $x''My''$ 平面重合，两截面的交线 MN 称为节线，Mz' 垂直于截面 A'，Mz'' 垂直于截面 A''。该转动具有三个自由度，可通过三个相互独立的广义坐标描述其角位移。广义坐标的选取有很多种,此处选择常用的欧拉角 θ、ψ、φ,Mz''与Mz'夹角为θ,节线MN与Mx'夹角为ψ,Mx与节线MN夹角为φ。

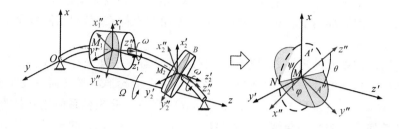

图 2-5 角向自由度——欧拉角

三个欧拉角是完全独立的,改变其中任意一个角度都不会引起其他两个角度的变化。三个欧拉角可以唯一确定转动坐标系 $M-x''y''z''$ 相对平动坐标系 $M-x'y'z'$ 的位置,前者可由后者依顺序先绕 Mz'' 轴旋转 ψ,然后绕 Mx'' 轴旋转 θ,最后绕 Mz'' 轴旋转 φ 得到,图 2-6(a)~(d)所示为旋转过程。

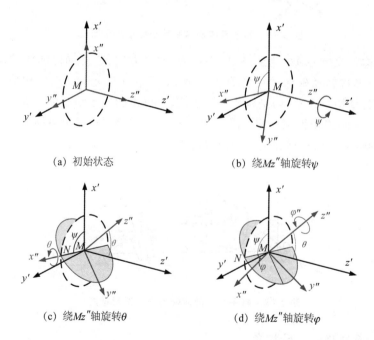

(a) 初始状态　　　　　　(b) 绕Mz''轴旋转ψ

(c) 绕Mz''轴旋转θ　　　　　　(d) 绕Mz''轴旋转φ

图 2-6 欧拉角与坐标系角向位置关系

由上述坐标系角向位置关系可得从转动坐标系 $M-x''y''z''$ 到平动坐标系 $M-x'y'z'$ 的坐标变换式,其由三个旋转矩阵连乘获得,即

$$
\begin{pmatrix} x' \\ y' \\ z' \end{pmatrix} = \begin{pmatrix} \cos\psi & -\sin\psi & 0 \\ \sin\psi & \cos\psi & 0 \\ 0 & 0 & 1 \end{pmatrix} \begin{pmatrix} 1 & 0 & 0 \\ 0 & \cos\theta & -\sin\theta \\ 0 & \sin\theta & \cos\theta \end{pmatrix} \begin{pmatrix} \cos\varphi & -\sin\varphi & 0 \\ \sin\varphi & \cos\varphi & 0 \\ 0 & 0 & 1 \end{pmatrix} \begin{pmatrix} x'' \\ y'' \\ z'' \end{pmatrix}
$$

$$(2-1)$$

整理得

$$
\begin{pmatrix} x' \\ y' \\ z' \end{pmatrix} = \boldsymbol{A}(\psi,\theta,\varphi) \begin{pmatrix} x'' \\ y'' \\ z'' \end{pmatrix}
\tag{2-2}
$$

其中

$$
\boldsymbol{A}(\psi,\theta,\varphi) = \begin{pmatrix} \cos\psi\cos\varphi - \sin\psi\sin\varphi\cos\theta & -\cos\psi\sin\varphi - \sin\psi\cos\theta\cos\varphi & \sin\theta\sin\psi \\ \cos\varphi\sin\psi + \sin\varphi\cos\psi\cos\theta & -\sin\varphi\sin\psi + \cos\varphi\cos\theta\cos\psi & -\sin\theta\cos\psi \\ \sin\theta\sin\varphi & \cos\varphi\sin\theta & \cos\theta \end{pmatrix}
$$

$$(2-3)$$

2.1.2 转子运动状态

转子自转与进动组合形成其基本运动形式——涡动(whirl)。航空燃气轮机转子做带有约束的高速回转涡动,其非均匀质量分布产生旋转惯性载荷,与其运动状态交互影响,并可带来局部变形与运动状态变化。

1. 转子回转涡动

涡动是转子的基本运动形式,是指转子既绕其形心线自转,同时形心线又绕另一旋转中心线进动的一种组合周期性运动,如图 2-7 所示。

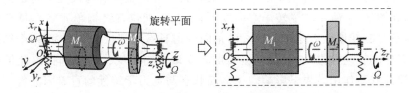

图 2-7 转子平移回转涡动示意图

转子转动(rotation)也称自转,是转子绕其形心线做旋转运动,可表示为质心绕形心线的旋转运动,其角速度称为自转角速度,记为 ω。转子进动(precession)是转子形心线绕旋转中心线做旋转运动,其角速度称为进动角速度或公转角速度,记为 Ω。转子涡动是转子转动与进动二者的组合。

从运动学的角度讲,自转为相对运动,进动为牵连运动,涡动为二者叠加,是绝对运动。当转子进动方向与自转方向相同时,称为正进动(forward procession);反之,当转子进动方向与自转方向相反时,称为反进动(backward procession)。当且仅当转子自转速度矢量与进动速度矢量相等时,转子运动状态称为同步正进动(synchronous forward procession);当自转与进动的方向相同、大小不等时,称为非同步正进动(non-synchronous forward procession)。通常,将转子反进动或非同步正进动状态统称为转子非协调涡动(non-synchronous whirl)。

不同转速下转子系统运动状态受其振型特征影响,产生具有不同变形特征的回转涡动。航空燃气轮机高速转子弯曲刚度较高,一般高于转子支点的支承刚度,前两阶模态振型为平动振型和俯仰振型。图 2-7 所示即为转子平移回转涡动,转子自转中心线(即形心线)与旋转中心线平行,即形心整体偏离,转子轴向各形心位置绕旋转中心进动轨迹相同。图 2-8 所示则为转子倾斜回转涡动,在运转状态下,转子自转中心线保持直线,并与旋转中心线交叉,即形心产生整体倾斜,此时转子形心各轴向位置处进动轨迹有所不同,在靠近两端支点位置处具有更大进动半径。

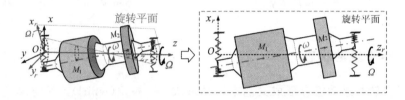

图 2-8　转子倾斜回转示意图

转子系统的平动回转涡动和倾斜回转涡动通常在较低工作转速下出现,且此时自身不产生相对变形,主要做刚体运动;变形及产生的应变能主要集中在支承结构,产生支点动载荷激励。

现代高负荷航空燃气轮机转子长径比不断加大,工作转速不断提高,最大工作转速不断向弯曲振型临界转速靠近。高速旋转转子可产生具有弯曲变形特征的弓形回转涡动,如图 2-9 所示。受转子弯曲变形影响,不同位置结构单元变形具有显著差异,尤其是对旋转惯性力矩影响较大的角向变形具有局部特征。此时,两个结构质量单元具有相同转动与进动角速度,但其角向变形方向相反、大小不同,由此带来的不同旋转惯性载荷作用效果是影响转子运动状态与动力学特性的重要因素。

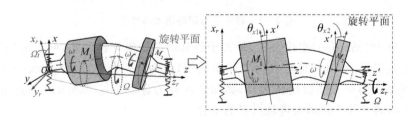

图 2-9　转子弓形回转示意图

值得注意的是,转子系统的涡动与梁的振动,其动力学方程在数学形式上是相似的,但从力学角度分析运动和能量的变化,却有本质的不同。通常情况下,转子的进动转速与自转转速相同($\Omega = \omega$),即处于同步正进动状态,此种运动被形象地称为回转涡动。如图 2 - 10(a)所示,灰色纤维在一个回转周期里保持伸长,黑色纤维保持压缩,其内部并不产生拉压交变应力,转子动能、势能分别保持不变,二者并不相互转换。

而梁的横向振动如图 2 - 10(b)所示,灰色和黑色纤维在一个振动周期里交替伸长和压缩,势能和动能周期性变化。总之,转子在同步正进动状态下,没有动能、势能交互转换,以及交变应力的产生,只有绕形心线的自转和绕旋转中心线的进动。因此,如果把振动理解为围绕平衡点的往复运动,转子可以说是振动;如果把振动理解为动能与势能相互转换,则转子是运动而不是振动。

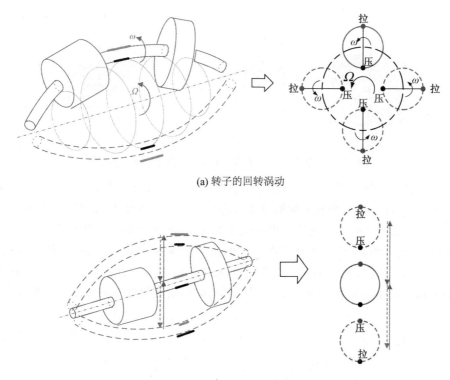

(a) 转子的回转涡动

(b) 梁的横向振动

图 2 - 10   回转涡动与横向振动对比示意图

2. 轮盘角向摆动

由理论力学基础理论可知,当一个结构体可忽略自身变形时,则其运动缩减为 6 个自由度。对于转子结构单元,由于其绕形心线旋转角速度(自转)为转子转速是确定值,且一般不考虑轴向位移,因此在转子动力学分析中,一般不考虑沿轴向(z 向)的自由度及沿 z 轴的角向自由度。

传统转子动力学研究中,通常认为转子结构满足"梁的连续性、均匀性和小变形假设",由转子截面横向位移(挠度)求导可得到其角向位移(挠度)。因此,一般转子动力学方程中一般仅保留 2 个横向位移自由度,将轮盘角向位移及产生的陀螺力矩与横向位移自由度(挠度)关联处理。

　　而对于航空燃气轮机转子系统,由于结构几何构形的复杂多变特性及界面连接结构影响,使得大质量结构单元形心偏移和形心线倾斜成为两个独立的自由度的运动。因此,对航空燃气轮机结构单元运动位移的描述需从径向和角向两个维度入手,包括质心横向位移 x_M、y_M,以及形心线倾斜角度 θ_x、θ_y,应建立 4 自由度的转子涡动分析模型,如图 2 – 11 所示。

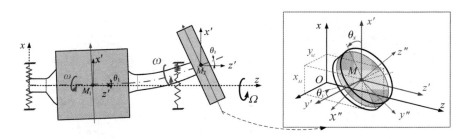

图 2 – 11　转子涡动中横向、倾斜 4 自由度位移变形特征

　　转子稳定工作时,以恒定角速度 ω 自转,转子进动角速度为 Ω,令旋转坐标系 $O_r - x_r y_r z_r$ 的 $\alpha = \Omega t$,则转子结构单元形心位于 $x_r O z_r$ 平面上,如图 2 – 12 所示。由于旋转坐标系 $O - x_r y_r z_r$ 随转子进动同步旋转,在此参考系中观察转子,其形心和形心线保持静止,因此,转子形心所在横截面的节线 MN 也保持静止,也就是说,再回到绝对坐标系来看,节线 MN 跟随旋转平面进行角速度为 Ω 的转动,又由于将 MN 与 Mx' 轴的夹角定义为欧拉角 ψ,可得到其随时间的变化规律满足如下关系:

$$\dot{\psi} = \Omega \qquad\qquad (2 - 4)$$

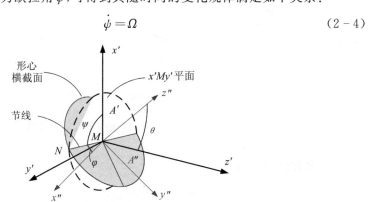

图 2 – 12　转子涡动与欧拉角的关系

随体坐标系 Mx'' 轴与节线 MN 的夹角为欧拉角 φ,由于在 $O - x_r y_r z_r$ 参考系中看,

节线 MN 保持静止,因此,转子在此坐标系下的转速即欧拉角 φ 随时间的变化律 $\dot{\varphi}$。易得在 $O\text{-}x_r y_r z_r$ 坐标系下:

$$\dot{\varphi} = \omega - \Omega \cos\theta \xrightarrow{\text{倾斜角 }\theta\text{ 为小角度}} \dot{\varphi} = \omega - \Omega \qquad (2-5)$$

其中,$\dot{\varphi}$ 表示转子在旋转坐标系中的转动速度。

结合式(2-4)和式(2-5)可得欧拉角与自转角速度的关系式:

$$\dot{\psi} + \dot{\varphi} = \Omega + (\omega - \Omega) = \omega \qquad (2-6)$$

转子形心线倾斜角 θ 很小,可近似作为角位移矢量 $\vec{\theta} = \theta\vec{n}$ 处理(需注意,角位移不是矢量,只有角度很小时才可近似作为矢量处理),从而可以将倾斜角分解为 $x'O'z'$ 平面内的转角 θ_x 和 $y'O'z'$ 平面内的转角 θ_y,如图 2-13 所示。θ_x,θ_y 与欧拉角满足如下关系:

$$\begin{cases} \theta_x = \theta\sin\psi = \theta\cos(\psi - \pi/2) \\ \theta_y = -\theta\cos\psi = \theta\sin(\psi - \pi/2) \end{cases} \qquad (2-7)$$

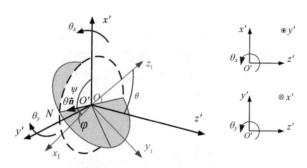

图 2-13 倾斜角 θ 的分解

因此,可以通过 θ_x,θ_y 描述结构单元两个角向自由度的运动。记形心横向位移大小为 r,形心线倾斜角为 θ,并考虑横向位移和角向位移的初相位,可得转子结构单元 4 自由度涡动位移表达式:

$$\begin{cases} x = r\cos(\Omega t + \beta_r) \\ y = r\sin(\Omega t + \beta_r) \\ \theta_x = \theta\cos(\Omega t + \beta_\theta) \\ \theta_y = \theta\sin(\Omega t + \beta_\theta) \end{cases} \qquad (2-8)$$

需要说明的是,对于具有"厚盘"特征或者转速较低的转子,由于角向位移所引起的力学表现对转子系统的运动状态和动力学特性的变化影响不明显,一般可以忽略。对于高转速转子系统以及具有大质量惯性的结构单元,如轮盘,必须对角向位移进行精准描述,以准确分析在旋转过程中所产生的旋转惯性载荷对转子动力学特性的影响。

3. 转子非协调涡动

转子进动速度矢量与转动速度矢量不同时,称为转子的非协调涡动(non-synchronous whirl),其既包括速度幅值不同的非同步正进动状态,也包括方向不同的转子反进动状态。航空燃气轮机中多转子间的交互激励、转静件碰摩等均可能造成转子的非协调涡动。此状态下,因自转速度与公转速度的差异,稳定回转运动状态被破坏,弯曲变形转子轴段可产生交变应力,并引起大支点动载荷,造成支承结构损伤失效,对航空燃气轮机高速转子系统工作的安全性和可靠性产生威胁。

(1) 中介轴承-双转子系统

高推重比涡扇发动机多采用带有中介轴承的双转子结构布局设计,中介轴承可以直接传递转子间的相互作用力,高、低压转子通过中介轴承交互激励,影响彼此的进动,如图 2-14 所示。中介轴承内、外圈固定于不同转子,具有不同的工作转速,但因转动中滚子-保持架组件的推动作用,高低压转子在中介轴承处具有相同进动轨迹。因此,高低压转子在中介轴承处的支点动载荷可改变另一转子的进动状态,产生交互激励作用。当反向旋转的双转子系统处于高压激起或低压激起的涡动状态时,主激励转子做同步正进动,另一转子做反向涡动,转轴内部产生交变应力;而当双转子系统处于耦合模态振动状态时,两个转子进动频率均受影响,均处于非协调涡动状态。

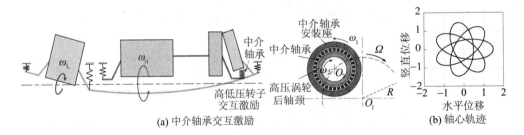

(a) 中介轴承交互激励　　　　　　　　　(b) 轴心轨迹

图 2-14　高低压转子交互激励及非协调涡动特征

(2) 共用支承-双转子系统

先进多转子航空燃气轮机(尤其是涡轴/涡桨发动机)结构设计中,也常采用多支点共用承力框架,以减少承力框架总数、减轻结构重量,如图 1-6 所示。采用多支点共用承力框架可避免转子通过中介轴承直接传递交互激励,从而抑制其中介支承—双转子耦合振动;不过,转子通过共用承力框架也会传递交互激励,当承力框架动力特性设计不合理时,也可能造成双转子与共用承力框架间振动的相互影响,引起转子的非协调涡动。

图 2-15 所示为共用支承-双转子系统低压转子转速频率与高压转子系统俯仰共振频率相等时的响应特征,低压转子可能通过共用承力框架激起共用支承-双转子系统做以高压转子俯仰为主的模态共振。高压转子由于受由共用承力框架传递的低

压转子转速频率激励,故俯仰共振被激起,产生剧烈共振响应,最终影响转子进动状态,低压转子进动频率与转动频率(186 Hz)产生差异,高压转子处于非协调涡动状态,转子轴心轨迹为典型的"花瓣型"。

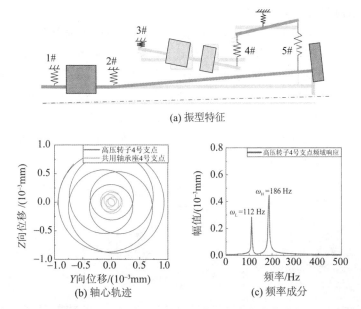

(a) 振型特征

(b) 轴心轨迹

(c) 频率成分

图 2-15　共用支承-转子系统耦合动力响应特征

(3) 转静件碰摩影响

转子结构系统高速运转中的径向变形是不可避免的,当转静件变形不协调时,叶片叶尖与机匣可能发生刚蹭。叶片与机匣刚蹭时,转静件持续接触,转子受到持续的附加径向约束与切向摩擦作用,如图 2-16 所示,导致转子系统刚度特性改变,进而影响其模态特性,即造成模态频率、模态振型变化;同时,切向摩擦会注入或耗散模态振动能量,模态稳定性改变,可引发转子非协调涡动;响应幅值增加,摩擦力输入能量高于转子阻尼耗散时,模态阻尼降为负值,此时可造成转子系统反进动模态失稳,振

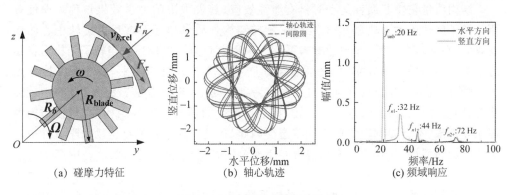

(a) 碰摩力特征

(b) 轴心轨迹

(c) 频域响应

图 2-16　转静子碰摩响应特征

动幅值随时间增加。转静件碰摩引起的非协调涡动运动状态下,转轴内产生较大的交变应力,支点动载荷也显著提高,会严重影响发动机的安全性、可靠性,乃至造成断轴等严重事故。

(4) 轴承游隙与支承松动影响

为满足支承结构装配与高速运转要求,航空燃气轮机主轴承存在游隙,轴承与轴承座间存在安装间隙,可统称为支承松动设计。支承松动的力学本质与转静件碰摩相似,如图 2－17 所示,工作运转中静子对转子产生附加约束及径向/周向冲击激励,"碰撞区"范围内转子响应幅值较大,轴承外环与轴承座不断发生接触-分离。受此碰撞特征影响,转子转动与进动频率发生变化,使得转子系统动力响应出现转速频率成分 ω 及其与碰撞激励频率 p,$2p$,$3p$……的组合频率等,同时还会激起结构系统的模态振动,使转子产生非协调涡动。

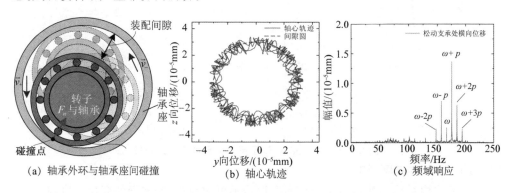

(a) 轴承外环与轴承座间碰撞   (b) 轴心轨迹   (c) 频域响应

图 2－17   支承松动设计导致径向/周向碰撞及非协调涡动特征

2.2   质量分布与旋转惯性

结构质量在做非惯性运动时具有惯性效应,其表现出的力学效果被称为惯性载荷。转子旋转运动为典型非惯性运动,旋转结构各质量单元存在远离旋转中心的惯性效应,在旋转参考系(非惯性参考系)下,采用离心力予以描述。当转子结构质量相对于旋转中心线对称分布时,各质量微元产生的离心力内部平衡,表现为结构体内力,其作用效果需在结构强度设计中重点考虑。同样,若结构处于无约束的自由旋转状态,则会绕自身最大惯性主轴旋转,各质点产生的惯性载荷为结构内力,在结构内部相互抵消,不会影响转子的运动状态。因此,在航空燃气轮机结构动力学设计中所关注的旋转惯性,主要为具有质量分布不对称特征的转子在受约束运动中产生的力学效果。

实际转子系统是有支承约束的结构系统,支点的中心连线确定了转子旋转中心,若转子结构质量分布相对于旋转中心线具有一定的不对称性,即结构惯性主轴与旋转中心线不重合,则当转子旋转时,旋转结构体上各质点产生的惯性载荷分布可等效为作用于转子质心的惯性力 $\vec{F}_I$ 及作用于惯性主轴的惯性力矩 $\vec{M}_I$,二者统称为旋转惯性载荷。旋转惯性载荷在转子旋转坐标系内表现为静载荷,使得转子变形发生改变;在支承结构的绝对坐标系内表现为旋转交变激励载荷,即支点动载荷。

航空燃气涡轮转子为具有三维构形的结构体,质量具有空间分布特征,其相对于旋转中心线不对称的作用形式可简化表现为沿轴向各横截面上的质量偏心;旋转中,截面所在的轴向位置不同,质量偏心产生的旋转惯性载荷的大小及相位不同,对转子产生力与力矩的综合作用。

2.2.1　质量分布不对称

理想状态下,转子质量分布相对其形心线完全对称,极惯性主轴、形心线、旋转中心线三者完全重合。但对于实际转子结构,由于加工、装配、使用等原因,结构单元存在质量分布不对称的现象。

当转子结构绕自身形心轴线旋转时,其不平衡可以表示为惯性主轴与形心轴的不重合度,一般采用质心与形心的偏差量表示,而惯性主轴相对形心轴的倾斜则等效为一对力偶或力矩变化。转子结构加工或装配后,未进行平衡处理时,质量分布相对形心线的不对称性称为初始不平衡。不平衡与转子旋转中心密切相关,因此,转子结构质量分布不对称性即不平衡,在不同的工作载荷、环境和旋转状态下,其量值和相位也会发生改变。

1. 质心偏移

质心是结构体的质量中心,通过对组成结构体所有质点的坐标按质量加权平均可得质心位置。各子结构单元均有其质心,当转子结构不产生相对变形,仅考虑垂直于旋转中心线截面内的一维横向运动时,可采用整体结构质心描述。此时,绕旋转中心点质量分布不对称可采用整体质心偏移表示,如图 2-18 所示,质心 G 相对于形心 M 的偏移距离称为偏心距(eccentricity),记为 e。

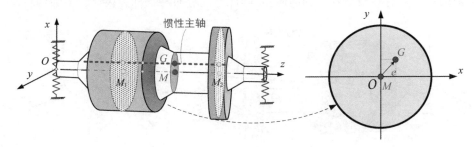

图 2-18　转子结构质心偏移

当转子结构各截面质心均以相同相位、相同大小偏离旋转中心线时,转子极惯性主轴仍与旋转中心线平行,图 2-18 中虚线所示称为惯性主轴平移。转子旋转运动中,其力学效果仍可采用转子质心偏移等效描述,转子在旋转过程中所产生的旋转惯性载荷可简化为作用于质心的惯性力。

2. 惯性主轴偏斜

当转子质量分布相对于自身形心线完全对称时,转子形心线即为其旋转惯性主轴,通过形心线定义的随体转动坐标系 $M-x'y'z'$ 就属于惯性主坐标系。而当转子质量分布不对称时,质心 G 偏离形心 M,极惯性主轴不再与形心重合,可产生惯性主轴的偏斜。

(1) 惯性主轴倾斜

惯性主轴倾斜是指转子结构各截面质心偏离旋转中心线,分布相位相同或相反、距离不等,转子极惯性主轴与旋转中心线相交于转子质心(整体质心 G 与整体形心 M 重合),如图 2-19 所示。转子旋转运动中,其力学效果可采用极惯性主轴相对于旋转中心线倾斜角 τ 等效描述,产生的旋转惯性载荷为作用在一个纵向截面上的分布载荷,可简化为一组力偶或作用于质心的力矩。

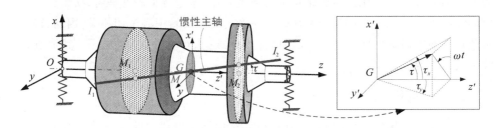

图 2-19　极惯性主轴整体倾斜

(2) 惯性主轴偏斜

惯性主轴偏斜是指转子结构各截面质心偏离旋转中心线的相位、大小等均不同,具有空间分布特征。对转子结构力学特征描述时,如果既存在整体质心偏移、惯性主轴偏离形心,又存在极惯性主轴的倾斜,则此空间分布特征称为极惯性主轴偏斜。

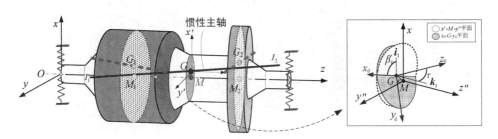

图 2-20　转子极惯性主轴空间偏斜

对于具有复杂结构与运动特征的高速转子结构系统,其各结构单元的惯性主轴偏斜具有局部特征,产生的不同力学作用效果是影响转子局部运动与变形的重要因素。

2.2.2　旋转惯性载荷

惯性是结构质量进行非惯性运动时所表现出的力学效果,是结构质量的运动属性。在绝对坐标系下,质量为 m 的质点受外力 $\vec{F}$ 时,运动状态会发生改变,质点产生加速度 $\vec{a}$,并且有 $\vec{F}=m\vec{a}$。此时若以质点为参考系建立随体坐标系,在此参考系下质点处于静止状态,仿佛在质点上作用有一个力 $\vec{F}'$,$\vec{F}'$ 的方向与加速度 $\vec{a}$ 的方向相反,大小等于 ma,力 $\vec{F}'$ 通常被称为惯性力(或称惯性载荷)。

航空燃气轮机转子为具有三维构形的结构体,其结构质量具有空间分布特征。转子旋转过程中,由于结构质量分布及其运动位移为径向和角向两个维度,因此,表现为质心偏移产生的旋转惯性力 $\vec{F}_I$ 和惯性主轴倾斜所产生的惯性力矩 $\vec{M}_I$,二者统称为旋转惯性载荷。旋转惯性载荷并不是真正的力或力矩,其本质是结构质量非惯性运动产生的力学效果。当转子形心轴线与支承确定的旋转中心线不重合时,转子结构质量分布的不对称会改变,即不平衡随运动状态发生相应的改变,所产生的旋转惯性载荷亦表现出分布特征和时变特征。

1. 旋转惯性力

若转子旋转运动中,结构自身不发生相对角向变形,且沿轴向任一横截面上质量偏心产生的惯性载荷大小、相位角均相同,则此运动状态下结构产生的力学效果可等效为通过其质心的旋转惯性力 $\vec{F}_I$。旋转惯性力大小为各微元惯性力的矢量和可表示为结构单元动量随时间的变化率,方向与动量的变化量方向相反,推导如下:

$$\vec{F}_I=\iiint\rho(-\vec{a})\mathrm{d}V=-\iiint\rho\,\frac{\mathrm{d}\vec{v}}{\mathrm{d}t}\mathrm{d}V=-\frac{\mathrm{d}\left(\iiint\rho\vec{v}\,\mathrm{d}V\right)}{\mathrm{d}t}=-\frac{\mathrm{d}\vec{p}}{\mathrm{d}t}\quad(2-9)$$

式中,$\vec{v}$ 和 $\vec{a}$ 为质量微元的速度和加速度;V 为结构体积函数;ρ 为结构体密度。

当转子沿轴向各截面具有相同大小和相位的截面质心偏移时,其极惯性主轴整体偏移,如图 2-21 所示,在转子旋转运动中,质量不对称性产生的力学效果可表述为作用于整体质心的旋转惯性力。图 2-21 中,$O-xyz$ 为绝对坐标系,Oz 为旋转中心线;$M-x'y'z'$ 为随体平动坐标系,Mz' 沿形心线方向。转子绕形心线 Mz' 转动(自转),其质心 G 偏离形心,偏心距记为 $\vec{e}$;同时,转子绕旋转中心线 Oz 进动(公转),进动半径(即结构单元形心线偏离旋转中心的距离)为 r。

转子结构单元绕形心(与旋转中心重合)自转角速度为 ω 时,自转产生旋转惯性力为

$$\vec{F}_I=\omega^2\int_l\mathrm{d}\vec{U}(z)=\omega^2\int_l\vec{e}(z)\mu(z)\mathrm{d}z=\omega^2\vec{e}\int_l\mu(z)\mathrm{d}z=m\omega^2\vec{e}\quad(2-10)$$

其中,l 表示转子轴向长度;$\mu(z)$ 为柱壳转子沿轴向的线密度;用 $\vec{e}$ 表示质量偏心的

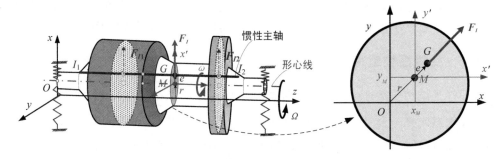

图 2 − 21　质心偏移与旋转惯性力

方向随转子旋转而改变。

转子涡动中所受旋转惯性力为其自转与进动综合作用的效果,通常转子处于同步正进动状态,可认为初始质心偏移与横向运动中形心偏离旋转中心方向一致。因此转子旋转运动中,结构单元产生的旋转惯性力可表示为

$$\vec{F}_I = -\frac{\mathrm{d}\vec{P}}{\mathrm{d}t} = m\omega^2\vec{e} + m\Omega^2\vec{r} \quad (\text{同步正进动状态 } \omega = \Omega) \qquad (2-11)$$

其中,$\vec{r}$ 表示位移矢量,其具有方向性,仅在同步正进动状态且未发生质心转向时,其与 $\vec{e}$ 为叠加关系;在超临界状态下,可发生质心转向,$\vec{r}$ 位移矢量与 $\vec{e}$ 质量偏心方向不同,二者产生的旋转惯性力部分抵消,因此在超临界状态同步正进动运动中,结构单元产生的旋转惯性力相对较小。

需要指出的是,通常实际转子结构很难满足极惯性主轴平移的条件,即仅产生旋转惯性力的情况,在某些特殊情况下,如转子结构单元可以简化为一个薄盘,且仅考虑其横向运动时,可以忽略旋转惯性力的轴向分布特征,其旋转惯性载荷可等效为转子质心偏移所产生的旋转惯性力。

2. 旋转惯性力矩

当转子存在相对旋转中心线的惯性主轴偏斜或角向运动状态变化时,其对转子的作用效果不能简化为旋转惯性力,必然有旋转惯性力矩(即陀螺力矩)产生。在运动中转子结构各质点力学作用效果可等效为过结构体质心的旋转惯性力矩 $\vec{M}_I$,其为结构体上各微元惯性力对质心取矩并求和,可表示为结构单元角动量(相对质心)随时间的变化率,方向与角动量的变化量方向相反,即

$$\vec{M}_I = -\frac{\mathrm{d}\left(\oiiint \rho\vec{r}' \times \vec{v}\,\mathrm{d}V\right)}{\mathrm{d}t} = -\frac{\mathrm{d}\vec{L}}{\mathrm{d}t} \qquad (2-12)$$

式中,$\vec{v}$ 为结构质心的速度;$\vec{r}'$ 为质量微元相对结构质心的位移矢量。

转子结构系统存在惯性主轴倾斜或产生角向偏转运动时,结构单元极惯性主轴 I_1I_2 与旋转中心线处于同一平面,相交于质心 G,二者之间的夹角为 τ,如图 2 − 22 所示。转子绕形心线 Gz'' 转动,绕旋转中心 Oz 进动,旋转运动中其力学效果可等效

为作用于转子结构质心的旋转惯性力矩。

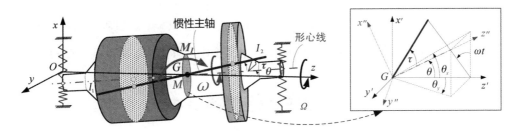

图 2-22　角向倾斜运动对旋转惯性力矩影响

转子结构极惯性主轴相较于转轴 Oz 存在偏置,且偏置角 τ 在 $x'Gz'$ 平面和 $y'Gz'$ 平面有分量,设为 τ_x,τ_y,且有 $\tau_x=\tau\cos\omega t$,$\tau_y=\tau\sin\omega t$。那么转子分别具有绕 x' 轴和绕 y' 轴的角动量 $(-I_x\dot{\tau}_y)\vec{e}_x$ 和 $(I_y\dot{\tau}_x)\vec{e}_y$,其中 I_x 和 I_y 分别代表转子 x' 轴和 y' 轴的转动惯量,$\vec{e}_x$ 和 $\vec{e}_y$ 分别代表 x' 轴和 y' 轴方向的单位矢量。随着转子的自转,极惯性主轴的方向发生改变,转子绕 x' 轴和 y' 轴的角动量变化,导致了惯性力矩的产生。由以上分析可知,转子结构转动过程中在 x' 轴方向和 y' 轴方向的角动量为

$$\vec{L}_{xy}=(-I_d\dot{\tau}_y+I_p\omega\tau_x)\vec{e}_x+(I_d\dot{\tau}_x+I_p\omega\tau_y)\vec{e}_y \tag{2-13}$$

因此,惯性力矩为

$$\vec{M}_I=-\frac{\mathrm{d}\vec{L}_{xy}}{\mathrm{d}t}=(I_d\ddot{\tau}_y-I_p\omega\dot{\tau}_x)\vec{e}_x+(-I_d\ddot{\tau}_x-I_p\omega\dot{\tau}_y)\vec{e}_y \tag{2-14}$$

仅考虑转子做同步正进动,将 $\tau_x=\tau\cos\omega t$,$\tau_y=\tau\sin\omega t$ 和 $\Omega=\omega$ 代入式(2-14),并以复数形式表达为

$$M_I=-(I_p-I_d)\tau\omega^2\mathrm{e}^{\mathrm{i}\left(\omega t+\frac{\pi}{2}\right)} \tag{2-15}$$

由上式可知,作用在旋转结构体上的旋转惯性力矩与三个惯性主轴的大小、倾斜角度和转速相关,在旋转状态下随着转子运动状态的变化,各结构体空间位置会相应改变,使得旋转惯性力矩及其对转子动力学特性的影响随之变化。

进一步考虑转子角向偏转形心与旋转中心存在倾斜角度 θ 时,在进动中造成结构旋转惯性力矩的变化。如图 2-22 所示,$O-xyz$ 为绝对坐标系,Oz 为旋转中心线;$M-x'y'z'$ 为随体平动坐标系;$M-x''y''z''$ 为随体转动坐标系,Mz'' 沿形心线方向。转子同步正进动状态下,假定形心线偏离旋转中心方向,与惯性主轴倾斜方向一致,则惯性主轴偏离旋转中心的角度可表示为 $\theta+\tau$。

旋转运动中,转子结构旋转惯性力矩可表示为

$$M_I=-\frac{\mathrm{d}L}{\mathrm{d}t}=(I_d\ddot{\vec{\tau}}-I_p\omega\dot{\vec{\tau}})+(I_d\ddot{\vec{\theta}}-I_p\omega\dot{\vec{\theta}}) \tag{2-16}$$

其中,惯性主轴倾斜角 $\boldsymbol{\theta}$ 与转子角向运动偏置角 τ 均为矢量,具有方向性。仅在同步正进动状态,且未发生质心转向时,二者为叠加关系;在超临界状态下,可发生质心转向,同样对惯性主轴相对旋转中心线倾斜角度产生影响,导致旋转惯性力矩变化。

实际工作中,航空燃气轮机转子结构会产生复杂的空间运动,既存在质心相对旋转中心线的横向偏移运动,又存在形心相对旋转中心线的角向偏转运动,对转子结构产生旋转惯性力与力矩的综合影响。其中,旋转惯性力由初始质心偏移 $\vec{e}$ 和质心横向运动 $\vec{r}$ 共用决定,旋转惯性力矩受初始惯性主轴倾斜 $\vec{\tau}$ 和其角向偏转运动 $\vec{\theta}$ 共同影响。

| 2.3　旋转惯性载荷分布 |

对于存在质心偏移和惯性主轴倾斜的转子系统来说,在低转速下主要是质心偏移产生的旋转惯性载荷对转子运动产生影响;在高转速下,质心转向后质心偏移影响减弱,主要是惯性主轴倾斜所产生的惯性力矩的影响。在高转速运转状态下,由于转子结构质量/刚度分布特性,各结构单元位移发生变化,尤其靠近转子弯曲振型共振转速时,转子弯曲中不同结构单元惯性主轴产生相对变形,使得不平衡及其旋转惯性具有沿轴向分布的特性。

2.3.1　分布特征描述

航空燃气轮机转子系统结构质量存在复杂空间分布特征,既存在结构质心相对于形心的横向偏移,又存在极惯性主轴相对于形心线的倾斜;且不同结构单元质心偏移与惯性主轴倾斜的相位、大小等有所不同,如 2 - 23 所示,旋转工作中作用于各结构单元惯性力与力矩的方向、大小均不相同。

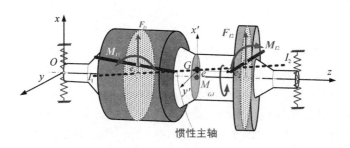

图 2 - 23　惯性主轴空间偏斜及其旋转惯性特征

当转子工作于较低转速时,转子结构刚体运动,自身无相对变形,可认为各结构单元惯性力与力矩内部平衡,产生作用于转子的内力,而对转子运动状态、响应特征影响较小。此时,可将不同结构单元惯性载荷等效为作用于转子结构质心的整体惯性载荷,可采用与 2.2.2 节相同的描述方法。

当转子工作于高转速状态、结构单元产生较大相对变形时,不同结构单元所产生的惯性力与力矩对运动状态、变形及响应特征影响不同,可对局部变形等产生较大影响,不能将其简化为作用于转子整体结构的旋转惯性力与力矩,而应分别考虑各结构单元惯性载荷及其作用效果,如图 2 - 23 所示。

高速旋转转子各结构单元既存在质心偏移,又存在旋转惯性主轴的倾斜,其旋转惯性载荷可通过作用于单元质心的旋转惯性力与惯性力矩综合描述。如图 2 - 24 所示,在形心和形心线确定的随体转动坐标系 $M - x''y''z''$ 中,质心和惯性主轴偏离坐标轴 Mz'',质心 G 与形心 M 的距离称为偏心距,记为 e;质心与形心连线与 Mx'' 轴方向的夹角称为偏心相位角,记为 β_e。$G - x_0 y_0 z_0$ 为惯性主轴坐标系,极惯性主轴 Gz_0 与 $\vec{k}_1$ 方向的夹角称为倾斜角,记为 τ;节线 Gx_0 与 $\vec{i}_1$ 方向的夹角减 $\pi/2$ 定义为倾斜相位角 $\beta_\tau = \beta'_\tau - \pi/2$,则当 $\beta_\tau = \beta_e$ 或 $\beta_\tau = \beta_e + \pi$ 时,惯性主轴在质心与旋转中心线确定的平面内。

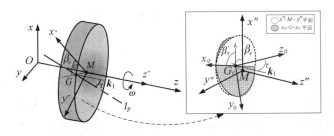

图 2 - 24 结构单元运动状态及变形特征

可以看出,惯性主轴坐标系 $G - x_0 y_0 z_0$ 可由形心坐标系 $M - x''y''z''$ 经原点平移后再通过空间旋转得到,因此可参照式(2 - 3)所示的欧拉角坐标变换矩阵,推导两坐标系之间的坐标变换矩阵。转子的偏心距 e 与偏置角 τ 很小,均可作为小量处理,则有 $\sin \tau \approx \tau$,$\cos \tau \approx 1$。令式(2 - 3)中 $\psi = \beta'_\tau$,$\theta = \tau$,$\varphi = 0$,即可得到 $G - x_0 y_0 z_0$ 到 $M - x''y''z''$ 的变换矩阵:

$$\boldsymbol{B} = \boldsymbol{A}(\beta'_\tau, \theta, 0) = \begin{pmatrix} \cos \beta'_\tau & -\sin \beta'_\tau & \tau \sin \beta'_\tau \\ \sin \beta'_\tau & \cos \beta'_\tau & -\tau \cos \beta'_\tau \\ 0 & \tau & 1 \end{pmatrix} \tag{2-17}$$

$$\begin{pmatrix} x'' \\ y'' \\ z'' \end{pmatrix} = \begin{pmatrix} e\cos \beta_e \\ e\sin \beta_e \\ 0 \end{pmatrix} + \boldsymbol{B} \begin{pmatrix} x_0 \\ y_0 \\ z_0 \end{pmatrix} \tag{2-18}$$

需要说明的是,由于质量分布不对称具有随机性,β_e、β_τ 无特定关系,也就是说结构单元的惯性主轴并不一定处于质心与形心线确定的平面内(仅当 $\beta_\tau = \beta_e$ 或 $\beta_\tau = \beta_e + \pi$ 时,惯性主轴与形心线共面),而是与形心线呈空间直线关系。当转子中包括多个质量结构单元时,各个结构单元的质心偏移相位 β_e、惯性主轴倾斜相位 β_τ 可能都不相同,此时转子受多个不同方向的旋转惯性力/力矩作用,旋转惯性载荷处于复杂的空间分布状态。

不考虑转子进动,平动坐标系 Mz'' 轴始终与绝对坐标系 Oz 轴重合,即形心坐标

为 $(0,0,z_M)^{\mathrm{T}}$，结构单元始终绕 Oz 轴以恒定角速度 ω 进行自转，如图 2-24 所示。根据坐标系的平动与定轴转动变换，以及式（2-6）中给出的欧拉角与自转角速度的关系 $\dfrac{\mathrm{d}(\psi+\varphi)}{\mathrm{d}t}=\omega$，不妨令初相位为 0，则 $\psi+\varphi=\omega t$，可得结构单元质心在绝对参考系 $O-xyz$ 中的坐标：

$$\begin{cases} x_G = e\cos(\omega t + \beta_e) \\ y_G = e\sin(\omega t + \beta_e) \\ z_G = z_M = \mathrm{const} \end{cases} \tag{2-19}$$

由结构单元质心位移表达式可得旋转惯性力表达式：

$$\begin{cases} F_{Ic,x} = -\dfrac{\mathrm{d}P_x}{\mathrm{d}t} = -m\ddot{x}_G = me\omega^2\cos(\omega t + \beta_e) \\ F_{Ic,y} = -\dfrac{\mathrm{d}P_y}{\mathrm{d}t} = -m\ddot{y}_G = me\omega^2\sin(\omega t + \beta_e) \end{cases} \tag{2-20}$$

对于结构单元产生旋转惯性力矩的推导，首先需明确结构单元在各坐标系中的角速度关系，如图 2-25 所示。易知，由于 Mz_1 轴与旋转中心线重合，转动坐标系 $M-x''y''z''$ 中角速度分量为 $(0,0,\omega)^{\mathrm{T}}$，利用变换矩阵 $\boldsymbol{B}^{\mathrm{T}}$ 可获得惯性主轴坐标系 $G-x_0y_0z_0$ 下的角速度分量：

$$\begin{pmatrix} \omega_{x0} \\ \omega_{y0} \\ \omega_{z0} \end{pmatrix} = \boldsymbol{B}^{\mathrm{T}}\begin{pmatrix} \omega_{x1} \\ \omega_{y1} \\ \omega_{z1} \end{pmatrix} = \begin{pmatrix} \cos\beta'_\tau & \sin\beta'_\tau & 0 \\ -\sin\beta'_\tau & \cos\beta'_\tau & \tau \\ \tau\sin\beta'_\tau & -\tau\cos\beta'_\tau & 1 \end{pmatrix}\begin{pmatrix} 0 \\ 0 \\ \omega \end{pmatrix} = \begin{pmatrix} 0 \\ \tau\omega \\ \omega \end{pmatrix} \tag{2-21}$$

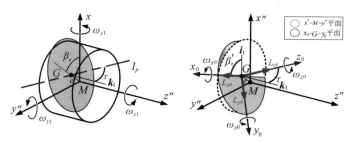

(a) 转动坐标系 $M{-}x''y''z''$ (b) 惯性主轴坐标系 $G{-}x_0y_0z_0$

图 2-25　结构单元在各坐标系中的角速度关系

坐标系 $G-x_0y_0z_0$ 各坐标轴均沿结构单元惯性主轴方向，因此易得此坐标系下的角动量：

$$\begin{pmatrix} L_{x0} \\ L_{y0} \\ L_{z0} \end{pmatrix} = \begin{pmatrix} I_d & 0 & 0 \\ 0 & I_d & 0 \\ 0 & 0 & I_p \end{pmatrix}\begin{pmatrix} \omega_{x0} \\ \omega_{y0} \\ \omega_{z0} \end{pmatrix} = \begin{pmatrix} 0 \\ \tau I_d\omega \\ I_p\omega \end{pmatrix} \tag{2-22}$$

其中，I_d 为直径转动惯量；I_p 为极转动惯量。

再利用矩阵 $\boldsymbol{B}$ 可得转动坐标系 $M - x''y''z''$ 下的角动量分量,由于欧拉角满足关系 $\psi + \varphi = \omega t$,且在结构单元仅发生自转,不考虑进动时,$\theta = 0$。故角动量表达式为

$$\begin{pmatrix} L_x \\ L_y \\ L_z \end{pmatrix} = \boldsymbol{A}(\psi, \theta, \varphi) \begin{pmatrix} L_{x1} \\ L_{y1} \\ L_{z1} \end{pmatrix} = \begin{pmatrix} -(I_d - I_p)\tau\omega\sin(\omega t + \beta'_\tau) \\ (I_d - I_p)\tau\omega\cos(\omega t + \beta'_\tau) \\ I_p\omega \end{pmatrix} \quad (2-23)$$

由旋转惯性力矩定义可得

$$\begin{cases} M_{Ic,x} = -\dfrac{\mathrm{d}L_x}{\mathrm{d}t} = (I_d - I_p)\tau\omega^2\cos(\omega t + \beta'_\tau) \\ M_{Ic,y} = -\dfrac{\mathrm{d}L_y}{\mathrm{d}t} = (I_d - I_p)\tau\omega^2\sin(\omega t + \beta'_\tau) \end{cases} \quad (2-24)$$

因此,对既存在质心偏移,又存在惯性主轴偏斜的各转子结构单元,其旋转惯性载荷完整表达为

$$\begin{cases} \vec{F}_{Ic} = [me\omega^2\cos(\omega t + \beta_e)]\vec{e}_x + [me\omega^2\sin(\omega t + \beta_e)]\vec{e}_y \\ \vec{M}_{Ic} = [(I_d - I_p)\tau\omega^2\cos(\omega t + \beta'_\tau)]\vec{e}_x + [(I_d - I_p)\tau\omega^2\sin(\omega t + \beta'_\tau)]\vec{e}_y \end{cases} \quad (2-25)$$

将作用在广义坐标 x, θ_x 上的力 $F_{Ic,x}, M_{Ic,y}$ 作为实部,作用在广义坐标 y, θ_y 上的力 $F_{Ic,y}, -M_{Ic,x}$ 作为虚部($M_{Ic,x}$ 与 θ_y 正方向相反),并有 $\beta_\tau = \beta'_\tau - \pi/2$,将式(2-25)转换为复数形式:

$$\begin{cases} \widetilde{F}_{IC} = me\omega^2 \cdot \mathrm{e}^{\mathrm{i}(\omega t + \beta_e)} \\ \widetilde{M}_{IC} = (I_d - I_p)\tau\omega^2 \cdot \mathrm{e}^{\mathrm{i}(\omega t + \beta_\tau)} \end{cases} \quad (2-26)$$

值得关注的是,转子各结构单元旋转惯性载荷受到的影响因素较多,不仅与结构质量分布特征、转动/进动角速度相关,还受高速旋转中转子变形、运动状态等影响,造成转子结构系统动力学特性的复杂性。

2.3.2　运动状态影响

航空燃气轮机转子是由多个压气机、涡轮结构单元轴向串联而成的,在高速运转状态下,转子可发生弯曲变形,会使各轴向位置处的结构单元进动发生不同变化,从而影响旋转惯性载荷沿轴向的分布。受转子质量/刚度分布、转子转速、支承等因素的影响,不同的转子具有不同的弯曲变形形式,对旋转惯性载荷的影响也不同。

1. 两端轴颈弯曲状态

涡扇发动机高压转子通常采用大鼓筒轴、1-0-1两支点支承方案,高速运转中转子产生弯曲变形,但受支承刚度、鼓筒轴与前后轴颈弯曲刚度等影响,可产生不同的变形特征。

第一种形式为前后轴颈弯曲,如图 2 - 26 所示。转子系统变形及产生的应变能集中于前后轴颈和支承结构,两个质量单元以及中间鼓筒轴几乎不发生相对位移,具有相同的倾斜角,因此可将三者视为整体,成为一个结构单元组件,质量为 M_{all},极转动惯量为 $I_{p,all}$,直径转动惯量为 $I_{d,all}$。由于结构单元组件轴向尺寸较大且质量集中于两端,具有"厚盘"特征,故直径转动惯量 $I_{d,all}$ 远大于 $I_{p,all}$。

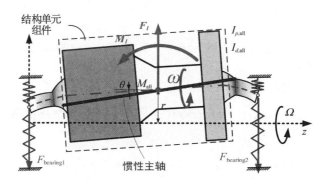

图 2 - 26　两端弯曲转子受力分析图

前后两端轴颈弯曲变形后,因主惯性轴倾斜产生的旋转惯性力矩为 $M_I = (I_d - I_p)\omega^2\theta$,旋转惯性力矩与倾斜方向相同,加大转子前后轴颈弯曲变形。此运动与变形状态下,压气机与涡轮结构质量单元可视为整体,受前后支点产生的较强角向约束,对支承产生旋转惯性激励载荷。不过,在强支承角向约束下,转子倾斜角度 θ 通常较小,陀螺力矩效应弱,旋转惯性力矩对支点动载荷影响相对较小。

2. 中间鼓筒轴弯曲状态

在两支点大跨度支承高压转子结构系统中,第二种弯曲变形为中间连接压气机与涡轮的鼓筒轴弯曲,如图 2 - 27 所示。此时,两个质量结构单元角向变形不同,不能将其作为一个整体,应分别考虑;而鼓筒轴处的弯曲变形产生的大应变能则比较集中。记两个质量结构单元的质量、极转动惯量、直径转动惯量分别为 M_1,I_{p1},I_{d1} 和 M_2,I_{p2},I_{d2}。相对于两端轴颈弯曲变形,转子中部发生弯曲时旋转惯性载荷分布及其作用特征改变,此时各有一组力和力矩分别作用于两个质量结构单元的质心位置。

两种变形形式中的参数应满足关系:$M_1 + M_2 = M_{all}$,$I_{p1} + I_{p2} = I_{p,all}$,而直径转动惯量发生了较大变化,根据平行轴定理可知,参考轴位置的改变将产生额外的转动惯量,因此有 $I_{d1} + I_{d2} < I_{d,all}$。第二种情况下,鼓筒轴弯曲变形后可等效为由一个厚盘"变为"两个薄盘,相对于第一种结构质量单元视为一体的情况,直径转动惯量减小,通常作用在各结构单元上的旋转惯性力矩与倾斜方向相反。

各结构单元质心偏离旋转中心线均会产生旋转惯性力与旋转惯性力矩,M_{I1}

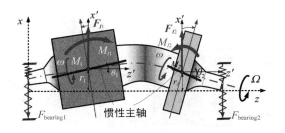

图 2 – 27　中间弯曲转子受力分析图

$=(I_{p1}-I_{d1})\omega^2\theta_2$ 与 $M_{I2}=(I_{p2}-I_{d2})\omega^2\theta_2$ 为弯曲变形后不同单元产生的旋转惯性力矩。各结构单元均满足 $I_p > I_d$ 时，陀螺力矩效应显著，旋转惯性力矩表现为抵抗局部角向变形，提高转子抗变形能力，使转子结构系统等效弯曲刚度提高。

转子弯曲变形特征也对支点动载荷产生较大影响，中间弯曲转子的两个结构单元产生的旋转惯性力矩方向相反时，旋转惯性力矩部分相互抵消，剩余部分则会作用在支点，由支点载荷平衡，对支承产生旋转惯性激励载荷，相较不考虑旋转惯性力矩作用的状态，该状态可使支点动载荷增大。

3. 悬臂端局部弯曲状态

对于采用 1 – 1 – 0 两支点支承方案的高速转子系统，如图 2 – 28 所示，其后支点位于涡轮前，可缩短支点间距离，增强对转子的约束。不过，涡轮盘处于悬臂支承状态，转子结构自身弯曲刚度比 1 – 0 – 1 方案较弱，更易产生弯曲变形。

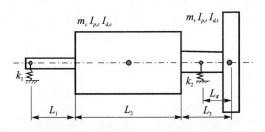

图 2 – 28　高速转子 1 – 1 – 0 支承方案

采用 1 – 1 – 0 方案且涡轮结构为悬臂支承时，转子弯曲变形使得涡轮角向运动，如图 2 – 29 所示。此时，主要为压气机与涡轮间轴段弯曲，大应变能集中于转子轴段，对转子动力学特性产生重要影响。压气机结构单元与涡轮结构单元处于后支点两侧，转轴弯曲变形使得压气机与涡轮发生反向倾斜，二者变形与受力具有局部特征，各有一组力和力矩分别作用于两个质量结构单元的质心位置。

同样，记两个质量结构单元的质量、极转动惯量、直径转动惯量分别为 M_1，I_{p1}，I_{d1} 和 M_2，I_{p2}，I_{d2}。弯曲变形后，压气机与涡轮结构等效为两个独立薄盘作用，单元旋转惯性力矩分别为 $M_{I1}=(I_{p1}-I_{d1})\omega^2\theta_2$ 与 $M_{I2}=(I_{p2}-I_{d2})\omega^2\theta_2$。旋转惯性力

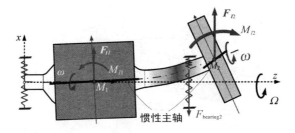

图 2 - 29   悬臂支承转子弯曲变形状态分析图

矩表现为抵抗局部角向变形,提高转子抗变形能力,使转子结构系统等效弯曲刚度提高。

作用于轮盘上的旋转惯性载荷与转轴的内力及支承约束力平衡,对支承产生旋转惯性激励载荷。采用 1 - 1 - 0 支承方案,后支点位于转子弯曲变形节点附近,横向位移较小,产生的支点载荷较小。同时,其两质量体旋转惯性力矩可以部分抵消,使得处于高温环境的后支点动载荷相对较低。

综上所述,受约束转子旋转中,结构质量分布的不对称性产生的旋转惯性载荷包括质心偏移产生的旋转惯性力和惯性主轴倾斜产生的旋转惯性力矩。航空燃气轮机转子结构中,其质量分布特征复杂,高速运转中各结构单元产生的旋转惯性载荷具有局部特征,且在不同运动状态下,结构质量不对称特征可发生变化,产生不同旋转惯性载荷作用,表现出旋转惯性的时变特征。

旋转惯性载荷对转子做功,提高了转子抗变形能力,其等效弯曲刚度提升;而对支承产生旋转惯性激励载荷,且载荷大小受转子变形特征、运动状态以及支承结构位置特征等影响。

第 3 章
转子系统动力学特性

转子系统动力学特性是指在转子旋转运动中所表现出来的能量变化和变形特征，主要包括共振转速分布特性与转子动力响应特性。共振转速是转子系统模态振动特性，是转子结构特征及运动状态所决定的固有特性；动力响应特性则是指在旋转激励载荷作用下转子的运动状态及力学特性变化规律。

3.1 共振转速分布

转子系统共振转速分布特性是指各阶模态振型和共振转速随转速的变化规律。现代先进航空燃气轮机广泛采用双转子结构布局设计，如图 3-1 所示。高压转子和低压转子由于在结构特征上的差异，其动力学特性表现出各自不同的特性及变化规律。

在计算分析航空燃气轮机转子共振转速时，动力学微分方程的形式通常与式式(3-1)相同：

$$M\ddot{q} + G\dot{q} + Kq = 0 \tag{3-1}$$

其中，M 为质量矩阵；G 为陀螺力矩矩阵；K 为刚度矩阵；q 为广义坐标。质量矩阵 M 和刚度矩阵 K 仅与转子系统的材料参数、几何构形以及支承特性有关，而陀螺力矩矩阵 G 除了与自身质量分布有关外，还正比于转子自转转速。因此，转子系统在不同转速下具有不同的动力学方程，即在旋转惯性载荷的作用下，不同转速下的模态振型及相应共振转速会发生变化。对于进动与自转方向相同的模态振型陀螺力矩抑制转子的变形等效于增加转子抗弯刚度，提高共振转速；而对于进动与自转反向的模态振型，陀螺力矩起到的作用相反。

受总体结构布局设计、转子结构特征和支承约束特征等因素的限制，航空燃气轮机转子一般可分为刚性转子与柔性转子，二者具有不同的共振转速分布特性。

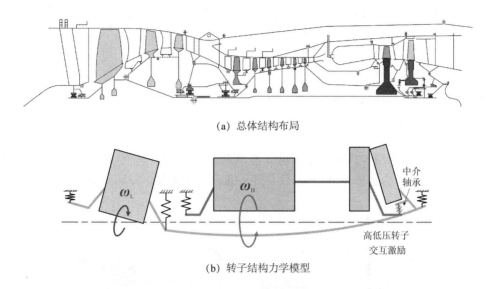

(a) 总体结构布局

中介
轴承

高低压转子
交互激励

(b) 转子结构力学模型

图 3 - 1　典型小涵道比涡扇发动机及转子结构力学模型

3.1.1　刚性转子系统

刚性转子一般指工作转速低于弯曲振型临界转速的转子系统。航空燃气轮机高压转子多为刚性转子系统设计,采用两支点支承,在工作转速区间附近,通常需要关注其前三阶模态,前三阶模态分别为整体平动、整体俯仰和整体弯曲振型,如图 3 - 2 所示。

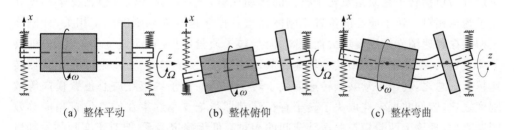

(a) 整体平动　　　　　　(b) 整体俯仰　　　　　　(c) 整体弯曲

图 3 - 2　刚性转子系统典型共振转速振型示意图

刚性转子具有较强的抗变形能力,低阶振型体现为转子结构的整体运动,几乎不发生弯曲变形,变形及产生的应变能主要集中于支承结构系统,通常将此类模态称为刚体模态。由于具有三维尺寸的刚体同时拥有横向和角向自由度,故转子对应有整体平动和整体俯仰两阶刚体模态,这两阶模态共振转速通常较低,处于工作转速区间以下,航空燃气轮机启动时可快速通过此二阶临界转速。

虽然刚性转子整体刚度高,但转子结构本质上仍是连续弹性体,在高转速下会体现出局部特性,共振状态下转子的动能与结构内部弹性势能平衡,因此第三阶模态振型体现为转子结构的弯曲,而具体的弯曲形式与转子质量、刚度分布以及支承约束有关。现代先进航空燃气轮机中,随着转子转速与工作负荷的提升,以及结构的轻质化发展,高压转子工作转速区间不断趋近弯曲临界转速,高转速工作中转子弯曲变形影响不可忽视。

下面分别对刚性转子的刚体模态及弯曲模态进行介绍。

1. 刚体模态

刚性转子系统刚体振型共振转速分布如图 3－3 所示。其中,转子第一阶为整体平动振型,第二阶为整体俯仰振型,且在零转速时的共振频率分别为 Ω_{10} 和 Ω_{20}。

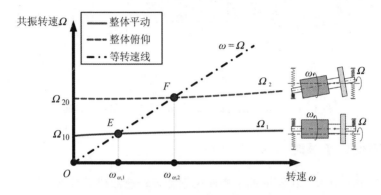

图 3－3 刚体模态共振转速分布图(Campbell 图)

刚体振型的共振转速主要取决于转子整体质量分布及支承约束特性。转子整体质量分布包括转子总质量及转子整体的转动惯量,支承约束特性则包括支承刚度和支承约束相对于转子质心的位置。刚体振型共振转速与支承刚度呈正相关,即刚体振型共振转速随支承刚度增大而提高;而与转子质量、直径转动惯量呈负相关,即转子质量越大,整体平动振型共振转速越低,直径转动惯量越大,整体俯仰振型共振转速越低。总之,转子平动共振转速取决于转子质量与支承约束在质心位置横向等效刚度之比,俯仰共振转速取决于转子直径转动惯量与支承约束在质心位置角向等效刚度之比,理论上两阶模态共振转速间的相对高低无确定关系,但对于实际的发动机转子,通常情况下支承对于转子的角向约束较强,因此第一阶模态为整体平动,第二阶振型为整体俯仰。

整体平动模态振型中转子发生整体的横向平动,结构应变能主要集中在前后支承结构上,转子结构几乎不发生弯曲变形。该阶振型中,转子的角向位移分量很小,陀螺力矩效应很低,共振转速几乎不随转子转速变化。

整体俯仰模态振型以转子整体的角向俯仰变形为主,变形应变能也集中在支承结构上,转子结构几乎不发生弯曲变形。此状态下,压气机与涡轮部件可视为整体结构,转子整体的惯量比 I_p/I_d 通常很小,表现出"厚盘"特征,因此,该阶模态下转子产生的陀螺力矩也很小,旋转惯性效应对转子共振转速的影响较小,共振转速随转子转速的提高而缓慢增长。

在进行航空燃气轮机转子结构系统动力学设计时,通常希望两阶刚体振型临界转速较低且相互靠近,以便在发动机开车时能快速通过,因此,两支点刚性转子系统通常采用支承刚度较低的柔性支承结构,并配有阻尼结构。

2. 弯曲模态

两支点刚性转子系统第三阶模态通常对应为弯曲振型,由于转子发生弯曲变形,故压气机、涡轮等质量结构单元既发生横向平动位移,也发生角向相对变形。转子弯曲共振状态下,由于各质量结构单元角向变形不同,故不能再将其作为一个整体,应分别考虑。如图 3 - 4 所示。

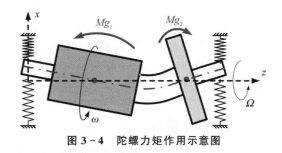

图 3 - 4　陀螺力矩作用示意图

典型刚性转子系统的三阶振型的共振转速分布如图 3-5 所示。其中,前两阶为刚体模态,转子相对变形较小,可视为整体"厚盘"转子,I_p/I_d 接近于 1,产生的旋转惯性力矩效应较弱,随转速增加,共振转速变化较小,接近水平直线。

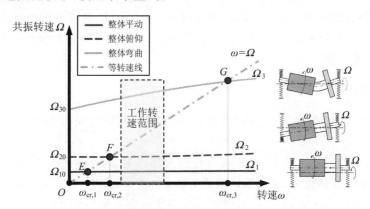

图 3 - 5　典型刚性转子系统共振转速分布图(Campbell 图)

转子系统第三阶模态振型为整体弯曲振型,该阶振型以转子结构的弯曲变形为主,压气机质量单元与涡轮质量单元产生相对角向变形,此时需考虑各结构单元的质量与转动惯量分布特性。单独考虑压气机与涡轮结构单元时,其惯量比 I_p/I_d 大幅增加,尤其是涡轮部件,惯量比接近 2,具有典型的"薄盘"结构特征,高速旋转中各质量单元会产生巨大的陀螺力矩,抑制转子结构弯曲变形,等效于增强了转子系统的弯曲刚度,改变了转子共振转速特性。

在转子弯曲振型下,结构应变能主要集中在压气机-涡轮连接的鼓筒轴弹性单元上,在零转速下的共振转速 Ω_{30} 主要与鼓筒轴弯曲刚度和两结构单元的转动惯量有关。而在高速旋转中,压气机和涡轮质量单元均具有较大的角向变形分量,且角向变形方向相反,在转子系统高速旋转时会产生一对抑制转子弯曲变形的陀螺力矩,从而增强了转子结构的等效弯曲刚度。转换到模态坐标系中则体现为,高速旋转状态相对于零转速状态下,转子结构系统发生单位模态位移时产生更大的应变能分布。因此,弯曲振型共振转速受转子结构旋转惯性效应影响显著,随着转速提高,弯曲共振转速快速增大。

在航空燃气涡轮发动机中,一般要求转子系统具有较高的整体弯曲振型临界转速,使其高于转子系统最大工作转速,并具有足够的安全裕度,因此,需通过合理的结构设计提高转子结构的弯曲刚度和陀螺力矩效应,保证转子系统具有较高的整体弯曲共振转速。

3.1.2 柔性转子系统

柔性转子一般指工作转速接近或高于弯曲模态临界转速的转子。航空燃气轮机的低压转子轴细长、弯曲刚度较小,通常按照柔性转子进行设计,工作转速范围内存在整体弯曲或局部弯曲模态临界转速,在高转速下会产生弯曲变形。

该类转子主体构形多为"杠铃形",转子结构质量主要集中于前端的风扇与后端的涡轮,中间的涡轮轴质量较小同时刚度较弱,转子质量、刚度分布极不均匀。为有效控制转子变形,通常采用多个支点局部约束。因此,柔性转子系统在工作过程中易产生局部模态振型。

1. 局部模态

柔性转子系统中最为典型的局部模态振型是涡轮盘局部平动和风扇盘局部平动。

涡轮盘平动振型如图 3-6 所示。在该阶模态振型中,后端低压涡轮盘质心和 3♯ 支点处横向位移较大,而前端风扇质心和 1♯、2♯ 支点处横向位移较小。该阶振型以低压涡轮盘横向平动为主,且转子系统应变能主要集中在 3♯ 支点上,其共振转速主要取决于涡轮转子质量和 3♯ 支点的支承刚度、位置。

风扇盘平动振型如图 3-7 所示。在该阶模态振型中,前端风扇质心和 1♯、2♯ 支点位置产生较大横向位移,而后端涡轮质心和 5♯ 支点的横向位移较小。该阶模态振型以风扇盘的横向平动为主,应变能主要集中在 1♯、2♯ 支点上,转子系统共振转速主要取决于风扇转子结构质量和 1♯、2♯ 支点的支承约束位置及刚度特征。

综上所述,柔性转子系统的局部振型主要包括涡轮局部平动振型和风扇局部平动振型,两阶局部振型主要以各自质量单元及其支承的横向运动为主,陀螺力矩对于

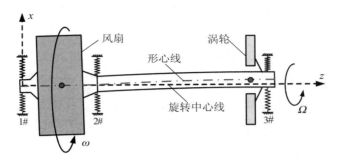

图 3 - 6　柔性转子系统涡轮盘平动振型

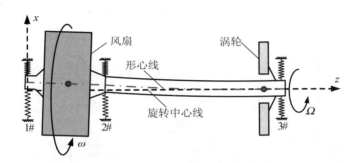

图 3 - 7　柔性转子系统风扇盘平动振型

共振转速的影响很小,其关键影响参数是质量单元的质量与支承结构的支承刚度、位置。

2. 弯曲模态

　　柔性转子整体弯曲振型如图 3 - 8 所示,该阶模态振型以低压轴弯曲变形为主。由于细长低压轴的刚度很弱,导致在零转速时转子系统整体弯曲模态频率较低。但当转子系统旋转时,低压轴的弯曲变形会导致两端质量单元风扇和涡轮产生角向变形,形成较大的陀螺力矩,能够大幅度地增强低压轴的等效刚度,提高整体弯曲振型共振转速。

　　典型柔性转子系统共振转速分布如图 3 - 9 所示。转子系统前两阶共振转速振型分别为涡轮局部平动振型和风扇局部平动振型。两阶局部振型均以质量单元的横向位移和支承结构的横向变形为主,质量单元几乎不发生角向变形,陀螺力矩效应很低,共振转速几乎不随转子转速变化。

　　转子系统第三阶共振转速振型为整体弯曲振型,该阶振型以低压轴的弯曲变形为主,风扇和涡轮质量单元产生一定角向变形,旋转工作中存在角向变形时将产生等效作用于轮盘的旋转惯性力矩,且随转速增加旋转惯性力矩值增加。此旋转惯性力矩与转子盘-轴内力平衡,改变了转子内应变能分布特征,其力学效果是提高了转轴的抗弯曲变形能力,转子系统弯曲模态共振转速随转速增加而增加。

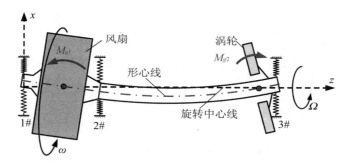

图 3 - 8　柔性转子系统整体弯曲振型

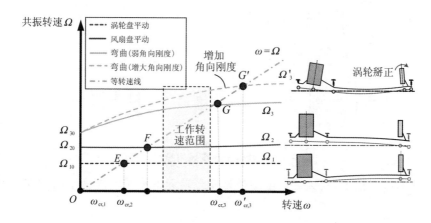

图 3 - 9　柔性转子系统 Campbell 图

　　不同转速状态下轮盘产生的旋转惯性力矩不仅改变了转子弯曲共振转速,也使得相应的模态振型相对零转速状态发生了变化,如图 3 - 10 所示。以涡轮盘为例,其为 I_p/I_d 接近 2 的薄盘,具有强旋转惯性力矩效应,且对转速变化敏感:在较低转速下,产生的旋转惯性力矩相对较小,转子盘-轴结构所受内力较小,对转子变形影响较小,转子弯曲变形接近于梁的弯曲模态振型;而在高转速下,旋转惯性力矩显著增大,作用于盘-轴的结构内力提高,改变了转子变形特征,惯性主轴趋于与旋转中心线重合,涡轮盘逐渐"掰正"。多级风扇盘 I_p/I_d 小于涡轮盘,旋转惯性效应相对较弱,随转速变化相对较慢,但如果转速继续增加,前端具有厚盘特征的多级风扇转子也会"掰正"。

　　不同盘-轴连接角向刚度影响涡轮盘的局部"掰正"过程,从而改变弯曲共振转速的变化特征。盘-轴连接角向刚度相对较弱时,较低转速下旋转惯性力矩即可使涡轮盘迅速"掰正",旋转惯性效应对转子等效刚度的增强效果不再随转速提高,共振转速不再继续提升,如图 3 - 9 中灰色实线所示。而适当提高盘-轴连接角向刚度后,随工作转速提高,旋转惯性力矩同样不断增大,但高刚度结构抗变形能力更强,可推迟涡轮盘局部"掰正"过程;且在同样变形特征下,高刚度结构具有更大内力(应变能),使

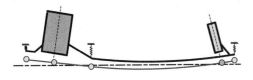

(a) 低转速下转子弯曲模态

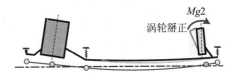

(b) 高转速下转子弯曲模态

图 3 - 10　不同转速下转子弯曲模态

得所能达到的最大弯曲振动共振转速更高,如图 3 - 9 中灰色虚线所示。因此,在转子系统弯曲振型共振转速设计中,可以通过改变盘-轴连接结构角向刚度,调整轮盘陀螺力矩效应的影响,由图 3 - 9 中灰色虚线所示的第三阶共振转速随转速变化的规律可知,临界转速由 G 变为 G'。

3.2　动力响应特性

转子动力响应指转子系统在旋转惯性激励载荷作用下运动状态的具体表现,可采用相应状态下的轴心轨迹、振动位移/速度/加速度、支点动载荷等参数定量表述。

航空燃气轮机转子动力响应计算分析时,一般将转子系统中的各结构单元的旋转惯性载荷集总作用于一个截面上,也可以根据分析目的简化为沿轴向的分布载荷。动力学微分方程的形式通常与式(3-2)相同,等号右侧为旋转惯性激励载荷矩阵 P。

$$M\ddot{q} + G\dot{q} + Kq = P \tag{3-2}$$

不同于转子的质量、刚度等结构参数,旋转惯性激励与加工装配后转子结构相对于旋转中心线的质量分布不对称有关,具有一定分散性和不可预知性。转子系统的动力响应特性通常需要根据加工装配质量与载荷环境通过合理的人为假设得到。

航空燃气轮机转子旋转惯性激励载荷主要由风扇/压气机、涡轮等质量结构单元产生。除了需要考虑质心偏移造成的旋转惯性力 $m\omega^2 e$ 外,还需要考虑由于惯性主轴倾斜产生的旋转惯性力矩 $(I_d - I_p)\omega^2\tau$。因此,旋转惯性激励载荷矩阵 P 的表达式一般可写为

$$P = \begin{Bmatrix} m_1 e_1 \cdot e^{i\beta_{e1}} \\ (I_{d,1} - I_{p,1})\tau_1 \cdot e^{i\beta_{\tau1}} \\ m_2 e_2 \cdot e^{i\beta_{e2}} \\ (I_{d,2} - I_{p,2})\tau_2 \cdot e^{i\beta_{\tau2}} \\ \vdots \\ m_n e_n \cdot e^{i\beta_{en}} \\ (I_{d,n} - I_{p,n})\tau_n \cdot e^{i\beta_{\tau n}} \end{Bmatrix} \cdot \omega^2 e^{i\omega t} \tag{3-3}$$

其中,下标数字表示不同的结构单元,m、I_d 和 I_p 分别为结构单元的质量、直径转动惯量、极转动惯量,e 为偏心距,τ 为惯性主轴倾斜角,β 表示对应旋转惯性激励的相位,正体 e 为自然常数,正体 i 为单位虚数(具体推导见第 2 章)。

需要注意的是,给相同的转子施加不同的激励会得到不同的动力响应。对只具有刚体振型、工作转速低的转子系统,可以仅考虑质心偏移所产生的旋转惯性激励载荷;而对于具有复杂结构特征的高速转子系统,若仅简单考虑不平衡量产生的离心力,则在高转速状态下会产生显著的误差。

3.2.1 旋转惯性激励载荷

1. 载荷集总等效

在低转速状态下,转子结构内力较小,各结构单元间角向位移可以忽略,转子在运动过程中主要体现为转子整体旋转惯性载荷与支承约束的平衡,因此可作为一个整体结构单元进行分析。此时转子的质量分布不均匀可通过整体的质心偏移(见图 3-11(a))或惯性主轴偏斜(见图 3-11(b))表示,具体选取哪种集总等效方式与转子的运动状态有关。

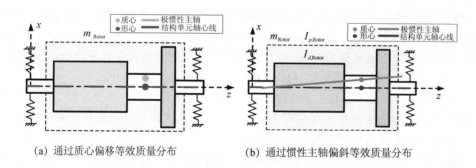

(a) 通过质心偏移等效质量分布   (b) 通过惯性主轴偏斜等效质量分布

图 3-11　多盘转子系统质量分布集总

在低于或靠近第一阶临界转速工作时,转子运动主要体现为横向的整体平移,且由于转子 I_d 与 I_p 差值较小、转速较低,旋转惯性力矩可以忽略,此时转子系统的旋转惯性载荷主要为由质心偏移产生的离心力,因此可通过质心偏移集总等效转子的质量分布。转子刚体平动运动过程如图 3-12 所示,低于刚体平动临界转速(ω_{cr1})时,转子的横向位移随转速增加而增大,转速超过临界转速(ω_{cr1})后发生质心转向,质心由形心外侧转向形心内侧,随后随着转速提高,质心逐渐靠近旋转中心线,最终完成自动定心。

转子的质心转向和自动定心现象本质上是结构体在旋转惯性作用下角动量趋于最小的结果。对于没有约束的自由旋转结构体,如图 3-13(a)所示,其旋转轴与其惯性主轴重合,此时系统的动量 $\boldsymbol{P}=0$,且角动量 $\boldsymbol{L}$ 为最小值(根据平行轴定理,刚体

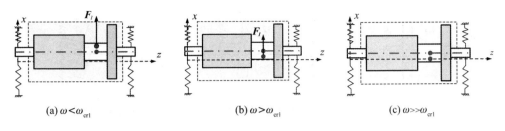

(a) $\omega < \omega_{cr1}$　　　　　(b) $\omega > \omega_{cr1}$　　　　　(c) $\omega >> \omega_{cr1}$

图 3 - 12　转子刚体平动运动过程

相对于惯性主轴的转动惯量最小,绕该轴转动时角动量最小),此时结构体处于最稳定的运动状态。

对于带有支点的转子系统,如图 3 - 13(b)所示,支承约束迫使转子绕其形心线旋转,此时旋转轴与惯性主轴不重合,系统角动量 **L** 不为最小值,并且动量 **P** 的方向随着转子旋转不断变化对系统造成扰动,因此转子系统始终具有使自身角动量 **L** 减小的趋势。亚临界状态,转子在离心力的作用下质心位于形心的外侧,且随着转速增加不断远离旋转中心线,达到临界转速时,系统处于共振状态,能量易于转换,此时能量在方向不断变化的动量 **P** 作用下,由转子的自转注入到进动中,使质心由形心外侧转到形心内侧,此时惯性主轴距离旋转轴更近,从而使系统的角动量减小,达到更加稳定的状态。该过程在动力响应上即体现为转子的质心转向。

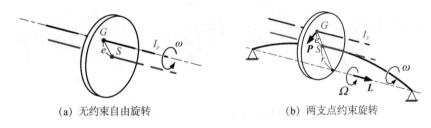

(a) 无约束自由旋转　　　　　　　(b) 两支点约束旋转

图 3 - 13　支承约束对于结构体旋转状态的影响

在高于刚体平动临界转速的状态下,一方面旋转惯性力矩随转速的平方快速增大,其作用效果逐渐体现;另一方面,随着转子自动定心,旋转惯性力的作用逐渐减弱,因此达到一定转速后,转子运动由横向平移转变为角向的俯仰运动。由于旋转惯性力矩($M_I = (I_d - I_p)\omega^2\theta$)与转子结构特征具有较强的相关性,对于具有不同结构特征的转子,运动过程也有所差异。

首先讨论具有薄盘特征的转子($I_p > I_d$)的刚体俯仰运动过程,如图 3 - 14 所示。由于转子在高速旋转中产生的旋转惯性力矩与惯性主轴相对于旋转中心线的倾斜相反,抵抗了惯性主轴的倾斜,因此随着转速的不断提高,惯性主轴不断靠近旋转中心线直至完全"掰正"。需要说明的是,由于薄盘转子的陀螺力矩效应较强,其俯仰模态共振转速随转速增加而增加得很快,始终高于自转产生的扰动频率,因此,薄盘转子不存在俯仰临界转速,其在超过整体平动临界转速后,惯性主轴直接被"掰正"。

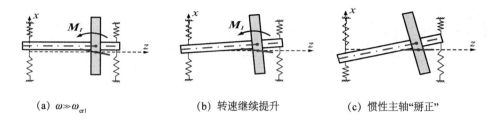

(a) $\omega \gg \omega_{cr1}$ (b) 转速继续提升   (c) 惯性主轴"掰正"

图 3 – 14　薄盘特征转子($I_p > I_d$)刚体俯仰运动过程

　　而由压气机和涡轮串联组成的发动机高压转子具有较大的轴向长度,因此通常具有厚盘特征($I_p < I_d$),其运动过程如图 3 – 15 所示。厚盘转子的旋转惯性力矩方向与惯性主轴倾斜方向相同,转子倾斜角随转速增大而不断增加,达到刚体俯仰临界转速 ω_{cr2} 后发生惯性主轴转向,之后随着转速升高,转子整体的惯性主轴逐渐趋近于旋转中心轴,直至重合。厚盘转子惯性主轴转向的机理与质心转向类似,在低于俯仰临界转速的状态下,惯性主轴在角向上位于形心线的外侧,在共振状态下能量由自转注入到进动中,使惯性主轴位于形心线与旋转中心线之间,从而达到角动量更小的稳定状态。

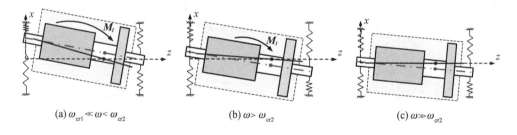

(a) $\omega_{cr1} \ll \omega < \omega_{cr2}$ (b) $\omega > \omega_{cr2}$ (c) $\omega \gg \omega_{cr2}$

图 3 – 15　厚盘特征转子($I_p < I_d$)刚体俯仰运动过程

　　多盘转子系统在转速增大过程中前、后支点动载荷及其相位如图 3 – 16 所示。第一阶临界转速,支点动载荷由质心平动产生的旋转惯性力主导,故前、后支点动载荷相位相同,由于转子质心靠近后支点,故后支点动载荷较大。第二阶临界转速,支点动载荷由惯性主轴倾斜产生的旋转惯性力矩引起,前、后支点动载荷相位相差 $180°$。当转子整体惯性主轴"掰正"后,支点动载荷逐渐趋于定值。

2. 分布激励特征

　　当转子转速超过两阶刚体临界转速后,随着转速的升高,旋转惯性载荷急剧加大,使转子结构产生弯曲变形,如图 3 – 17(a)所示,转子的整体性发生破坏,结构单元间的角向位移不同。因此,转子的变形具有局部特征,需要单独考虑各部分的质量分布,旋转惯性力矩载荷具有分布特征,单独作用于每一个结构单元的质心位置。

　　压气机结构单元 $I_{p,C}/I_{d,C} \approx 1$,涡轮盘结构单元 $I_{p,T}/I_{d,T} \approx 2$,由于二者结构特

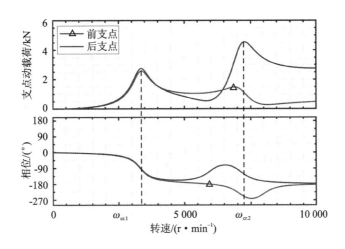

图 3 - 16　多盘转子系统支点动载荷

征不同,在转速提升过程中运动状态的变化具有差异。涡轮盘具有薄盘结构特征,陀螺力矩强,因此其惯性主轴首先被"掰正",如图 3 - 17(b)所示;随着转速继续升高,压气机惯性主轴被"掰正",如图 3 - 17(c)所示。至此,转子整体惯性主轴及各结构单元惯性主轴均与旋转中心线重合,转子运动状态不再随转速升高而变化。

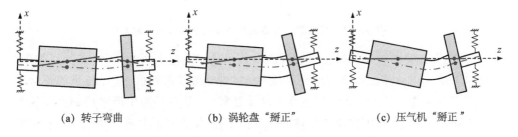

(a) 转子弯曲　　　　　　　(b) 涡轮盘"掰正"　　　　　　(c) 压气机"掰正"

图 3 - 17　高转速下转子弯曲变形运动过程

　　结构单元在惯性主轴偏斜时转子系统的支点动载荷变化如图 3 - 18 所示。可以看到,在超过刚体模态临界转速的高转速区域,支点动载荷随转速增加而快速增大。这是由于质量结构单元角向变形所产生的旋转惯性力矩载荷加大,受转子支点约束状态影响,此旋转惯性力矩使得转子结构内力增大,并最终由支承结构约束力所平衡,即尽管此时转子横向位移很小,但支承结构承受的支点动载荷较大。

　　在航空燃气轮机转子系统中,压气机具有厚盘特征,陀螺力矩效应相对较弱,而涡轮盘为大质量薄盘结构,在高速旋转状态下陀螺力矩效应较强,使得转子结构的应变能集中于涡轮盘附近的鼓筒轴和涡轮后轴颈,如图 3 - 19 所示,从而使相邻约束支点的动载荷更大且随转速增加而持续增加。具有薄盘结构特征的涡轮盘何时才能"掰正",取决于盘-轴连接角向约束刚度,因此,对于具有盘-轴连接结构的转子系统,可能由于连接界面接触状态变化使转子动力响应产生突变。

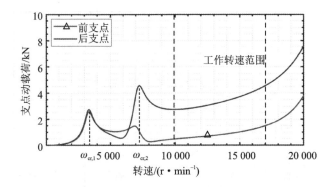

图 3 - 18　惯性主轴偏斜激励下转子系统支点动载荷

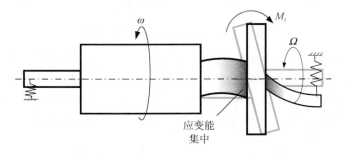

图 3 - 19　轮盘陀螺力矩效应对支点动载荷的影响

　　总之,若忽略结构单元惯性主轴倾斜对转子动力响应的影响,不对其加以控制,可能会导致支点动载荷在高转速下持续增大,甚至超过限制值,危害转子的正常运行。控制高转速下转子动力响应主要有两个途径,一是在平衡中严格控制各级轮盘的初始不平衡量,在装配中监测组件的跳动量,使得结构单元具有较小的惯性主轴倾斜;二是可以适当降低涡轮后轴颈的刚度,在轮盘"掰正"过程中涡轮后轴颈的应变能较小,以降低后支点动载荷。需要说明的是,增加系统阻尼只能控制临界转速附近的动力响应,而在超临界状态下的作用十分有限。

3.2.2　支承约束的影响

　　航空燃气轮机高压转子一般工作转速较高,并且具有大跨度两支点支承的特点,随着工作转速的提升,转子会产生一定的弯曲变形,在转子结构及动力学设计中,需要考虑支点位置及支承刚度的优化设计,两支点支承方案一般为 1 - 0 - 1、1 - 1 - 0,如图 3 - 20 所示。

　　图 3 - 21 所示为分别采用 1 - 0 - 1、1 - 1 - 0 支承方案的转子系统典型支点动载荷响应。值得注意的是,相比于 1 - 0 - 1 支承方案,1 - 1 - 0 支承转子系统后支点位于转子弯曲节点附近,因此在高转速下,转子弯曲变形及其所产生的陀螺力矩对后支

点动载荷影响较小。这对于处于高温环境下的后支点轴承来说是一个有利的设计。

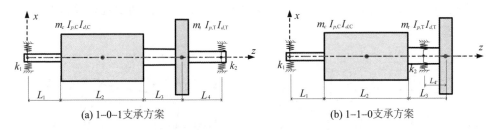

(a) 1-0-1支承方案　　　　(b) 1-1-0支承方案

图 3-20　不同转子支承方案示意图

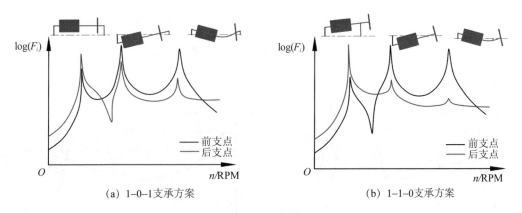

(a) 1-0-1支承方案　　　　(b) 1-1-0支承方案

图 3-21　不同支承方案对转子支点动载荷影响

前两阶刚体模态共振转速的支点动载荷主要取决于支承刚度，刚体模态共振转速时转子运动及受力分析如图 3-22 所示。转子离心惯性力与横向支反力平衡下的转子旋转运动，若前、后支点共同提供约束力且相位相同，可列出平衡方程，即

$$\begin{cases} \sum F = 0, & F_1 + F_2 = F_I \\ \sum M = 0, & F_1 l_1 + M_I = F_2 l_2 \end{cases} \tag{3-4}$$

其中，F_1，F_2 为支点动载荷；F_I 为旋转惯性力；M_I 为旋转惯性力矩；l_1，l_2 为两支点与质心的距离。

转子在刚体模态共振转速下，旋转惯性力矩 M_I 很小，$F_1 l_1 \approx F_2 l_2$，若旋转惯性载荷一定，前、后支点动载荷的分配与其到质心的距离成反比，即当后支点靠近质心时，前支点动载荷降低，后支点动载荷升高。

需要说明的是，转子刚体模态振型与前、后支点支承刚度及其至支点距离（$k_2 l_2 - k_1 l_1$）有关，若采用 1-1-0 支承方案，两支点约束刚度相对于质心不对称，刚度模态振型均同时存在一定质心平动成分与惯性主轴俯仰成分，俯仰模态振型节点位置也会相对质心产生少量偏离，但基本不会影响上述规律。

图 3-23 所示为转子弯曲共振转速的模态振型示意图，转轴弯曲变形使得压气

机与涡轮发生反向倾斜,大质量部件的陀螺效应可有效提高弯曲振型共振转速;不过,也可能使轴承支点动载荷增大,影响轴承使用寿命,因此,需要优化设计支点位置和约束刚度。

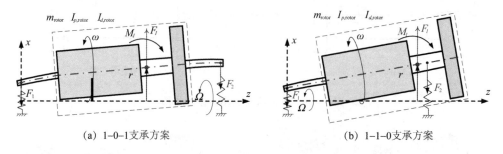

(a) 1−0−1支承方案　　　　　　　　　(b) 1−1−0支承方案

图 3−22　刚体平动临界转速转子系统振型

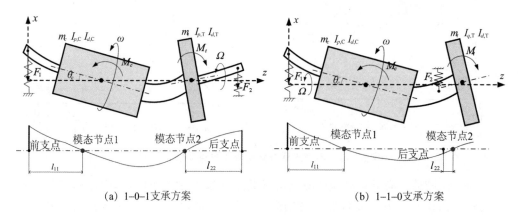

(a) 1−0−1支承方案　　　　　　　　　(b) 1−1−0支承方案

图 3−23　转子弯曲临界转速转子系统振型

采用1−0−1支承方案,转子弯曲节点位于前、后支点内侧,支点处会承受较大的动载荷,尤其是靠近具有大陀螺效应的涡轮盘,后支点动载荷会大幅度提高;采用1−1−0支承方案,后支点位于转子弯曲变形节点附近,支点动载荷小,转子陀螺力矩主要作用在温度较低的前支点处。此外,转子结构特征对高速转子支点动载荷具有一定影响。对于前端的厚盘转子,陀螺力矩小,支点动载荷小,而后面的薄盘转子则会对支点动载荷产生较大影响。

当转子采用1−0−1支承方案时,轮盘倾斜产生一定的陀螺力矩,如图3−24(a)所示,前端转轴产生横向内力$F_内$和力矩$M_内$,后支点支承反力F_2相对轮盘质心处的弯矩与轮盘陀螺力矩M_t平衡。虽然支点动载荷随涡轮盘旋转惯性载荷的增加而持续增加,但动载荷大小与轮盘后轴颈角向刚度有关,可通过鼓筒轴及涡轮后轴颈刚度的相对大小调整支点动载荷。

当转子采用1−1−0支承方案时,位于涡轮与压气机之间的支点受到两质量体旋转惯性载荷的共同影响,具有相互抵消的作用,支点动载荷相对较低,如图3−24(b)所示。

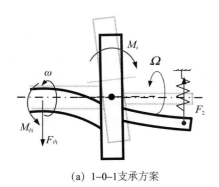

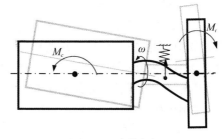

(a) 1–0–1支承方案　　　　　　　　　　(b) 1–1–0支承方案

图 3 - 24　涡轮自动定心对不同支承方案支点动载荷的影响

由以上分析可知,支承方案对转子系统动力响应具有显著影响,采用 1 - 1 - 0 支承方案的转子系统,即涡轮转子悬臂支承,可充分利用陀螺力矩,提高转子抗弯曲变形的能力,提高弯曲模态共振转速,同时,不会对后支点产生过大的支点动载荷。不过,由于轴承 DN 值的限制,涡轮轴直径受到限制,转子系统刚性有所下降,且支点靠近燃烧室,热载荷环境复杂多变,对轴承冷却润滑、热防护设计提出了更高的要求。

综上可见,航空燃气轮机转子系统具有结构复杂、转速高的特点,动力学特性与转子结构特征和运动状态具有紧密的交互作用关系。

各阶模态共振转速与转子结构的质量/刚度分布、支承约束特性以及陀螺力矩效应有关,大质量结构单元陀螺力矩效应强,在转子及动力学设计中可以通过结构设计调整旋转惯性载荷分布,以增加转子系统抗变形能力,控制共振转速分布。

转子结构质量分布不对称产生旋转惯性激励载荷,当转速较低,结构单元间弯曲变形可以忽略的情况下,可整体考虑转子旋转惯性激励载荷;在高转速下转子结构特征和运动状态发生改变,各结构单元逐渐体现出局部特征,旋转惯性载荷具有轴向分布特征,其动力响应也相应表现为局部内力和支点约束载荷的变化。

转子结构发生弯曲时,动力学特性的变化从力学本质上来说是能量注入与释放的过程。随着转速的不断提高,薄盘旋转惯性力矩做功使转子应变能增加,其效果一是提高转子的抗变形能力,使弯曲共振转速随转速不断提高;二是在高转速状态下影响薄盘邻近的连接结构接触状态及支点动载荷,需要对其连接结构稳健性、支承结构与转子间动力学特性耦合影响等予以关注。

3.3　双转子共振转速分布

在航空发动机中,为了提高叶轮机的气动性能,常采用双转子或三转子结构设计。如果各转子分别有独立的支承结构,虽然整机会具有良好的隔振特性,但支承结构的增加势必会使整机质量增加。

在追求推重比的小涵道比涡扇发动机中,常常采用带中介支点的双转子支承方案,高压转子通常采用1-0-1两支点支承方案,低压转子通常采用1-1-1的支承方案。其中,高压转子的后支点为中介支点,支承在低压轴上,图3-25所示为典型高推重比涡扇发动机双转子结构系统简图。由于中介轴承可以传递转子间的相互作用力,因此,高、低压转子系统模态动力学特性和响应特性计算分析均需要考虑转子间交互激励的影响。

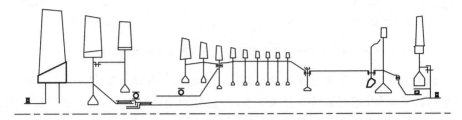

图 3-25　典型高推重比涡扇发动机双转子结构系统简图

在转子系统动力学特性设计和分析中,带有中介支点的双转子结构系统可视为一个具有多约束的保守系统,转子间的中介轴承可以传递动力载荷,从而影响转子的运动状态。需要注意的是,转子之间运动状态的交互影响只能改变转子的进动速度大小和方向,而转子各自的转动速度是不会因此改变的。当高压转子在中介支点处的动载荷"迫使"低压转子进动速度改变为高压转子转速大小和方向时,低压转子的进动速度与高压转子转动速度相等(大小与方向),即低压转子处于非协调涡动状态,在这种运动状态下所对应的模态共振转速称为高压激起的转子系统共振转速,反之亦然。不过低压转子对高压转子的激励主要表现为中介支点所在低压轴位置处的响应幅值,即低压转子对高压转子的激励载荷主要变形为"位移激励"特性。总之,高、低压转子均能通过中介支点激起双转子系统的模态共振,定义共振时,高、低压转子的转速(ω_H,ω_L)为双转子系统的共振转速。

航空发动机在转子结构上具有少支点、大长径比和质量分布均匀等结构特征,随着循环参数和负荷的增加,在工作状态下陀螺力矩效应对各阶模态共振转速影响很大,从而在双转子系统中,两个转速频率对高阶模态共振转速的分布特性具有不同的影响。根据高、低压转子转动方向的差异,可将双转子系统分为同向转动双转子系统与反向转动双转子系统,其对应的工作转速附近的共振转速分布也有所不同。

3.3.1　运动方程

为了便于分析带中介轴承的双转子系统共振转速分布特性,根据高推重比发动机双转子(见图3-25)的结构特征,建立带中介轴承双转子系统的力学模型,如图3-26所示。

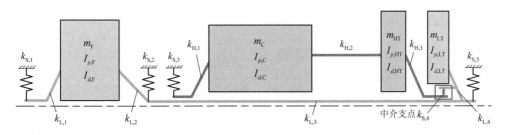

图 3-26 带中介轴承的双转子系统力学模型

对于带中介轴承的双转子结构系统,高、低压转子转动角速度分别为 ω_{H},ω_{L}。两个转子的运动微分方程为

$$[M^{\mathrm{H}}]\ddot{q}_{\mathrm{H}} - i\omega_{\mathrm{H}}([G^{H}] + [C^{H}])\dot{q}_{\mathrm{H}} + [K^{\mathrm{H}}]q_{\mathrm{H}} = [F^{\mathrm{BH}}] \tag{3-5}$$

$$[M^{\mathrm{L}}]\ddot{q}_{\mathrm{L}} - i\omega_{\mathrm{L}}([G^{L}] + [C^{L}])\dot{q}_{\mathrm{L}} + [K^{\mathrm{L}}]q_{\mathrm{L}} = [F^{\mathrm{BL}}] \tag{3-6}$$

式中,$[F^{\mathrm{B}}]$ 为中介轴承动载荷向量;$[M]$ 为质量矩阵;$[G]$ 为陀螺矩阵;$[C]$ 为阻尼矩阵;$[K]$ 为刚度矩阵;q 为转子广义坐标。角标 H 代表高压转子参数,L 代表低压转子参数。

其中,中介轴承动载荷向量可以表示为

$$- [K^{\mathrm{B}}]q_{\mathrm{B}} = [F^{\mathrm{B}}] \tag{3-7}$$

设支承刚度为 k_{in} 的中介轴承连接了高压转子节点 i 和低压转子节点 j,则有

$$[K^{\mathrm{B}}] = \begin{bmatrix} k_{in}^{2i-1} & -k_{in}^{2j-1} \\ \hline -k_{in} & k_{in} \end{bmatrix} \begin{matrix} 2i-1 \\ 2j-1 \end{matrix} \tag{3-8}$$

合并方程式(3-5)~式(3-8),可得双转子系统运动微分方程为

$$\begin{aligned}
&\begin{bmatrix} M^{\mathrm{H}} & 0 \\ \hline 0 & M^{\mathrm{L}} \end{bmatrix}\ddot{q} + \begin{bmatrix} \omega_{\mathrm{H}}(G^{\mathrm{H}} + C^{\mathrm{H}}) & 0 \\ \hline 0 & \omega_{\mathrm{L}}(G^{\mathrm{L}} + C^{\mathrm{L}}) \end{bmatrix}\dot{q} \\
&+ \begin{bmatrix} K^{\mathrm{H}} & 0 \\ \hline 0 & K^{\mathrm{L}} \end{bmatrix}q + \begin{bmatrix} k_{in}^{2i-1} & -k_{in}^{2j-1} \\ \hline -k_{in} & k_{in} \end{bmatrix} \begin{matrix} 2i-1 \\ 2j-1 \end{matrix} \begin{Bmatrix} q_{2i-1} \\ q_{2j-1} \end{Bmatrix} = \{0\}
\end{aligned} \tag{3-9}$$

可将运动微分方程表示为矩阵形式,即

$$[M]\{\ddot{r}\} + ([G] + [C])\{\dot{r}\} + [K]\{r\} = \{0\} \tag{3-10}$$

其中,$[M]$,$[G]$,$[C]$,$[K]$ 分别为系统的质量、陀螺、阻尼、刚度矩阵;$\{r\}$ 为转子系统的位移向量。

3.3.2 模态求解

通过对双转子系统复杂的运动状态进行模态解耦,给出双转子系统共振转速的求解方法。

1. 运动状态

由于高、低压转子运动状态的不同,双转子系统始终同时承受 2 个旋转载荷的扰动激励作用,根据线性振动理论,双转子系统的动力响应可认为是不同激励下动力响应的叠加,因此,在一般正常工作状态下,转子系统的运动及外传振动信号中同时包含低压转子和高压转子转频成分。

根据双转子系统共振状态的结构特征,可以将其分为以单一转子模态振型为主的局部共振状态和以双转子耦合模态振型为主的系统共振状态。对于单一转子自身的局部模态振动,在前面章节中已经进行了分析,这里重点对双转子系统耦合模态进行计算分析。所谓双转子系统的耦合模态,是指转子系统的进动速度保持一致的共振转速状态,可将其分为低压转子激起的共振状态和高压转子激起的共振状态。需要说明的是,这里的"激起"不是指外部激励载荷,而是双转子之间通过中介支点的交互作用,使双转子的进动转速大小和方向保持一致的运动状态。当转子系统处于低压转子激起的共振状态时,双转子系统的进动速度与低压转速相等,即

$$\Omega = \Omega_{\mathrm{L}} = \Omega_{\mathrm{H}} = \omega_{\mathrm{L}} \tag{3-11}$$

类似地,当转子系统处于高压转子激起的共振状态时,双转子系统的进动速度与高压转速相等,即

$$\Omega = \Omega_{\mathrm{H}} = \Omega_{\mathrm{L}} = \omega_{\mathrm{H}} \tag{3-12}$$

这种状态下高压转子做同步正进动,同时强迫低压转子做非同步涡动。

2. 计算流程

求解式(3-10)的特征值问题,得到系统的特征方程为

$$f(\omega_{\mathrm{L}}, \omega_{\mathrm{H}}, \Omega_{\mathrm{L}}, \Omega_{\mathrm{H}}) = 0 \tag{3-13}$$

可以看到,特征方程只有 1 个,而未知量却有 4 个,无法求解。

上面将双转子系统的共振状态分为低压转子激起和高压转子激起两种情况,相对应的,可以将共振转速分为低压激起共振转速和高压激起共振转速。

对于低压激起的共振转速,由于该共振状态下双转子系统的进动速度与低压转速相等,即式(3-11)成立,则式(3-13)可写作

$$f(\Omega, \omega_{\mathrm{H}}) = 0 \tag{3-14}$$

特征方程中未知量减少为 2 个。任意给定高压转速 ω_{H},可求得转子系统共振状态下转子的进动速度 $\Omega_{\mathrm{H}} = \Omega_{\mathrm{L}}$,所对应的高、低压转子转速($\omega_{\mathrm{L}}, \omega_{\mathrm{H}}$)即为低压激起共振转速。改变不同的高压转子转速 ω_{H},即可得到转子系统进动速度 $\Omega_{\mathrm{H}} = \Omega_{\mathrm{L}}$(等于低压转速 ω_{L})随 ω_{H} 的变化曲线,该曲线即为低压转子激起的共振转速分布。

详细的低压激起共振转速求解流程如图 3-27 所示。

由图 3-27 可知,低压激起共振转速分布的求解分为以下 7 个步骤:

① 给定高压转速 ω_{H}。

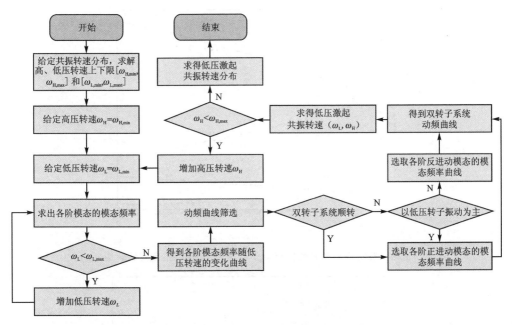

图 3 - 27　低压激起共振转速分布求解流程

② 给定低压转速 ω_L,利用有限元法求解双转子系统各阶模态的模态频率。

③ 改变低压转速 ω_L,重复步骤② 。

④ 获得高压转速 ω_H 时,双转子系统正反进动共振频率随低压转速的变化曲线如图 3 - 28 所示。需要说明的是,在双转子系统模态振型中,根据高、低压转子变形能(振幅)相对大小,可以将模态分为以低压转子振动为主的模态与以高压转子振动为主的模态,而正进动模态与反进动模态则分别代表模态振型中振幅相对较大转子的进动速度与其转速方向相同与相反的模态。

⑤ 筛选出系统的动频曲线(指转子系统能真实发生共振的模态所对应的频率曲线。例如,对于顺转双转子系统而言,当转子系统发生共振时,高、低压转子均做正向涡动,转子系统只能发生正进动模态共振,其动频曲线也只包括各阶正进动模态的频率曲线)。对于顺转双转子系统,动频曲线均选取各阶正进动模态的模态频率曲线。对于反转双转子系统,当处于低压激起的共振状态时,低压转子做同步正进动,高压转子做反向涡动,因此,以低压转子振动为主的模态取其正进动频率曲线,以高压转子振动为主的模态取其反进动模态频率曲线。

假设图 3 - 28 模态频率曲线所对应的转子系统为反转双转子系统,第一、二阶模态为以低压转子振动为主的模态,第三阶模态为以高压转子振动为主的模态。在筛选系统动频曲线时,应选取第一、二阶正进动模态频率曲线与第三阶反进动模态频率曲线,如图 3 - 29 所示。

⑥ 在动频曲线图中绘制等转速线,等转速线与动频曲线的交点为低压激起的共

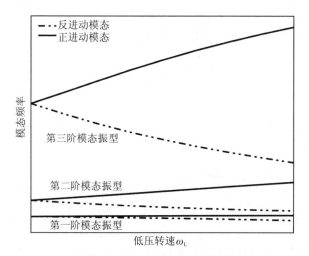

图 3 - 28   各阶模态频率随低压转子转速变化曲线(给定高压转速 ω_H)

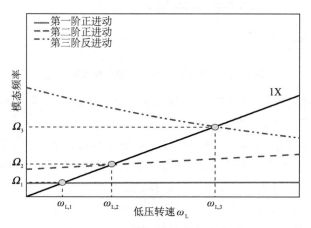

图 3 - 29   双转子系统动频曲线图

振转速点,交点的横、纵坐标分别为共振时低压转子转速与高、低压转子的进动速度,双转子系统低压激起的共振转速为(ω_L,ω_H)。

⑦ 改变高压转速,重复步骤② ~⑥,获得低压激起的共振转速分布曲线,如图 3 - 30 所示。

高压激起共振转速的求解方法、流程与之类似,这里不予赘述。

3. 临界转速

需要注意的是,采用上述求解流程计算出的共振转速分布由双转子系统可能发生的模态共振的所有高、低压转速组成,如图 3 - 30 所示,图中共振转速曲线上任意一点表示当高、低压转子转速与该点纵、横坐标相同时,双转子系统做模态振动。而在实际工作过程中,为保证空气流量的连续性,高、低压转子转速存在一定的对应关系,即转子的工作转速是在一定范围内的,并且高、低压转子转速之间存在相应的函

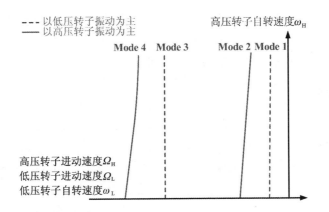

图 3-30　低压激起共振转速分布

数关系(即高/低压转子共同工作线),可设为 $\omega_H = f(\omega_L)$。将共同工作线绘制于共振转速分布图中,其与共振转速曲线的交点即为双转子系统在工作过程中的临界转速点。

以低压激起的临界转速为例,假设高、低压转子反转,其转速满足 $\omega_H = f(\omega_L)$,将其绘制于如图 3-30 所示的低压激起的共振转速分布中,该转速关系线与各阶模态共振转速曲线的交点即为低压激起的临界转速点。如图 3-31 所示,P_{L1},P_{L2},P_{L3},P_{L4} 为双转子系统低压激起的临界转速点。

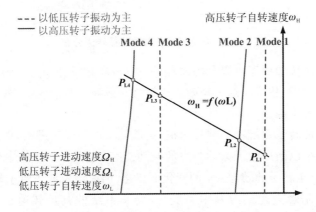

图 3-31　低压激起临界转速点的确定

3.3.3　转动方向影响

在双转子系统中,根据高、低压转子转动方向的差异,可将双转子系统分为同向转动双转子系统与反向转动双转子系统(下文简称"同转双转子系统"与"反转双转子系统")。陀螺力矩效应与转子进动速度和转动速度方向密切相关:当转子进动速度与转动速度方向相同时,陀螺力矩效应增强转子刚性;当进动速度与转动速度方向相反时,陀螺力矩效应削弱转子刚性。而当双转子系统处于共振转速时,高、低压转子系统进动速度相等,并与某一转子转动速度相等,因此,高、低压转子转动方向相同与否,共振转速随转速的变化规律也会有所不同。

1. 同向转动

在同向转动双转子系统中,两个转子的转动速度与进动速度方向相同,因此,由转子系统弯曲变形产生的陀螺力矩效应均有助于提高转子系统等效刚度。对于图 3-26 所示转子力学模型,假设高、低压转子同向转动,可求得其共振转速分布如图 3-32 所示。

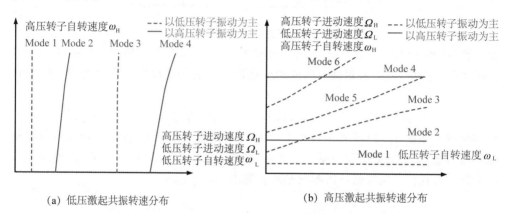

(a) 低压激起共振转速分布 (b) 高压激起共振转速分布

图 3-32　同转双转子系统共振转速分布

由于双转子系统的模态可以分为两种——以低压转子振动为主的模态和以高压转子振动为主的模态,相应陀螺力矩效应也以低压或高压转子为主,故不同模态共振转速的变化趋势也不同。

以高压激起的转子系统模态共振为例,高压转子做同步正进动,而低压转子做非同步正进动。对于以高压转子振动为主的振动模态,陀螺力矩效应主要来自高压转子,只会随着高压转子的转速 ω_H 的变化而变化,因此随着低压转子转速 ω_L 提高,高压转子产生的陀螺力矩效应基本不变,双转子系统的共振转速也几乎不变,如图 3-32(b)中 Mode 2 共振转速曲线所示。而对于以低压转子振动为主的振动模态,陀螺力矩效应来自于低压转子,且有助于提高双转子系统的等效刚度,因此随着低压转子转速 ω_L 的提高,低压转子产生的陀螺力矩效应大幅提高,并引起双转子系统共振转速迅速增加,如图 3-32(b)中 Mode 3 共振转速曲线所示。

2. 反向转动

对于反向转动双转子系统,转子系统共振时高、低压转子的进动速度相等,方向相同,但由于转动方向不同,故高、低压转子产生的陀螺力矩效应对转子系统等效刚度及共振转速的影响也不同。对于图 3 - 26 所示转子,假设高、低压转子反向转动,可求得其共振转速分布如图 3 - 33 所示。

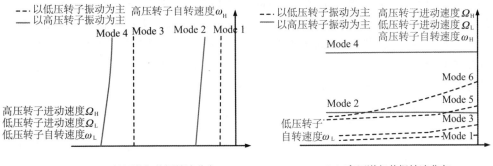

(a) 低压激起共振转速分布　　　　　　(b) 高压激起共振转速分布

图 3 - 33　反转双转子系统共振转速分布以高压转速方向为正

假设双转子系统做某阶以高压转子振动为主的模态共振,转子系统陀螺力矩效应主要由高压转子产生,陀螺力矩效应的强弱取决于高压转子转动速度与进动速度。当该阶模态共振由低压激起时,高、低压转子进动速度均与低压转子转动速度相同,此时低压转子做同步正进动,而高压转子做非同步反向涡动,来自高压转子的陀螺力矩效应将会削弱双转子系统的等效刚度,因此随高压转子转速 ω_H 的提高,双转子系统的共振转速降低,如图 3 - 33(a)中 Mode 2 共振转速曲线所示。而当该阶模态共振由高压激起时,高、低压转子进动速度与高压转子转动速度相同,陀螺力矩效应主要由高压转子产生,且只随着高压转子工作转速提高而提高,因此仅仅是低压转子转速 ω_L 提高时,陀螺力矩效应几乎不变,共振转速也不发生改变,如图 3 - 33(b)中 Mode 2 共振转速曲线所示。

3. 对比分析

对比图 3 - 32 与图 3 - 33,二者最大的区别在于,在高压激起的共振转速分布中,同转双转子系统在高转速区域均匀分布着多阶以低压转子振动为主模态(Mode 1、3、5、6)的共振转速曲线,而这些模态的共振转速曲线在反向转动双转子系统中则主要分布于低转速区。低压转子为柔性转子,在一定转速范围内相较高压转子而言有更多阶次模态。

当转子系统做以低压转子振动为主的模态共振时,低压转子做非协调涡动(涡动方向由高、低压转子转动方向决定)。陀螺力矩效应主要由低压转子弯曲变形产生,并取决于低压转子转动速度、进动速度和高、低压转子的转动方向。当高、低压转子同向转动时,陀螺力矩效应增强转子系统等效刚度,这些模态的共振转速随转速提高而增加,导致共振转速曲线均匀分布于高转速区;相反,当高、低压转子反向转动时,陀螺力矩效应削弱转子系统等效刚度,这些模态的共振转速随转速提高而降低,共振转速曲线因此聚集于低转速区。

将低压激起与高压激起共振转速分布图表示于同一坐标轴中进行对比,如图 3-34 所示,可以发现,反向转动时,高压激起的低压转子共振转速随转速升高而降低,使得反向转动双转子系统在共振转速分布图中,高转速区域存在一个范围较大的无共振转速区,有利于高、低压转子转速提高和在高转速下稳定工作,具有更大的变化区间避开共振。因此,采用高、低压转子反转设计,有助于优化双转子系统共振转速分布,提高工作转速,增加避开共振安全裕度。

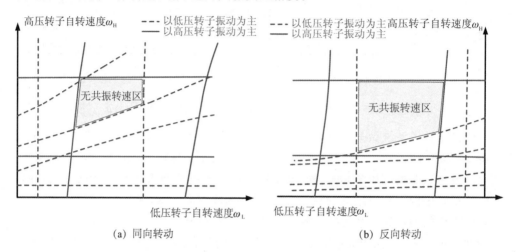

图 3-34 不同转动方向的双转子系统共振转速分布对比

3.3.4 共振转速分布特征

现代高推重比涡扇发动机中多采用带有中介支点反向转动的双转子系统,下面以典型双转子系统为例,对共振转速分布规律进行分析。

1. 高压激起共振转速

图 3-35 所示为高压转子激起的各阶模态共振转速分布图,对应各阶模态振型如图 3-36 所示。可以看到,对于不同阶次的振动模态,由于模态振型中高、低压转子的弯曲变形不同,产生的陀螺力矩效应对转子系统等效刚度的影响不同,共振转速的变化规律也不同。

对于高压转子振动为主的模态,转子系统陀螺力矩效应主要由高压转子产生,与高压转子转速 ω_H 与进动速度 Ω_H 有关,而高压激起的共振中,转子系统进动速度 Ω 取决于高压转子转速 ω_H,与低压转子转速 ω_L 无关,因此,改变低压转子转速 ω_L 不影响这类模态的共振转速。例如,在图 3-35 中 A 点位置,转子系统作高压转子激起的高压俯仰与低压涡轮耦合模态共振,模态振型如图 3-36(f) 所示,高压转子做同步正

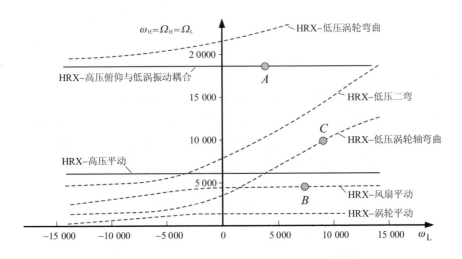

图 3 - 35   高压激起共振转速分布

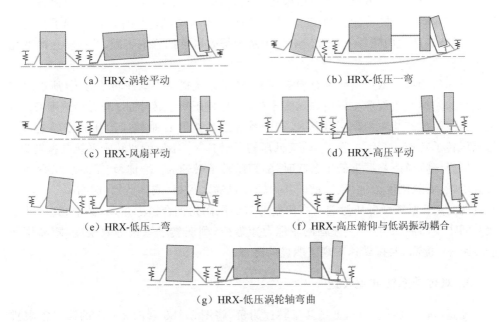

(a) HRX-涡轮平动

(b) HRX-低压一弯

(c) HRX-风扇平动

(d) HRX-高压平动

(e) HRX-低压二弯

(f) HRX-高压俯仰与低涡振动耦合

(g) HRX-低压涡轮轴弯曲

图 3 - 36   高压激起共振模态振型

进动,低压转子做非同步正向涡动。尽管高压转子产生一定的陀螺力矩,但不随低压转子转速 ω_L 的提高而改变,所以低压转子转速 ω_L 变化时,双转子系统的共振转速不变。

对于低压转子局部横向振动为主的模态(如涡轮平动、风扇平动),由于涡轮部件、风扇部件处的角向位移较小,因此,低压转子产生的陀螺力矩效应相对较小,其对转子系统等效刚度几乎没有影响,随着低压转子转速 ω_L 的提高,共振转速近似保持不变。例如,图 3-35 中的 B 点,转子系统做高压激起的风扇平动模态共振,共振时转子系统弯曲变形如图 3-36(c)所示,高压转子做同步正进动,低压转子做非同步正向涡动。由于低压转子产生的陀螺力矩效应极小,因此随低压转子转速 ω_L 提高,共振转速几乎不变。

对于低压转子弯曲振动为主的模态,涡轮和风扇部件均发生了较大的角向位移,惯性主轴倾斜产生了较强的陀螺力矩效应,增强(或削弱)了转子系统等效刚度,低压转子转速 ω_L 提高,共振转速也会大幅提高(或降低)。例如图 3-35 中的 C 点,转子系统做高压激起的低压一弯模态共振,共振时转子系统弯曲变形如图 3-36(b)所示,高压转子做同步正进动,低压转子做非同步反向涡动。低压转子产生的陀螺力矩效应极高,且随低压转子转速 ω_L 提高,陀螺力矩效应增强,并导致双转子系统共振转速大幅提高。

2. 低压激起共振转速

图 3-37 所示为低压激起各阶模态共振转速分布图,对应各阶模态的模态振型如图 3-38 所示。同一阶振动模态,转子弯曲变形相同,但由于高、低压转子的运动状态不同,故产生的陀螺力矩效应对转子系统等效刚度的影响不同,共振转速的变化规律不同。

以高压俯仰与低压涡轮耦合模态为例,转子系统振动以高压转子为主,所以双转子系统的陀螺力矩效应主要由高压转子产生,与高压转子转速 ω_H 和进动速度 Ω_H 有关。当该阶模态共振由高压激起时,转子系统进动速度 Ω 取决于高压转子转速 ω_H,与低压转子转速 ω_L 无关,因此,改变低压转子转速 ω_L 不影响双转子系统共振转速。

但当该阶模态共振由低压激起时,随高压转子转速 ω_H 增加,转子系统陀螺力矩效应增强,等效刚度增加(或降低),共振转速也随之提高(或降低)。例如图 3-37 中的 A 点,转子系统做低压激起的高压俯仰与低压涡轮耦合模态振动,其中,高压转子做非同步反向涡动,会产生较强的陀螺力矩效应,削弱转子系统等效刚度,随高压转子转速 ω_H 提高,共振转速出现了明显的降低。

3. 双转子系统共振转速

设高压转子转速为正,低压转子转速为负,将图 3-35 和图 3-37 的第二象限拼合,可得双转子系统共振转速分布图,如图 3-39 所示。可知,转子系统在工作过程中不可避免地要通过多阶临界转速点,而发动机实际工作过程中对不同转速区域内的临界转速点分布有着不同的要求。

(1)地面慢车转速以下

尽管地面慢车转速以下可能存在多个临界转速点,但由于这些临界转速点通常是在发动机起动或停车时快速经过,发动机在单个临界转速点停留时间很短,而且不同临界转速点下转子系统共振时的弯曲变形不同,彼此相互抑制,转子整体表现出的

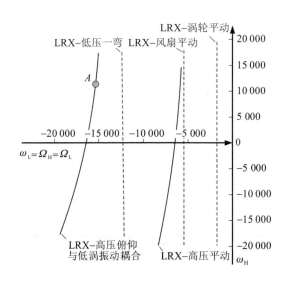

图 3 - 37　低压激起模态共振转速分布

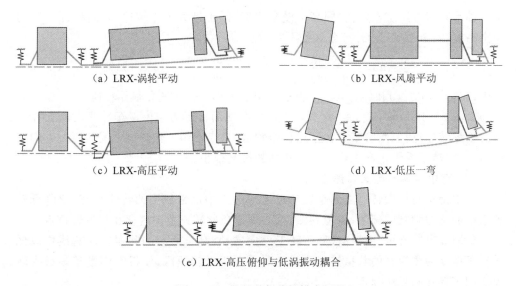

（a）LRX-涡轮平动　　　　　　　（b）LRX-风扇平动

（c）LRX-高压平动　　　　　　　（d）LRX-低压一弯

（e）LRX-高压俯仰与低涡振动耦合

图 3 - 38　低压激起共振模态振型

动力学响应幅值并不大，因此，发动机允许双转子系统在地面慢车转速以下存在多个临界转速点。

（2）慢车状态（地面慢车与空中慢车之间）

慢车转速状态是飞机起飞时发动机加速至最大转速过程中所经历的一个转速状态，也是飞机下降过程中发动机常常采用的转速状态，即一次飞行中只在加减速过程经历，而非主要的工作状态，因此，允许其存在少量临界转速点，但需保证两点：临界转速点所对应的转子弯曲变形应变能不能集中于危险部件（高、低压转轴与 4♯ 支点

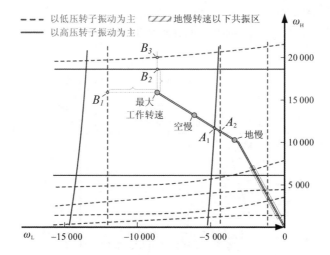

图 3－39　典型双转子系统共振转速曲线

中介轴承）；与常用工作转速（即高于慢车状态、低于最大工作转速）之间保证一定的安全裕度，安全裕度 S_m 计算公式如下：

$$S_m = \min\left\{\left|\frac{\omega_{H,min} - \omega_{H,r}}{\omega_{H,min}}\right|, \left|\frac{\omega_{L,min} - \omega_{L,r}}{\omega_{L,min}}\right|\right\} \times 100\% \qquad (3-15)$$

式中，$(\omega_{L,min}, \omega_{H,min})$ 和 $(\omega_{L,r}, \omega_{H,r})$ 表示常用的最小工作转速和临界转速。

如图 3－39 所示，A_1，A_2 为双转子系统在地面慢车与空中慢车转速之间存在的两阶临界转速点，但两阶临界转速点相距较近，且与常用工作转速之间具有足够的安全裕度，对转子系统正常工作中力学特性的影响很小。

（3）空中慢车与最大转速之间

空中慢车与最大转速之间是发动机运行过程中最常使用的转速状态，要降低转子系统的动力学响应幅值，避免共振，就必须避免此转速范围内存在临界转速点。

如图 3－39 所示，由于高、低压转子反向转动，高压激起的共振转速曲线中以低压转子振动为主模态的共振转速曲线主要分布于低转速区，使得空中慢车与最大转速之间不存在临界转速点。

（4）最大转速以上

高于最大工作转速、与最大工作转速相距较近的共振转速被称为危险的共振转速，一般要求保证其与最大工作转速之间的安全裕度，以避免共振，降低最大工作转速下转子系统的动力学响应幅值。

需要说明的是，危险共振转速的安全裕度计算方法是：对于低压激起的危险共振转速，共振时双转子进动速度与低压转速相等，安全裕度 S_m 的计算公式为

$$S_m = \left|\frac{\omega_{L,max} - \omega_{L,r}}{\omega_{L,max}}\right| \times 100\% \qquad (3-16)$$

式中,$(\omega_{L,max},\omega_{H,max})$ 和 $(\omega_{L,r},\omega_{H,max})$ 表示最大工作转速点与危险共振转速点(共振转速曲线上高压转速等于最大工作转速时的转速点)。

对于高压激起的危险共振转速,共振时双转子进动速度与高压转速相等,安全裕度 S_m 计算公式为

$$S_m = \left| \frac{\omega_{H,max} - \omega_{H,r}}{\omega_{H,max}} \right| \times 100\% \qquad (3-17)$$

式中,$(\omega_{L,max},\omega_{H,max})$ 和 $(\omega_{L,max},\omega_{H,r})$ 表示最大工作转速与危险共振转速点(共振转速曲线上低压转速等于最大工作转速时的转速点)。

如图 3-39 所示,B_1,B_2,B_3 为双转子系统在最大工作转速以上的三个危险共振转速点,且两个高压激起的危险共振转速点与最大工作转速之间的安全裕度不足 20%,可能会对转子动力响应特性造成影响。在实际工程设计时,需根据危险共振转速的振型特点,参考单转子结构特征参数对共振转速分布的影响,对双转子系统结构特征进行优化,避免出现危险共振转速点。

第 4 章
转子结构及动力学设计

转子设计主要是其结构特征和力学特性的确定,航空燃气轮机转子系统高速旋转过程中,其结构特征与力学特性之间会产生交互影响。因此,一方面,在转子系统动力学评估中,需准确考虑其结构特征与运动状态;另一方面,在转子结构设计中,也必须考虑在不同运动状态下的动力学特性。航空燃气轮机转子应实现结构与动力学的一体化设计。

4.1　设计内容与方法

结构特征是通过构形和材料选取确定的,合理的质量/刚度分布是保证力学特性的基础。对于界面连接转子结构系统,需要保证在全状态和全寿命周期内,转子结构及界面损伤不会对转子动力学特性产生不可接受的影响。

4.1.1　内容及要求

转子结构与动力学设计主要包括:转子结构特征设计、动力学特性设计及加工装配控制。设计中应满足的要求包括:① 满足转子-支承-机匣系统临界转速要求;② 满足转子-支承-机匣系统转子应变能分布要求;③ 控制全状态下支点动载荷变化范围;④ 转子支承结构具有足够的强度、合适的刚度和合适的阻尼特性;⑤ 避免转子系统发生非协调涡动及失稳;⑥ 控制发动机整机振动水平。

1. 结构特征设计

转子结构特征设计是在满足发动机总体性能和尺寸约束的前提下,对转子几何构形、材料、连接结构、支承方案及支承结构进行设计,使得转子结构具有良好的质量/刚度分布特性和高的结构效率。

转子几何构形和材料确定了转子质量和刚度沿轴向的分布特征,以及结构承载和抗变形能力。转子几何构形设计是对转子几何构形和关键几何尺寸参数的确定，其中关键几何参数是指对转子结构及其力学特性具有重要影响的尺寸参数，通常包括转子长度、鼓筒轴内外径、锥壳锥角等。材料设计则是为结构选择具有合适材料性能的材料，通常关注的材料性能包括材料密度、弹性模量、强度极限等，此外，对于处于高温、高压、高速环境的转子部件，在材料选取时还应关注材料在高温下的强度、疲劳和蠕变等性能。

连接结构设计主要包括连接结构形式、几何构形、装配参数的设计及连接位置的确定。常见的连接结构形式包括法兰-螺栓连接、套齿连接、止口连接和端齿连接等，各自适用条件不同，需根据具体情况进行选取。装配参数通常包括连接界面处的配合紧度、螺栓/拉杆预紧载荷等，对连接界面接触状态、应力分布具有重要影响。转子结构系统在连接界面处的局部变形和应力分布等会随载荷变化呈现出非连续性，为降低连接结构对转子系统力学特性的影响，通常将连接结构位置设计在对载荷不敏感处，即在外载荷作用下转子应变能分布较低的轴向位置处。

支承方案设计是对转子结构系统支点数量、支点位置、支点刚度和阻尼特性的设计，使其满足动力学特性要求。支承结构设计则是对弹性支承结构的形式、构形、材料，以及阻尼器结构的设计，满足支承方案中的支点刚度和阻尼特性要求，此外，还需考虑主轴承的结构和冷却润滑要求。

2. 动力学特性设计

转子动力学特性设计主要包括刚度特性、模态特性、动力响应特性。

刚度特性设计是根据转子结构特征和支承方案，计算分析转子系统在横向外力作用下的最小等效刚度、横向过载惯性载荷作用下的惯性刚度、机动飞行陀螺力矩作用下的最小等效角向刚度。此外，对于非连续高速转子，还需根据转子在横向过载、模态振动状态下的应变能分布，确定对转子弯曲刚度影响敏感的连接结构，进行刚度损失计算和试验验证，并根据转子工作转速范围，对各支承结构进行动刚度计算分析，确定支承刚度的变化范围，保证转子结构系统在全工况下具有良好的抗变形能力和合适的支承约束刚度。

模态特性设计是基于转子质量分布和刚度分布等效的有限元实体模型，对转子共振转速分布特性进行分析，确定各阶共振转速分布特性、临界转速、振型及安全裕度。

动力响应特性设计则是通过对转子工作转速范围典型工况附近的动力响应计算分析，确保支点动载荷的大小不超过支承结构可承受的疲劳强度要求，同时根据支点运动轨迹、转子弹性线变形、支点动载荷的频谱分析等，判断转子是否发生非协调涡动等情况。

3. 装配平衡控制

航空发动机转子在高速旋转工作过程中,旋转惯性激励载荷主要由转子不平衡产生,其来源于构件加工后质量分布的不均匀性和不对称性,以及装配过程中结构间同轴度的变化,对转子横向变形和支点动载荷具有重要影响。

为了保证转子及整机在全转速范围内"不存在有害振动",不仅需要在转子结构及动力学设计中降低关键结构参数的敏感性,在制造和装配过程中,也需要对关键结构单元初始不平衡、同轴度及连接结构装配状态进行有效控制,充分保证和控制与转子不平衡和连接结构的定心有关的尺寸公差与形位公差,并合理设计平衡工艺,以降低工作载荷环境变化对连接结构及转子旋转惯性变化的敏感度和分散度。

4.1.2　设计要点

1. 结构质量确定

转子结构质量主要由几何构形和材料特性确定,转子几何构形主要由气流通道限制,在给定发动机总体性能参数(流量、压比、温度等)的前提下,转子转速与气流通道面积和径向尺寸具有强相关性,转子转速、气流流量、几何尺寸之间交互影响,需要在转子结构设计中针对总体要求进行综合平衡设计,以保证在满足性能、强度、刚度等设计要求的基础上,转子结构质量最小化。

2. 抗变形能力

转子结构抗变形能力主要表现为整体横向弯曲刚度,以及在轮盘-轴连接处的角刚度。而转子抗变形能力与材料、截面特征、构形、支承约束等直接相关,同时其载荷特征还与转子质量分布相关,因此采用截面抗弯刚度分布、等效刚度和惯性刚度来定量表征转子抗变形能力。在转子结构设计中,通过改变结构几何构形和关键结构尺寸可以有效增加或降低局部刚度。

由于转子在工作过程中需要承受自身质量惯性载荷、温度载荷和气动载荷,几何构形和连接结构对转子抗变形能力具有重要影响。

3. 转子间交互激励

对于带有中介支点的双转子系统,所建立的有限元模型需实现中介支点受力和运动状态的等效。对最大转速等关键点可能出现的高、低压转子交互激励进行动力响应分析,通过转子应变能和支点动载荷等参数评估转子结构运动耦合程度。

对于共用承力框架支承的双转子系统,需要建立包括承力框架结构特征和力学特性等效的实体有限元模型,保持承力结构系统质量分布等效,以及径向刚度、轴向刚度和轴线剖面内弯曲刚度等效。对转子间可能出现的交互激励进行动力响应计算分析,以评估共用承力框架隔振(阻尼)特性和在全转速范围内转子运动状态间的影响。

4. 结构系统界面损伤

为提高转子结构系统在全转速、全使用期的可靠性、安全性和环境适应性,需要对转子系统在全寿命期内的损伤失效模式和力学过程进行分析,并进行具有针对性的结构改进设计,以提高转子结构系统的可靠性。例如,对于典型盘/轴法兰-螺栓连接转子结构系统,由于连接结构配合尺寸、装配状态的差异,在高速旋转过程中,环境温度和旋转惯性载荷的作用可能引起连接结构接触损伤,引起转子系统的连接界面摩损、疲劳断裂、轮盘陀螺力矩效应变化,使得振动水平提高,以至轴承、支承结构损伤失效。

4.1.3 设计方法

1. 计算分析方法

在转子系统结构与动力学设计中,需要对转子质量/刚度分布特征,以及共振转速、动力响应等动力学特性进行定量分析和评估。

(1) 转子质量分布特征

航空发动机转子结构质量分布的定量描述,在不同条件和目标下可采用不同的分析和计算方法。对于不考虑几何特征和变形的刚性转子,可采用质心位置和质量表示转子整体的质量分布,以及采用单位长度转子结构质量定量描述转子质量轴向分布特征,如图 4-1 所示。

对于具有不同几何构形和材料性能的复杂转子结构系统,需要考虑在旋转过程中转子各组成结构单元相对变形的影响,因此,需将转子结构离散为不同的结构单元,对于质量结构单元可将其视为刚体,采用质心位置、质量和主轴转动惯量表示其质量分布,并以轴向位置描述转子结构轴向质量分布。典型涡扇发动机高压转子结构质量分布如图 4-2 所示。在该示例中,轮盘质量约占转子系统质量的 80%,其中压气机和涡轮转子质量比接近 1:1。

转子在高速旋转的过程中,可采用极转动惯量与直径转动惯量比值(惯量比 I_p/I_d)来评估其压气机、涡轮等大质量部件陀螺力矩效应的强弱。对于压气机部件,惯量比小于 1,为典型厚盘转子,陀螺力矩效应较弱;而涡轮转子惯量比趋近于 2,具有薄盘特性,高速旋转中会有较大的陀螺力矩效应。

(2) 等效刚度与惯性刚度

转子等效刚度用于反映转子结构整体结构尺寸和支承形式在指定截面位置处产

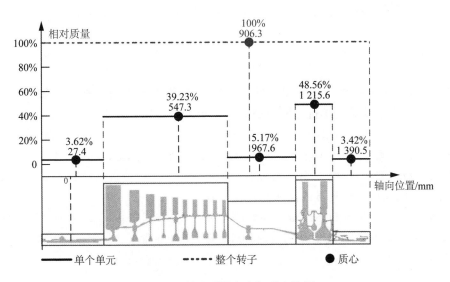

图 4 - 1　转子质量占比与质心位置

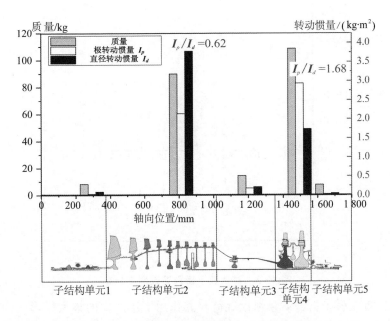

图 4 - 2　典型涡扇发动机高压转子质量/转动惯量分布

生的抗变形能力。转子指定截面处的等效刚度 K_c 可表示为

$$K_c(x_i) = \frac{F(x_i)}{y(x_i)} \tag{4-1}$$

其中，$F(x_i)$ 和 $y(x_i)$ 分别为截面上横向载荷与变形。

转子等效比刚度是指转子系统单位质量在指定截面上能够提供的等效弯曲刚

度,用于表征转子系统弯曲刚度与结构质量之间的比例关系。转子等效比刚度 K_ρ 可表示为

$$K_\rho(x_i) = \frac{K_c(x_i)}{m} \qquad\qquad (4-2)$$

其中,m 表示转子系统的总质量。转子等效刚度和等效比刚度都具有轴向分布特征,K_c 越大表示截面局部抗弯刚度越好,K_ρ 越大表示转子整体抗弯效率越高。

在计算关键截面等效刚度时,应考虑转子支承方案和支点支承刚度的影响。对于关键截面的确定,应选取刚度最薄弱或者横向变形对性能影响最大的截面,可以选择离支承最远的位置,此处刚度可能最弱;也可以选取对整机性能影响最敏感的截面,如压气机最后一级轮盘或高压涡轮盘位置。

图 4-3 所示为典型高压转子等效刚度分布图,在靠近前后支点处,等效刚度大于 10^8 N/m 量级,在远离支点的鼓筒轴处,等效刚度通常最小,本示例中最小等效刚度约为 5.32×10^7 N/m。

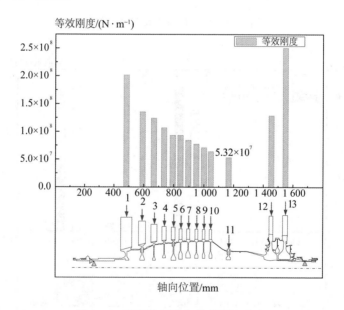

图 4-3 高压转子横向等效刚度分布

惯性刚度是转子自身质量惯性载荷与其作用下所产生的最大变形量的比值,用于反映转子结构自身质量分布与抗弯刚度分布的协调性。对于航空发动机转子系统,惯性载荷主要是横向力载荷,用转子横向惯性刚度表征;而对于轮盘结构,惯性载荷主要是陀螺力矩载荷,用轮盘角向惯性刚度表征。

典型的航空发动机极限惯性载荷一般为包含多个极限过载和机动的组合,但主要有横向加速度过载和陀螺力矩过载。军机的极限惯性载荷由飞行包线确定,典型的如战斗机要求最大稳态转速下承受短时(15 s)的 3.5 rad/s 偏航和 1g 垂直加速度

过载,以及无限寿命下的 1.4 rad/s 偏航过载。商用飞机不承受军机那样严重的偏转和加速度,其最大偏转一般发生在飞机起飞过程中。商用飞机的极限载荷设计水平通常由发动机制造商给出。在大型商用飞机中,对于无性能损耗的机动,典型保守的偏转和加速度可能是 0.2 rad/s 和 2 g。

定义转子横向惯性刚度 K_{er} 和轮盘角向惯性刚度 $K_{e\theta}$ 分别为

$$K_{er} = \frac{ma}{\delta_{max}} \tag{4-3}$$

$$K_{e\theta} = \frac{J_p \omega \Omega}{\theta_{max}} \tag{4-4}$$

式中,a 表示横向加速度;J_p 表示轮盘极转动惯量;ω 表示转子的转动角速度;Ω 表示机动飞行角速度。

转子惯性刚度在本质上反映了转子质量分布和刚度分布的综合力学效应。对于航空发动机转子系统,由于处于高速旋转运动的工作环境中,在结构设计中不仅要考虑结构刚度,同时也要考虑结构质量,只有在最小的结构质量下提高结构刚度,才能真正提高航空发动机转子系统的抗变形能力。

如图 4-4 所示,对转子结构系统施加横向过载载荷,得到横向变形云图。该示例中转子在压气机后轴颈折弯处的变形最大,计算得到高压转子惯性刚度约为 9.98×10^7 N/m。

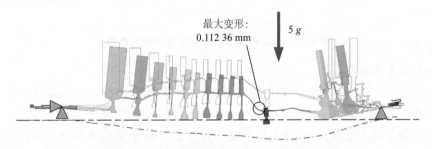

最大变形:
0.112 36 mm

5 g

图 4-4　横向惯性载荷下高压转子变形云图

(3) 共振转速分布

在进行航空发动机典型转子结构系统动力学特性分析时,通常根据转子结构系统结构特征和运动状态将其划分为有限个结构单元。基于转子系统质量、刚度和阻尼的分布特性,求解其运动微分方程,得到转子系统共振转速分布特性。

$$[M]\{\ddot{q}\} + \{[G]+[C]\}\{\dot{q}\} + [K]\{q\} = \{0\} \tag{4-5}$$

式中,$[M]$、$[G]$、$[C]$、$[K]$ 分别为转子结构系统的质量矩阵、陀螺矩阵、阻尼矩阵和刚度矩阵,其中陀螺矩阵与转子系统自转角速度 ω 有关,在进行共振转速特性分析时,通过改变自转角速度 ω,求解上述方程,得到转子模态频率随转速的变化规律,即共振转速分布特性。

转子系统共振转速随自转转速变化的规律是转子动力学设计的重要依据,可采用共振转速分布图(也称 Campbell 图)定量、直观描述,如图 4-5 所示。共振转速为转子的进动转速(无激励时的自由振动频率,即模态频率),根据与自转转速方向相同和相反,分为正进动共振转速和反进动共振转速。在旋转过程中,转子系统自身转动可激起同步正进动共振转速,在 Campbell 图中,正进动共振转速线与等转速线的交点值即为临界转速。

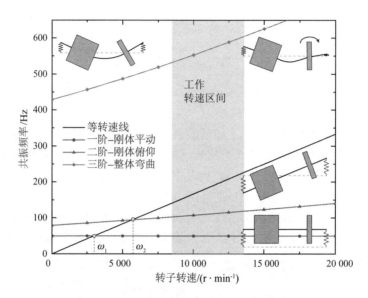

图 4-5 典型转子系统共振转速分布示意图

(4) 动力响应特性

在进行航空发动机转子动力响应的计算分析时,响应特性的主要表征参数包括转子弹性线变化及其引起的支点动载荷、支承结构动力响应幅值、速度和加速度等物理量。在转子动力学设计中,主要以在全工作状态下转子结构质量分布所产生的旋转惯性载荷(离心力及陀螺力矩)作为主要激励,激励载荷下转子运动状态随转速会发生变化,又会影响旋转惯性载荷分布特征。

在求解转子系统动力响应特性时,通常根据转子结构系统结构特征和结构状态,将其划分为有限个结构单元,同时将结构单元质量偏心和惯性主轴倾斜产生的旋转惯性激励载荷集总至各自质心处,基于转子系统质量、刚度、阻尼和旋转惯性激励载荷的分布特性,求解其运动微分方程,得到转子系统动力响应特性。

$$[M]\{\ddot{q}\} + ([G] + [C])\{\dot{q}\} + [K]\{q\} = \{Q\} \qquad (4-6)$$

其中,$\{Q\}$ 为转子系统旋转惯性激励载荷列阵,假定转子系统共有 n 个结构单元,第 i 个结构单元质心处作用的旋转惯性激励载荷为 $\{Q_i\}$,则有 $\{Q\} = [Q_1, Q_2, \cdots, Q_i, \cdots, Q_n]^T$,其中既包含结构单元质量偏心产生的旋转惯性力激励载荷,也包含惯性主轴倾斜产生的旋转惯性力矩激励载荷,$\{Q_i\}$ 的表达式为

$$\{ \pmb{Q}_i \} = \left\{ \begin{array}{c} m_i e_i \omega^2 \cos \omega t \\ m_i e_i \omega^2 \sin \omega t \\ -(I_{p,i} - I_{d,i}) \omega^2 \tau_i \cos(\omega t + \beta_{\tau,i}) \\ -(I_{p,i} - I_{d,i}) \omega^2 \tau_i \sin(\omega t + \beta_{\tau,i}) \end{array} \right\} \qquad (4-7)$$

求解方程(4-6),即可得到表征转子结构系统动力响应特性的各物理量,其中最为常用的物理量是支点动载荷和转子变形弹性线、轴心运动轨迹。支点动载荷是指转子在旋转状态下对支承约束结构的作用力,支点动载荷过大会使轴承及相关结构损伤失效从而引发故障,因此需要严格控制支点动载荷的幅值。图4-6所示为某典型高压转子支点动载荷随转子转速的变化曲线。

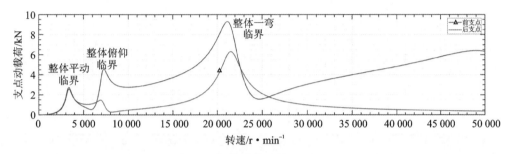

图 4 - 6 支点动载荷随转速变化曲线示例

对于采用中介支点或涡轮级间共用承力框架的双转子系统,高、低压转子之间可能通过中介支点或共用承力框架传递振动能量,转子间存在交互激励产生振动耦合,导致转子出现非协调涡动现象,此时则需要使用转子变形弹性线和轴心运动轨迹直观表现转子系统的运动状态和交互激励影响作用。

以某中介支点双转子系统在最大工作转速状态下的稳态动力响应为例进行说明。图4-7所示为双转子系统稳态响应时的变形弹性线,反映了转子系统的变形状态,两转子在中介支点4#支点处变形相位相反,中介支点可能产生较大的支点动载荷,导致高、低压转子振动耦合。图4-8和图4-9所示分别为高、低压转子各支点处的轴心轨迹及位移响应幅值的频域分析,从轴心轨迹可以看出,低压转子各支点处轴心轨迹仍大致为圆形,以低压转速频率成分为主,高压转速频率成分较少;而高压转子各支点处轴心轨迹则为复杂的花瓣形,低压转速频率成分较多。上述现象说明双转子系统发生较强的振动耦合现象,转子系统进动转速大致接近低压转子自转转速,低压转子涡动的非协调程度较弱,高压转子则发生剧烈的非协调涡动,转子内部将产生显著的交变应力,由于这种非协调涡动属于自激振动,当转子系统内部阻尼不足时,可能引起转子系统失稳,必须加以避免。

2. 装配平衡控制方法

转子结构装配和平衡也是转子动力学设计中的重要环节,合理的装配和平衡进

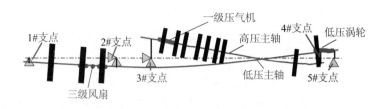

图 4-7　双转子系统弹性线

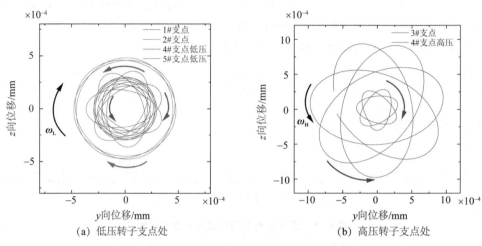

(a) 低压转子支点处　　　　　　　　　(b) 高压转子支点处

图 4-8　转子在支点处的轴心轨迹(彩图见彩插)

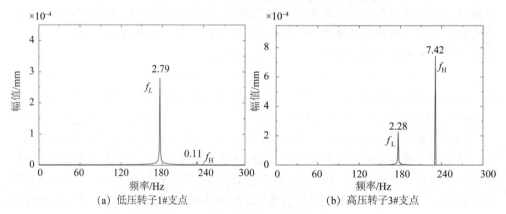

(a) 低压转子1#支点　　　　　　　　　(b) 高压转子3#支点

图 4-9　各支点动力响应频域分析

动控制能显著降低转子系统在高速旋转过程中转子结构内部的变形能和连接界面损伤积累,减小共振转速及动力响应的分散度。

(1) 平衡设计

虽然一般航空发动机转子的工作转速低于弯曲临界转速,但在工作转速范围内,会产生一定的弯曲变形,在一定条件下,也会对转子系统动力响应尤其是支点动载荷产生较大影响。在工业上通常采用平衡品质等级作为转子不平衡的设计标准。

平衡品质是综合表现转子结构加工装配水平的一个参数,也是转子动力响应设计的重要控制标量。对于恒态转子的平衡品质,可以采用转子不平衡度与转子最大工作角速度的乘积量值进行评定和分级。其中,不平衡度 e(specific unbalance)即转子单位质量的静不平衡量,在数值上不平衡度相当于质量偏心距,单位为 mm,因此,平衡品质 $G = e_{per} \cdot \Omega$,单位为 mm/s。例如,平衡品质量值 G 等于 6.3 mm/s,则平衡品质级别就确定为 $G6.3$ 级。

根据现代航空发动机整机振动特点及其对结构可靠性的影响,转子许用剩余不平衡量的平衡等级一般选择为 $G1 \sim G2.5$ 等级。而对于多盘-轴转子组件装配后的初始不平衡量,可按照推荐平衡品质等级确定的许用剩余不平衡量的 3～5 倍控制。

通过确定不同结构单元的许用剩余不平衡量,实现对其质心偏移不平衡的控制。根据转子平衡允差的确定公式,分别选择平衡品质等级 $G1$、$G1.6$、$G2.5$,计算得到转子发生质心偏移时的许用剩余不平衡量 U_{per} 和许用剩余不平衡度 e_{per} 如表 4-1 所列。

表 4-1　典型涡扇发动机高压转子许用剩余不平衡量计算

转子	质量 m/kg	最大工作转速 Ω/(rad·s^{-1})	许用剩余不平衡量/(g·mm) $U_{per} = 1\,000 \dfrac{G \times m}{\Omega}$					
			$G1$		$G1.6$		$G2.5$	
			U_{per}	e_{per}	U_{per}	e_{per}	U_{per}	e_{per}
多盘压气机转子	150	1 500	100	0.67	160	1.07	250	1.67
单盘涡轮转子	160	1 500	107	0.67	171	1.07	268	1.67

进行低速平衡的转子,往往需要将转子的平衡允差分配到两个允差平面内。如图(4-10)所示,转子许用剩余不平衡量 U_{per} 按质心到另一侧允差平衡的距离进行分配。在支承平面 A、B 上,按如下公式进行分配:

$$\begin{cases} U_{perA} = \dfrac{U_{per} \times L_B}{L} \\ U_{perB} = \dfrac{U_{per} \times L_A}{L} \end{cases} \tag{4-8}$$

由公式(4-8)可以看出,许用剩余不平衡量 U_{per} 向两个允差平面的分配主要取决于质心的位置。如果质心位于允差平面的中心,则两个允差平面平分许用剩余不平衡量 U_{per}。但是对于轮盘偏置转子,转子质心靠近某一支承平面,对该支承平面计算出的允差值会相对较大,接近于 U_{per} 的值,而远离质心的另一个支承平面的允差值就变得很小,接近于零。为了避免极端允差状态,需要对两个允差平面进行限定:较大的允差值不宜大于 $0.7U_{per}$,较小的允差值不宜小于 $0.3U_{per}$。表 4-2 所列为某典型涡扇发动机高压转子许用剩余不平衡量分配示例。

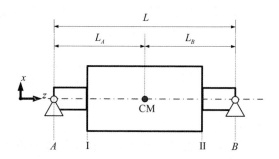

A,B—支承平面；Ⅰ,Ⅱ—校正平面；CM—转子质心。

图 4 - 10　内质心转子结构特征参数

表 4 - 2　典型涡扇发动机高压转子许用剩余不平衡量分配

转子	平衡品质等级 G	许用剩余不平衡度 $e_{per}/\mu m$	许用剩余不平衡量 $U_{per}/(g \cdot mm)$	支承平面至质心的距离/mm			许用剩余不平衡量/$(g \cdot mm)$	
				L	L_A	L_B	U_{perA}	U_{perB}
高压压气机转子	$G1$	0.67	100	800	320	480	60	40
	$G1.6$	1.07	160				96	64
	$G2.5$	1.67	250				150	100
高压涡轮转子	$G1$	0.67	107	250	110	140	60	47
	$G1.6$	1.07	171				96	75
	$G2.5$	1.67	268				150	118
高压转子	$G1$	0.67	230	1050	680	370	81	149
	$G1.6$	1.07	368				130	238
	$G2.5$	1.67	275				97	178

（2）装配控制

在转子装配过程中，一般只对转子结构进行低速平衡，但在高速旋转工作状态下，转子的弯曲变形会使转子平衡状态发生变化，不同结构单元在工作过程中旋转惯性载荷变化规律不同，因此在装配过程中，需要通过合理的装配和低速平衡，控制转子系统在全转速范围内不平衡量的分布及其所引起的动力响应，避免结构单元惯性主轴倾斜及其带来的不良影响。

① 采用低速平衡对多界面连接转子结构进行平衡时，需要对其各结构单元的不平衡量和相角进行必要的控制，以保证转子在最终高速工作环境中能正常地运行，同时在装配过程中需记录各个结构单元不平衡量沿轴向分布的信息，用于定量评估转子质量不对称性沿轴向的分布状态。

② 对于转子中结构质量/转动惯量较大的构件,需在装配之前单独平衡,待转子组件装配后再对组件整体进行平衡。

③ 在低速平衡机上对多界面连接转子结构进行平衡,控制其静不平衡量满足许用要求,只是参考恒态转子不平衡控制原则而提出的近似方法,而实际中只有通过控制转子初始不平衡量的大小和分布,才能够起到足够的平衡效果。

④ 对于初始不平衡矢量轴向分布未知的多界面连接转子结构,一般不可选用低速平衡方法,可以采用本机平衡等方法。

对于不同结构特征的结构单元可以采用不同的低速平衡方法。

① 对薄盘类构件一般采用单面平衡方法,对于部分轴向尺寸较小的结构单元,仅通过单个横向平面内的不平衡矢量便可以有效表征其不平衡状态,因此可以对该类结构单元在此平面上进行不平衡校正,保证构件剩余的合成不平衡量在规定范围之内。

② 对具有大轴向尺寸的鼓筒轴等构件一般采用双面平衡方法,对于部分轴向尺寸较大的结构单元,只有通过至少两个平面内的不平衡矢量才能够表征其不平衡状态,因此需要在至少两个横向平面内安装平衡质量块以对结构单元进行校正,保证转子剩余的合成不平衡量在规定范围之内。

③ 对转子的每个构件(包括轴类构件)在装配之前依据设计要求分别单独进行低速平衡。

④ 对界面连接转子组件需要对同轴度进行控制,以减少装配过程中各构件之间界面配合状态不均匀所产生的不平衡。

⑤ 控制初始不平衡量后再平衡。各构件单独平衡后,在组装过程中还会产生同轴度(跳动量)变化,因此构件组装完成后,如果组件不平衡量大于各构件初始不平衡之和,则要采用两个平衡面对组件进行平衡,转子组装完成后的转子不平衡量应满足设计要求,才允许进行后续低速平衡。

⑥ 对于具有多组件的转子系统,需要采用分级平衡,在构件每一次的装配过程中均应做跳动检查和转子平衡,以保证后续加装构件的过程不会改变已平衡转子部件的平衡状态。

4.2　高速刚性转子设计

涡扇发动机的高压转子以及涡轴、涡桨发动机的燃气发生器转子均具有两支点大轴向跨度、高工作转速、多连接界面的特征,这类转子由构形和支承约束产生的抗变形能力有限,其弯曲模态频率一般与最大工作转速接近,为了使最大工作转速位于弯曲模态临界转速以下,并具有一定的安全裕度,需要利用陀螺力矩效应调整转子共振转速分布,因此,在高转速工作状态下,转子会发生弯曲变形,使连接结构界面损伤、支点动载荷增大。

为满足发动机功能、性能和可靠性的要求,在转子结构及动力学设计时,应满足以下基本要求:① 具有合理的几何构形,质量和刚度分布协调,提高抗变形能力,满足转子工作转速位于弯曲振型临界转速以下,并具有足够的安全裕度的刚性转子设计要求;② 全转速范围内支点动载荷控制在可接受范围,避免支点轴承损坏或支承结构高周疲劳损伤等问题。

4.2.1 设计模型

典型高压转子常采用1-0-1支承方案,如图4-11所示,转子由多级压气机和双级高压涡轮组成,转子轴向跨度较大,且具有多连接界面的结构特征,转子整体弯曲刚度较低,易发生弯曲变形。在开展高压转子结构与动力学设计时,既需充分利用结构构形和支承约束提高转子抗变形能力,也要充分利用转子高速旋转时产生的陀螺力矩效应提高弯曲振型临界转速,并对支点动载荷进行控制;此外,还需对转子连接结构进行稳健设计,降低连接结构对转子力学特性敏感度、分散度的影响。

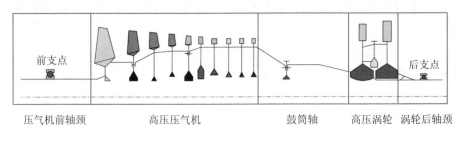

图4-11 典型高压转子结构示意图

1. 转子结构特征模型

第1章中已给出针对航空燃气轮机转子结构的建模方法,根据高压转子结构特征,通常可将其离散为质量单元和刚度单元,并将支承结构简化为弹簧阻尼单元,如图1-43所示。其中,转子的旋转惯性载荷主要由质量单元产生。压气机单元轴向尺寸较大,其构形为"厚盘"转子,产生的陀螺力矩效应较弱;涡轮单元构形为"薄盘"转子,产生的陀螺力矩效应较强。因此,在转子动力学设计时,高压压气机转子采用高刚度设计,避免高压压气机转子发生局部弯曲变形,同时利用高压涡轮高速旋转时角向变形产生的陀螺力矩效应,提高转子的弯曲振型临界转速。

高压涡轮的"薄盘"构形是产生陀螺力矩效应的结构基础,充分利用陀螺力矩效应提高转子弯曲振型临界转速的前提是涡轮盘-鼓筒轴连接结构具有足够的角向刚度,保证陀螺力矩可以抑制轴的弯曲变形,此外,涡轮盘组件需具有良好的整体性,以保持稳定的旋转惯性。

如图 4-12(a)所示,当涡轮盘-鼓筒轴连接角向刚度较高时,涡轮与鼓筒轴的角向变形具有较好的连续性,若鼓筒轴发生弯曲变形,则涡轮盘的角向变形 θ_{t1} 将大致等于鼓筒轴右端处的挠角,始终具有较大的角向变形能够保持较高的陀螺力矩效应,只有当转速很高,涡轮盘才会"掰正"。因此,弯曲共振转速可随工作转速的增加不断提升,保证较高的弯曲临界转速。

如 4-12(b)所示,当涡轮盘-鼓筒轴连接角向刚度较低时,涡轮与鼓筒轴的角向变形连续性较差,若鼓筒轴发生弯曲变形,使得涡轮盘发生角向变形,产生陀螺力矩,则在陀螺力矩作用下,涡轮盘会迅速"掰正",此时鼓筒轴仍具有较大的弯曲变形,但涡轮盘的角向变形很小,陀螺力矩效应很低,弯曲振型共振转速将增长缓慢,弯曲临界转速相对较低。

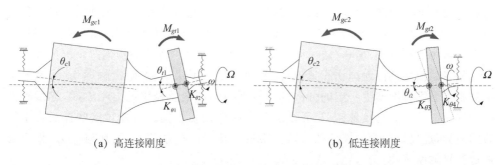

(a) 高连接刚度   (b) 低连接刚度

图 4-12 涡轮盘-鼓筒轴连接刚度对转子变形的影响

如图 4-13 所示,对于采用两级高压涡轮的转子,若两级涡轮盘组件整体性较差,则会导致第 2 级高压涡轮盘-轴连接角向刚度显著下降,当转子高速旋转时,第 2 级高压涡轮易被旋转惯性力矩"掰正",即陀螺力矩效应不随转速增加而持续增加,仅有第 1 级高压涡轮能产生一定的陀螺力矩效应,使得转子弯曲振型共振转速增长缓慢,可能造成弯曲振型临界转速安全裕度不足。

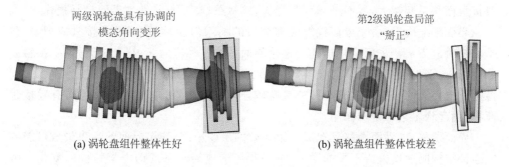

(a) 涡轮盘组件整体性好   (b) 涡轮盘组件整体性较差

图 4-13 高压涡轮盘组件整体性对弯曲模态的影响

此外,在利用涡轮盘组件产生的陀螺力矩提高转子弯曲振型临界转速的同时,也要控制轮盘陀螺力矩对支点动载荷的影响。通常通过采用低刚度涡轮后轴颈设计,使得质量单元产生的旋转惯性力矩大部分用于抵抗鼓筒轴的弯曲变形,仅有小部分转化为支点的动载荷,实现支点动载荷控制。

2. 连接结构稳健性模型

对于多界面连接高压转子系统,还需进行转子稳健设计,包括:① 连接界面变形协调及接触损伤控制;② 连接结构刚度损失和同轴度变化控制;③ 转子动力学特性分散度控制。

(1) 变形协调及接触损伤

在工作载荷环境下,连接界面的接触状态与接触应力会呈现区间分布特征,连接界面的滑移会导致连接构件之间相对质心偏移(转子产生附加不平衡),局部接触应力过大或交变会导致连接界面的应力损伤。通过对连接界面接触损伤控制进行稳健设计,保证在复杂载荷环境下连接界面接触状态和接触应力对外载荷的敏感度最低、分散度最小,减少质心偏移(转子附加不平衡)、微动磨损和应力损伤等情况的发生。

随着载荷循环接触损伤积累,连接界面间变形不协调、发生接触损伤,可使转子结构系统力学特性产生一定的分散性。根据损伤产生及积累的力学本质,连接界面接触损伤失效可分为接触疲劳、界面滑移和摩擦损伤三类。而针对接触界面力学行为的差异,连接结构稳健性评估参数包括有效接触面积系数、界面接触应力、界面滑移量和接触摩擦功。

有效接触面积系数:在复杂载荷下,为实现连接结构接触界面定位/定心、承载、传力的功能,必须保证界面接触状态的稳定,一般可采用有效接触面积系数对界面接触状态进行衡量,即

$$C_{\text{val}} = \frac{A_{\text{sticking}} + A_{\text{sliding}}}{A_{\text{total}}} \times 100\% \tag{4-9}$$

式中,A_{sticking}、A_{sliding} 分别为粘滞接触和滑动接触面积;A_{total} 为接触界面总面积。有效接触面积系数越大,界面承载面积越大,接触越稳定,不易发生界面接触损伤。

界面接触应力:由于界面接触应力分布的不均匀性,可采用最大接触应力 σ_n 和平均接触应力 σ_{aver} 进行定量描述。连接界面最大接触应力 σ_n 越大,越易发生接触疲劳损伤;而平均接触应力 σ_{aver} 则反映了界面压紧状态,其量值越大,连接界面压紧越稳定。但界面的接触应力分布往往具有较强的不均匀性,应同时增大界面有效接触面积,以起到压紧稳定的作用。

界面滑移量:界面滑移是造成约束失效的主要原因,连接界面的约束失效可能造成连接结构刚度损失或不平衡增大,进一步可造成转子系统动力学特性的变化。由于界面各接触节点滑移量存在差异,可采用界面平均滑移量对接触界面的约束失效程度进行衡量,即

$$\delta_{\text{ave}} = \frac{\sum_{i=1}^{m} \delta_i}{m} \qquad (4-10)$$

式中，δ_i 表示接触节点 i 的相对滑移量；m 则表示接触节点的个数。值得注意的是，在滑移量统计时，仅需考虑界面滑移对连接结构力学特性影响较大的滑移方向，例如端面的径向滑移与柱面的轴向滑移。而柱面的周向滑移等接触行为则主要造成界面微动磨损，而并非接触界面的约束失效，其表征参数为接触摩擦功。

接触摩擦功：由于接触摩擦功与微动损伤寿命存在反比例关系，可以采用摩擦功作为评估界面磨损的参数，它反映了微动磨损过程对界面的损伤程度。界面摩擦功可表示为

$$W = \sum_{i=1}^{m} \mu \, |\sigma_{ni}| \, |\delta_i| A_i \qquad (4-11)$$

界面损伤的控制就是要抑制不同形式的界面损伤发生与积累，避免界面破坏或约束能力下降，其中，界面变形协调控制是最为重要的损伤控制方法。界面变形协调性控制是通过对转子局部结构构形形式与装配参数进行设计，使得在工作载荷作用下转子结构在界面处的各自由度变形差始终保持在某允许值范围内，从而保证了界面的接触特性与连续结构间存在一定程度的相似性，此时，界面接触状态良好，接触应力分布均匀，滑移量与磨损程度较低。

如图 4-14 所示，变形协调性控制主要分为径向变形协调性控制和角向变形协调性控制。径向变形协调性控制要求在工作载荷下，连接结构圆柱定心面内外环具有相对协调的径向变形，通常希望圆柱定心面内环径向变形略大于外环，既能保证圆柱定心面稳定定心，又不至于产生过大接触应力，造成界面接触损伤。角向变形协调性控制要求在工作载荷作用下，承载端面之间具有相对协调的角向变形，承载端面不至于发生较大的局部轴向分离，影响端面的接触状态和接触应力，导致承载端面的接触损伤。

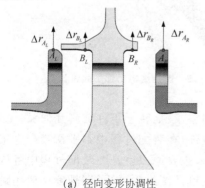

(a) 径向变形协调性　　　　　　　　　　　　(b) 角向变形协调性

图 4-14　连接结构变形协调性控制

(2) 刚度损失和同轴度变化

转子结构系统在工作过程中发生弯曲变形,会使连接结构界面接触状态发生变化,引起连接结构抗弯刚度和同轴度变化。转子质量结构单元惯性主轴偏斜所产生的旋转惯性载荷会作用于连接结构,使其接触界面产生摩损或滑移,而这种连接界面的滑移会改变质量结构单元的偏斜角度和相应的旋转惯性载荷,在转子动力响应中主要表现为支点动载荷的变化。总之,连接结构力学特性的变化主要表现为刚度损失和同轴度变化。

连接结构刚度和同轴度的变化对高速转子系统的动力学特性的影响是不可忽略的,由于连接结构力学特性的变化与结构特征、装配特征、载荷环境等多参数相关,故在定量描述中具有非确定性,通常以转子结构系统应变能分布及旋转惯性载荷分布对连接结构损伤积累及其对转子动力学特性的影响进行评估。

应变能代表了转子局部的变形程度,尤其对于连接结构,应变能集中代表该位置具有较大负载,由此造成的界面损伤是转子动力学特性分散性的来源。以弯曲振型为例,转子弯曲振型共振转速对应变能大的位置的刚度较为敏感,若将连接结构设计在应变能较大的位置,连接结构在高负载下易产生刚度损失,会使得该处的刚度进一步下降,使得弯曲振型共振转速分散性加大。此外,也需考虑横向过载状态时连接结构处的应变能占比,若连接结构处于应变能较大的位置,将导致横向过载时转子弯曲变形增大,增大碰磨的风险。

在设计连接结构时,应尽量避免将连接结构设计在应变能占比较大的位置。首先,连接结构的轴向位置应尽量选择转子弯曲模态振型或横向过载状态下应变能较低的位置,此外,如图 4-15 所示,对于连接界面附近局部结构的加强,应削弱远离界面的局部结构,使得在外载作用下,应变能向连续结构集中,也能有效降低动力学特性对连接结构的敏感性。

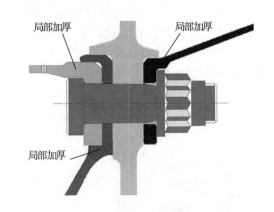

图 4-15　连接结构局部加强设计

转子同轴度为转子支承面或者连接界面的几何圆心相对于转子轴线的几何偏差,表征转子组件被测几何尺寸相对于转子轴线的波动情况。对于界面连接转子组件,在装配过程中不平衡会产生很大变化(组件不平衡量大于各构件不平衡量之和),主要原因就是在装配过程中各构件轴心线相对于组件的旋转中心线产生偏斜。在设计图纸中,转子同轴度一般用跳动量给出,包含了被测圆面的形状偏差和同轴度两部分偏差。需要说明的是,同轴度和跳动并不一致,仅圆心偏离的标准圆形,其同轴度为新圆心和旧圆心之间的距离

(记为 a),而其跳动值是同轴度偏差的两倍($2a$)。

(3) 动力学特性分散度

转子系统动力学特性分散度控制一是要降低支承结构、连接结构刚度变化对转子共振转速的敏感度;二是要控制转子结构旋转惯性载荷的变化,以降低对支点动载荷的影响。

考虑到各支点的轴承、支承结构均存在一定的配合间隙,转子在不同运动状态下,支承刚度和连接结构刚度将产生一定的分散性,对转子系统的共振转速会产生一定的影响,在转子结构及动力学设计中需要定量评估。

大跨度高压转子在工作转速附近存在多阶模态振型共振转速,包括刚体振型共振转速和弯曲振型共振转速。转子共振转速稳健设计要求转子工作转速应避开各阶临界转速,并具有充足的裕度。

转子系统刚体振型共振转速通常位于低转速区域,对支承刚度的变化较为敏感,在转子动力学设计时,一般通过支点位置、支承刚度的设计,使得各阶刚体振型临界转速处于低转速区且相互靠近,以便转子加速时能快速通过,减小转子系统动力响应水平。

转子系统弯曲振型共振转速对转子结构状态(弯曲变形位置)十分敏感,当前先进发动机的高压转子常通过转子质量/刚度分布,使转子在鼓筒轴处发生弯曲变形,压气机和涡轮具有相反的模态角向变形,由于涡轮盘转子具有"薄盘"特征,故陀螺力矩效应显著,能利用陀螺力矩抑制鼓筒轴变形,提高转子抗弯曲变形能力和弯曲振型共振转速。因此,在转子动力学设计时,可通过结构几何构形调整保证涡轮盘具有稳定陀螺力矩,且能充分作用在鼓筒轴上,以达到提高弯曲振型共振转速的目的。因此,通常遵循:① 高压涡轮盘转子应具有"薄盘"特征,其极转动惯量和直径转动惯量之比应大于 1.5,保证高速旋转时高压涡轮盘能产生足够的陀螺力矩。② 应保证涡轮盘与前端鼓筒轴具有高的盘-轴连接角向刚度,以使陀螺力矩能充分抑制转子的弯曲变形,提高转子的抗弯刚度。③ 对于采用两级高压涡轮盘的结构,应保证两级高压涡轮在全转速内稳定压紧,具有良好的整体性,避免两级高压涡轮在工作载荷作用下发生轴向松脱。④ 尽量减小连接结构处的应变能占比,从而降低弯曲共振转速对连接结构刚度变化的敏感性。

支点动载荷是最为关键的转子系统响应特性之一,因此,转子系统响应特性稳健性评估主要包括:① 通过控制转子构件初始不平衡、优化装配工艺、采用分级平衡等措施,对转子系统大质量结构单元质量偏心与惯性主轴倾斜程度进行控制;② 在惯性激励确定的情况下,通过转子结构和支承结构的优化设计,降低各支点动载荷及其对支承结构和连接结构刚度变化的敏感度;③ 根据转子构形和支承约束的设计需求,采用转子旋转惯性载荷轴向分布、转子弯曲刚度分布以及支点位置优化设计,充分发挥轮盘陀螺力矩效应,提高转子抗变形能力,减小支点动载荷。

4.2.2　转子构形

图 4-16 所示为典型高速大跨度高压转子几何构形简图。高压转子由压气机前轴颈、多级压气机、鼓筒轴、高压涡轮、涡轮后轴颈组成。转子采用 1-0-1 的支承方案，支承跨度较大。转子主体结构为大跨度的"拱形环壳"结构，前后轴颈的径向尺寸最小，压气机鼓筒的径向尺寸最大，这类构形的转子通常具有较好的整体性和较高的整体弯曲刚度，图 4-16 中列举了该转子几个关键几何参数。在进行结构与动力学设计时，可以通过调整结构特征参数，控制转子的质量/刚度分布。

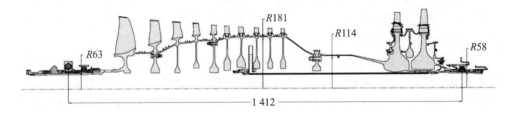

图 4-16　典型高压转子几何构形及关键几何参数

压气机转子由多级轮盘和连接鼓筒组成，轴向尺寸较大，为典型的厚盘转子构形，转子高速旋转时其产生的陀螺力矩效应很小，对转子共振转速的敏感度较低。在设计时，多采用盘-鼓混合式结构，通过大直径鼓筒设计，提高压气机转子弯曲刚度，防止在高转速过程中压气机转子结构产生局部弯曲变形。

高负荷高压转子通常采用双级涡轮转子为高负荷压气机转子提供轴功率，两级涡轮盘之间设计有级间封严鼓筒，通过止口定位、大螺母轴向预紧，形成高刚度的涡轮盘组件，利用其产生的陀螺力矩效应抑制高压转子弯曲变形，提高共振转速。若双级涡轮盘结构组件在几何构形、装配控制等方面控制不利，在高转速、高负荷工作载荷状态下组件轴向预紧不足、连接界面发生松脱，将破坏涡轮盘组件的整体性，使得陀螺力矩效应大幅下降。对于典型的高速大跨度高压转子，由于转子具有较大的长径比，故整体弯曲刚度较弱，当要求高工作转速时，转子弯曲模态频率会低于转子最大工作转速，此时，仅依靠转子结构刚度和支承约束不足以实现"避开共振"的设计要求，需要充分利用高转速旋转涡轮盘所产生的陀螺力矩效应提高转子系统抗弯曲变形能力，才能提升弯曲振型共振转速，使转子系统具有充足的"避开共振安全裕度"。

对于大跨度支承，高长径比的高速转子系统通常采用大直径的鼓筒轴设计，以提高整体弯曲刚度和弯曲振型共振转速，但是鼓筒轴与前后连接的压气机、涡轮转子在几何结构构形上具有较大差异，所处的载荷环境十分恶劣，连接结构接触损伤积累严重，因此，鼓筒抗高周疲劳、连接结构稳健性等方面的设计是高压转子结构动力学设计的难点。

转子通常由多个组件串联形成，其整体弯曲刚度对刚度较弱的结构较为敏感。

鼓筒轴位于高压转子跨中位置,远离支点,其等效刚度一般最低,对转子整体弯曲刚度的影响最大。鼓筒轴在工作过程中除了承受自身离心载荷以外,还要承受巨大的轴向拉伸和扭转载荷,对连接界面接触状态具有很大影响,因此在鼓筒轴结构设计中,需要对相关连接结构进行稳健性评估。由于鼓筒轴为具有大轴向尺寸的旋转壳,故在加工过程中壁厚变化会使鼓筒轴的惯性主轴相对形心轴产生偏斜,从而产生较大的动不平衡,这在高速转子系统中对旋转惯性载荷具有重要的影响,需对结构加工/装配进行高效控制。

在大跨度高速转子结构中,前后轴颈是转子结构几何突变较为明显的位置,其弯曲刚度相对较小,对转子动力学特性和支点动载荷的影响明显。前后轴颈在几何构形上多采用柱壳或锥壳构形,通过调整轴向长度和锥角能够调整结构的弯曲刚度。在前轴颈结构设计中,一般采用50°左右的锥角,以保证具有较高的径向、轴向和角向刚度;后轴颈处由于不承受轴向载荷,为了降低支点动载荷,提高处于高温环境下的轴承使用寿命,一般采用小锥角、低刚度设计,使得涡轮盘产生的旋转惯性力矩充分作用于前端鼓筒轴上,以增加高速旋转状态转子的等效刚度,提高共振转速,同时减少向后端支承结构传递的旋转惯性力矩,实现对支点动载荷的控制。

在转子选材方面,压气机前轴颈、前几级压气机环境温度较低,通常选用钛合金,如 TC17。压气机后级间环境温度较高,通常选用高温合金钢或镍基高温合金,如 GH4169。鼓筒轴、高压涡轮的环境温度进一步提高,通常选用粉末镍基高温合金,如 FGH96。

4.2.3　转子动力学特性

通常采用有限元方法建立高压转子计算模型进行动力学特性计算和分析,并根据设计要求及计算分析结果对转子结构进行改进。

1. 共振转速分布

图 4-17 所示为典型高压转子共振转速分布。高压转子在工作转速附近通常存在三阶共振转速,分别为整体平动、整体俯仰和整体一弯共振转速。

前两阶为刚体振型共振转速,共振转速大小主要受支承刚度的影响,陀螺力矩效应较小,随转速增加共振转速几乎不发生变化,在进行转子动力学设计时,一般要求两阶刚体振型临界转速相互靠近,以便转子加速时能快速通过。

第三阶为整体一弯共振转速,该阶共振转速主要受转子整体弯曲刚度、涡轮陀螺力矩的影响。典型高速大跨度高压转子,其整体弯曲刚度相对较低(弯曲模态频率一般位于最高工作转速以下),这类转子易在鼓筒轴处发生弯曲变形,涡轮模态角向变形较大,产生较大的陀螺力矩效应,使整体一弯共振转速快速提高,实现避开共振的设计目的,并具有足够的安全裕度。

对于结构尺寸较小、转速较高的高压转子,由于结构空间的限制,难以采用大直

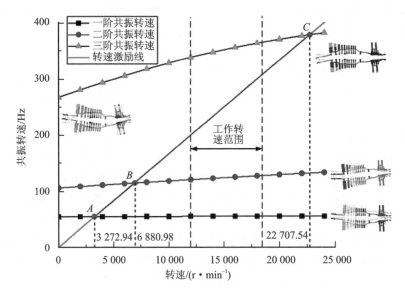

图 4 - 17 典型高压转子系统共振转速分布

径鼓筒轴的设计,因此,必须充分利用高压涡轮转子高速旋转时产生的陀螺力矩效应,提高弯曲振型共振转速。对陀螺力矩效应影响最显著的是高压涡轮转子,主要影响参数为涡轮惯量比 I_p/I_d 及盘-轴连接的角向刚度,对于双级高压涡轮,涡轮组件的整体性也对陀螺力矩效应具有显著影响。

　　高压涡轮转子属于薄盘转子,其惯量比 I_p/I_d 在 1.5 与 2 之间,高压涡轮转子产生的陀螺力矩效应越强,越有利于弯曲振型共振转速的提高。对于采用两级高压涡轮的高压转子系统,两级涡轮盘组件的整体性也对陀螺力矩效应具有显著影响。图 4 - 18 所示为两级高压涡轮转子整体性对弯曲振型共振转速的影响。当两级涡轮盘组件具有良好整体性时,转子具有较高的陀螺力矩效应,弯曲振型共振转速随转速增加迅速增加,具有较高的弯曲振型临界转速。当两级涡轮盘组件整体性较差时,转子的陀螺力矩效应大幅下降,弯曲振型共振转速几乎不随转速变化,高压转子弯曲振型临界转速大幅下降,造成转子系

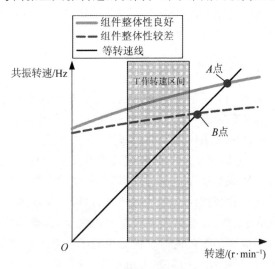

图 4 - 18　高压涡轮转子组件整体性对
弯曲振型共振转速的影响

统避开共振转速的安全裕度不足。

高压转子具有两支点大跨度支承和多连接界面的结构特征，在外部载荷作用下，连接结构承载界面可能产生局部滑移与分离，界面对结构体约束能力的下降使得连接结构产生刚度弱化现象，即连接结构刚度损失。连接结构刚度损失通常会造成转子共振转速特性的分散性。在进行转子稳健设计时，通常将连接结构设计在转子弯曲振型应变能分布较小的位置，以降低连接结构敏感度和转子动力学特性的分散度。

不同位置的连接结构刚度损失对高压转子共振转速特性的影响不同。压气机级间螺栓位于高压转子弯曲振型应变能较低的位置，该处局部的刚度很高，转子整体弯曲刚度对该处的局部刚度变化不敏感，连接结构的刚度损失对转子力学特性的影响较小。而对于鼓筒轴处的螺栓结构，由于鼓筒轴是高压转子刚度最弱、弯曲变形最大的位置，转子整体弯曲刚度对该处的刚度变化非常敏感，连接结构同样程度的刚度损失将引起转子整体一弯共振转速的明显下降。在进行转子稳健设计时，尤其需要关注转子弯曲振型应变能较大位置的连接结构，通过控制连接结构的变形协调性及界面接触损伤，降低连接结构的刚度损失，减小对转子共振转速的影响。

当考虑高压转子连接结构刚度损失、两级涡轮盘组件整体性保持、支承刚度分散性等非确定因素影响时，转子系统弯曲模态共振转速将表现出区间分布特征。若转子连接界面接触状态变化较小，两级涡轮盘组件整体性良好，转子系统整体弯曲共振转速可达到图 4 - 18 中灰线所示的上限值，此时的临界转速点为 A 点，具有较高的安全裕度。反之，若敏感位置的连接结构刚度损失大、两级涡轮盘组件整体性较差、支承刚度分散性大，则整体弯曲共振转速可能达到图 4 - 18 中虚线所示的下限值，此时的临界转速点为 B 点，可能接近最大工作转速甚至落在工作转速区间内，造成安全裕度不足发生共振。因此，对于大跨度、多界面高速转子系统，必须进行转子稳健设计，保证连接结构稳健性、涡轮盘组件整体性，降低转子弯曲模态共振转速分散性。

2. 转子支点动载荷响应

(1) 支点动载荷

在典型高压转子系统压气机和涡轮质心处施加相同相位的质量偏心和惯性主轴倾斜，得到支点动载荷随转速的变化，如图 4 - 19 所示。

从图中可以看出：① 各支点在过临界时载荷突增，形成峰值。② 高压转子过整体俯仰临界后，两支点处仍存在较大支点动载荷，且随转速增加逐渐增大，这是由于转子局部结构惯性主轴倾斜产生旋转惯性力矩载荷导致的。③ 由于涡轮为薄盘结构，惯量比接近 2，在高转速下将产生大旋转惯性力矩载荷，影响相邻的后支点动载荷，在高压转子支点动载荷控制中，需重点关注涡轮旋转惯性载荷对后支点的影响。

(2) 轮盘组件整体性影响

对于采用两级高压涡轮的高压转子，需关注两级涡轮盘组件整体性对支点动载荷的影响。图 4 - 20 所示为涡轮盘组件整体性良好和整体性较差两种情况下后支点

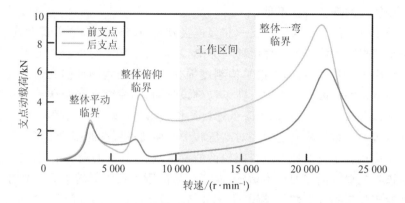

图 4 - 19 高压转子支点动载荷

动载荷的变化。从图中可以看出：① 两级涡轮盘组件具有良好整体性时，对刚体振型共振转速及过临界时的支点动载荷影响很小，但会显著影响整体弯曲共振转速及相应的支点动载荷。② 当两级涡轮盘组件产生界面接触损伤失效时，若整体性变差，则涡轮盘的陀螺力矩效应大幅下降，高压转子整体弯曲共振转速显著下降；若整体性较好，则弯曲共振转速高，在高转速时支点动载荷显著增大。

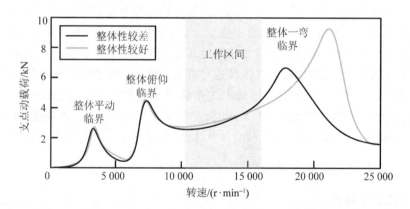

图 4 - 20 涡轮盘组件整体性对后支点动载荷的影响

对于双级涡轮的高转速、大跨度转子系统，应保证两级涡轮盘组件具有良好的整体性，以提高弯曲振型临界转速；而对其产生的支点动载荷，应合理设计鼓筒轴与后轴颈刚度，宜采用弱刚度后轴颈，以降低后支点动载荷。

(3) 后轴颈角向刚度影响

典型大跨度支承高转速转子系统通常采用低的涡轮盘-后轴颈连接角向刚度设计，以实现对支点动载荷的有效控制。图 4 - 21 所示为盘-轴连接角向刚度对后支点动载荷的影响。从图中可以看出：① 在一定范围内改变盘-轴连接角向刚度，对高压转子前三阶临界转速的影响很小；② 在一定范围内，采用较低的连接角向刚度设计能显著降低高转速下后支点的动载荷。

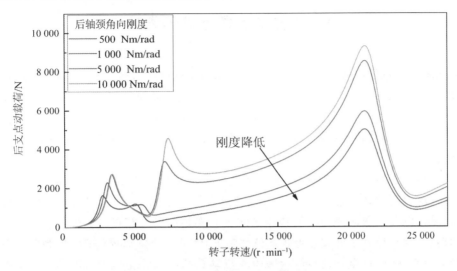

图 4-21 涡轮盘后轴颈刚度对后支点动载荷的影响(彩图见彩插)

对于典型大跨度高转速高压转子,涡轮盘和后轴颈靠近支点,该处等效刚度较高,转子整体弯曲刚度对其连接角向刚度变化不敏感,因此,在一定范围内改变连接角向刚度,对转子整体抗弯曲变形能力影响很小,转子的三阶临界转速变化很小。

高压转子后支点动载荷主要源于涡轮盘高速旋转产生的旋转惯性力矩。高速旋转中,涡轮盘产生的旋转惯性力矩由鼓筒轴和涡轮后轴颈共同承受,相对大小取决于二者角向刚度之比,当后轴颈角向刚度较低时,其承受的旋转惯性力矩载荷相对较小,产生的动载荷也相对较小。在先进的高压转子设计中,通常采用弱刚度设计的涡轮后轴颈,以控制后支点动载荷,图 4-22 所示的"折返形"锥壳设计和小直径长柱壳设计均是典型的弱刚度设计。

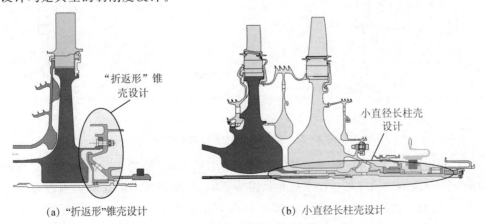

(a) "折返形"锥壳设计   (b) 小直径长柱壳设计

图 4-22 典型高压涡轮盘后轴颈结构弱化设计

4.3 多支点柔性转子设计

涡扇发动机低压转子以及涡轴、涡桨发动机的动力涡轮转子通常需从高压转子内部穿过，其构形一般为细长的"杠铃形"，转子质量主要集中在转子两端，质量、刚度分布极不均匀，在转子工作转速以内，通常存在多阶整体或局部模态振型，转子变形相对较大。为抑制转子变形，通常采用3个或更多支点支承，这类转子统称为多支点柔性转子。

多支点柔性转子结构设计要求如下：① 控制全飞行包线内转子径向变形，保证转/静件配合间隙；② 通过转子质量/刚度分布及支承约束优化，提高转子弯曲模态共振转速，保证工作转速与临界转速之间具有充足的安全裕度；③ 对于带有中介支点的转子系统，控制中介支点处角向位移幅值，降低中介轴承损伤；④ 控制转子系统应变能分布，保证在全转速范围内转子支点动载荷在允许范围内；⑤ 尽量减少支承数目，减轻结构质量。

4.3.1 设计模型

典型带中介支点高推重比发动机的低压转子结构示意图如图 4-23 所示，风扇与低压涡轮位于转子两端，通过细长涡轮轴连接，转子质量、刚度分布不均匀；该转子采用 1-1-1 支承方案，中介支点靠近涡轮后支点，风扇与低压涡轮间支承跨度大，使得低压转子结构局部性突出，在开展结构设计时可分为整体模型和局部模型，针对不同的问题分开研究。

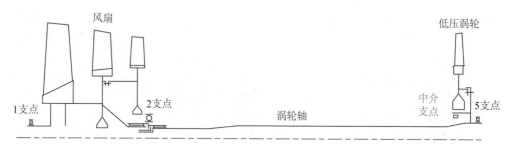

图 4-23 典型低压转子结构示意图

1.4.2 节中已给出典型三支点低压转子力学模型，其结构布局和支承方案特征如图 4-46 所示。风扇转子由多级轮盘组成整体，转动惯量比接近1，具有厚盘转子特征；低压涡轮为单级轮盘，惯量比接近2，是典型的薄盘转子。由于厚盘转子陀螺力矩小，为控制其局部角向位移，采用前后两支点支承；薄盘转子陀螺力矩大，可利用其旋转惯性控制涡轮角向位移,采用单支点支承。

风扇转子为提高其局部刚度,结合前后两支点支承方案,采用拱形构形,并通过末级或两级风扇悬臂来缩短支承跨度,可将风扇转子简化为拱形风扇和悬臂风扇两个结构单元建立风扇转子局部设计模型,如图 4-24 所示。

其中,k_F,k_B 表示拱形风扇前后轴颈横向和角向耦合刚度;k_C 表示悬臂风扇轴颈横向和角向耦合刚度。风扇转子的设计目标是保证多级风扇的整体性和控制前后支点动载荷。其中,结构的整体性与局部性可通过协调因子评估,表达式如下:

$$\delta_1 = \sqrt{\frac{m_1}{k_F + k_B}}, \quad \delta_2 = \sqrt{\frac{m_2}{k_C}} \tag{4-12}$$

其中,δ_1 代表拱形风扇转子,δ_2 代表悬臂风扇转子。协调因子用于反映结构质量/刚度分布的协调性,若悬臂结构协调因子偏低,则认为其具有局部特性,在高转速下会产生局部变形,转子结构状态会改变,因此在风扇转子悬臂结构设计时,应满足 $\delta_2 \gg \delta_1$ 的整体性设计条件。

若悬臂轴颈为焊接结构,则悬臂风扇角向变形与拱形风扇转子连续;若悬臂轴颈采用法兰-螺栓连接,随着转速的升高,悬臂风扇的旋转惯性载荷增大,连接结构界面接触状态发生改变,在法兰-螺栓连接处附加随转速变化的角向变形,可使得悬臂风扇角向变形与拱形风扇非连续。

低压涡轮为单级薄盘转子,通过不同构形的轴颈与涡轮轴连接,为降低双转子振动耦合,需缩短中介支点与后支点间距,使两支点紧靠于涡轮轴颈前后,可认为两支点与涡轮轴颈局部刚化、位移协调,低压涡轮盘轴转子局部设计模型如图 4-25 所示。

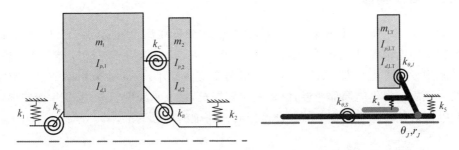

图 4-24 风扇转子局部简化设计模型   图 4-25 涡轮盘轴转子局部简化设计模型

其中,$k_{\theta,J}$ 表示盘轴连接角向刚度;$k_{\theta,S}$ 表示涡轮轴局部角向刚度;θ_J 和 r_J 表示涡轮轴颈横向和角向位移,可得前后支点位移分别为

$$\begin{cases} r_4 = r_J + \theta_J L_{4J} \\ \theta_4 = \theta_J \end{cases}, \quad \begin{cases} r_5 = r_J + \theta_J L_{5J} \\ \theta_5 = \theta_J \end{cases} \tag{4-13}$$

其中,L_{4J} 为中介支点到轴颈轴向距离;L_{5J} 为后支点到轴颈轴向距离。

低压涡轮盘轴转子的设计目标是充分利用轮盘的陀螺力矩控制涡轮轴弯曲变

形,以提高低压转子整体一弯和局部涡轮轴弯曲振型频率;控制中介和后支点横向和角向位移,使得在全转速范围内支点动载荷不超过限制范围。

产生并利用陀螺力矩的前提是盘轴连接处具有较好的角向刚度,如图 4 - 26(a)所示,当细长涡轮轴产生弯曲趋势时,将带动涡轮盘角向倾斜从而产生陀螺力矩,由于盘轴角向刚度高,故陀螺力矩由轴颈传出并作用在涡轮轴上,进一步抑制转子弯曲变形。如果盘轴连接角向刚度过低,如图 4 - 26(b)所示,高速旋转中涡轮盘迅速"掰正",导致无法产生陀螺力矩控制轴的变形,在高转速下运行时涡轮轴将产生较大变形,并伴随有支点动载荷、轴承倾角增大,易使转子和支承结构损伤甚至发生失效。而对于涡轮轴局部角向刚度较弱的情况,如图 4 - 26(c)所示,陀螺力矩可控制轮盘附近的变形,但无法向前传出抑制涡轮轴弯曲,因此,也可能导致整体弯曲共振转速降低及细长轴振动较大等问题。

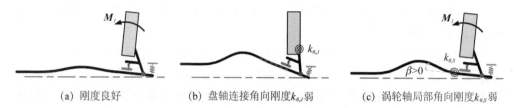

(a) 刚度良好   (b) 盘轴连接角向刚度$k_{\theta,J}$弱   (c) 涡轮轴局部角向刚度$k_{\theta,S}$弱

图 4 - 26 涡轮盘轴转子不同角向刚度下局部变形示意图

总之,涡轮转子结构设计的关键是设计大质量惯性元件附近结构的角向刚度,利用高速旋转下产生的陀螺力矩实现变形控制。

4.3.2 转子构形

如图 4 - 27 所示,低压转子由多级风扇和单级低压涡轮组成,由于低压涡轮轴从高压转子轴内部穿过,整个低压转子细长、跨度大,其主体构形为杠铃形。低压转子通常采用三支点支承方案,即风扇处采用两个支点支承,涡轮处采用单个支点支承,以约束风扇与涡轮的局部变形;由于涡轮轴细长,且支承跨度较大,易发生弯曲变形,因此控制低压转子弯曲变形的关键是控制涡轮轴的局部变形。

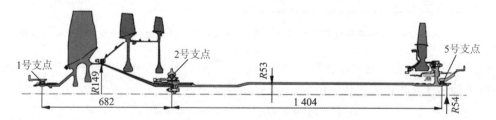

图 4 - 27 典型低压转子几何构形及关键几何参数

多级风扇转子采用拱形构形设计,通常末级轮盘悬臂固定,以缩短风扇转子支承

跨度,保证风扇转子具有较小的局部长径比,多级风扇应具有整体性,采用前后两支点控制其局部变形。风扇前后轴颈为锥角结构,轴颈刚度取决于锥壳角度和厚度,决定了风扇局部振型和支点动载荷。悬臂轮盘轴颈采用薄壁鼓筒或锥壳结构,需保证悬臂结构具有高的刚度,不会出现局部模态振动。

单级低压涡轮转子由轮盘、轴颈和涡轮轴组成。轮盘质量集中,设置后支点靠近其质心。轴颈用于盘轴连接,包括反"匚"形、折返形等多种构形,设计要求是缩短支点间轴向位置、提高盘轴连接角向刚度和结构效率。涡轮轴受高压转子轴颈和盘心径向尺寸限制,采用阶梯分段变厚度设计,与风扇和涡轮连接处局部加厚,提高局部刚度,以提高前端套齿连接结构稳健性,充分发挥后端涡轮盘陀螺力矩对轴的加强作用;中间采用大半径薄壁鼓筒,提高结构承载效率。

风扇转子环境温度较低,多选用钛合金;涡轮轴传递大扭矩和轴向拔河力,同时在高压涡轮盘心处温度较高,多选用高温合金钢或镍基高温合金;低压涡轮环境温度较高,多采用粉末镍基高温合金。

4.3.3　转子动力学特性

多支点柔性转子的动力学特性较为复杂,由于转子质量、刚度分布不均匀,在转子工作转速范围内,可能存在多阶整体或局部模态振型,在进行转子动力学设计时,需重点关注其模态特性、共振转速分布特性及转子动力响应。

1. 模态特性

典型低压转子系统约束模态振型如图 4-28 所示,应变能分布如表 4-3 所列,设计时应注意:

① 加入支承约束后在风扇和涡轮处产生局部模态,应变能集中在局部振型支承处,转子结构应变能占比一般不超过 10%,因此,可通过调整局部支承刚度优化局部振型频率;

② 前两阶局部振型为单节点且远离变形处,整体一弯为两节点且分别靠近压气机和涡轮质心,整体二弯在涡轮轴上增加一个节点,涡轮轴弯曲是涡轮轴上节点前移且三个节点靠近三个支点;

③ 随着模态阶数提高,转子应变能占比逐渐提升,说明支承对转子的约束作用逐渐减弱,在设计中若要提高弯曲振型频率,不能仅依赖于支承刚度的调整,而需改进转子质量和刚度分布;

④ 相比局部振型,转子弯曲振型变形主要集中在涡轮轴处,可通过加强涡轮轴或控制其局部变形提高弯曲振型频率,加粗涡轮轴受高压转子径向尺寸和结构效率限制,通常提升幅度有限,而控制涡轮轴局部变形可利用涡轮盘的陀螺力矩效应、附加轴间支承等手段实现。

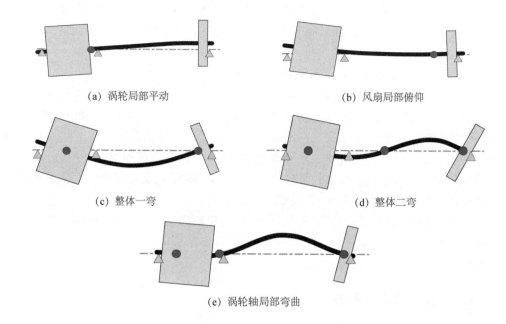

(a) 涡轮局部平动　　　　　　　　　(b) 风扇局部俯仰

(c) 整体一弯　　　　　　　　　　　(d) 整体二弯

(e) 涡轮轴局部弯曲

图 4 - 28　典型低压转子系统约束模态振型与节点

表 4 - 3　低压转子系统约束模态应变能分布

应变能占比	1# 支点	2# 支点	5# 支点	低压转子
涡轮局部平动	5%	3%	83%	9%
风扇局部俯仰	72%	20%	1%	7%
整体一弯	5%	35%	10%	50%
整体二弯	4%	25%	1%	70%
涡轮轴弯曲	0.3%	0.01%	0.14%	99.55%

2. 共振转速分布

典型低压转子系统共振转速分布如图 4 - 29 所示,由于带中介支点的双转子系统可以为同向或反向旋转,因此可以同时绘制出正、反进动共振转速曲线,各曲线对应振型如图 4 - 28 所示。由图 4 - 29 可以看出:

① 前两阶共振转速振型为涡轮和风扇的局部振型,由于模态角向位移小和风扇转子惯量比接近于 1,陀螺力矩效应弱,前两阶局部振型共振转速曲线随转速变化平缓。

② 转子弯曲振型在涡轮处具有较大的模态角向位移,产生的陀螺力矩效应强,能显著改变涡轮轴的弯曲变形,因此,弯曲振型共振转速曲线随转速变化剧烈。在正

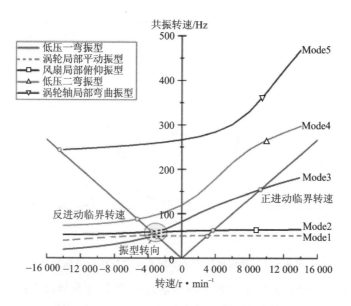

图 4-29 典型低压转子系统共振转速分布

进动时,陀螺力矩等效于增强转轴抗弯刚度,共振转速随自转转速增加而增加;在反进动时,陀螺力矩等效于削弱转轴抗弯刚度,共振转速随自转转速增加而降低。

③ 在正进动区,转子共振转速曲线分布在不同转速区域,由于陀螺力矩效应较强,在高转速下转子弯曲模态共振转速增加速率较大;在反进动区,各阶弯曲振型共振转速随转速增加降低至临界值,这使得在高转速区域共振转速曲线稀疏。因此,对于双转子系统,高、低压转子通常采用反向旋转设计,有利于保证转子系统在高转速下稳定工作。

在进行柔性转子共振转速分布计算分析时,需对临界转速和安全裕度进行评估,并根据评估结果对转子结构进行改进设计。对于单转子系统,工作转速区间一般高于局部振型临界转速,低于弯曲振型临界转速,通过计算低压转子系统正进动涡轮局部平动、风扇局部俯仰和整体一弯临界转速,评估与空中慢车转速和最大工作转速间是否满足 20% 安全裕度的要求。

3. 动力响应及支承动载荷

在典型低压转子系统风扇和涡轮处施加同相位静不平衡,得到支点动载荷曲线如图 4-30 所示,结合转子系统约束模态和应变能分布,可见各支点在过临界时载荷突增,且支点应变能占比高的振型下支点动载荷更大,这种由过临界产生的支点载荷峰值可通过设置阻尼结构削弱。

转子不平衡分为静不平衡和偶不平衡,二者共同形成动不平衡,本质是各截面不平衡量沿轴向的分布特性,若将转子简化为结构单元,则可将不平衡表示为质量单元

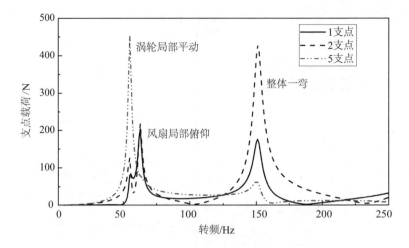

图 4 - 30　典型低压转子系统支点动载荷随转频变化

的偏心与倾斜。多级风扇转子为典型的厚盘转子,级间存在界面连接,易产生初始偏心(静不平衡)和惯性主轴倾斜(偶不平衡),下面简要介绍不同类型不平衡对风扇支点动载荷的影响。

　　如图 4 - 31 所示,从静不平衡和偶不平衡在风扇转子前支点产生的载荷幅值与相位可以看出:① 静不平衡导致支点载荷过临界,相位发生 180°变化,随后幅值趋于定值,该载荷类似于低压转子过临界,可通过阻尼减振;② 偶不平衡使支点载荷持续增加,在高转速时趋于定值,期间相位不变,该载荷不同于低压转子过临界,不能通过阻尼减振,而应控制转子偶不平衡。

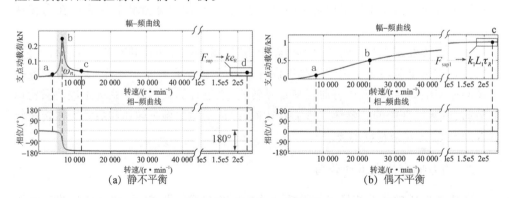

图 4 - 31　风扇转子前支点动载荷幅频、相频曲线

(1) 风扇转子支点动载荷

　　图 4 - 32 所示为同相位动不平衡在风扇转子前、后支点产生的载荷幅值与相位,由图可见:① 支点幅值曲线存在过临界特性,过临界后随着转速增加幅值单调递增,在高转速处趋于定值;② 响应相位在临界处发生变化,但随着转速升高逐渐归位;

③ 前、后支点载荷幅值与相位存在差异,这是由于两种质量偏心和惯性主轴倾斜在前、后支点上产生的载荷方向不同导致的。

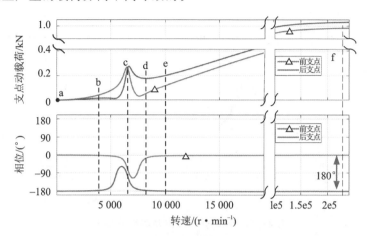

图 4 - 32　动不平衡下风扇转子支点动载荷幅频、相频曲线

转子质量偏心产生的旋转惯性力载荷在两支点处的分量方向相同,惯性主轴倾斜产生的旋转惯性力矩载荷在两支点处的分量方向相反。转子高速运转中,旋转惯性力和旋转惯性力矩均会造成支点动载荷,支点动载荷为两种分量的矢量叠加。定义旋转惯性力影响系数 C_{FF} 和旋转惯性力矩影响系数 C_{FM},以定量表述各分量在支点动载荷的占比:

$$C_{FF,j} = \frac{|F_{F,j}|}{|F_{F,j}| + |F_{M,j}|} \times 100\%, \quad C_{FM,j} = \frac{|F_{M,j}|}{|F_{F,j}| + |F_{M,j}|} \times 100\%$$

$$(4 - 14)$$

其中,$j = 1,2$ 代表 1 号支点或 2 号支点,$|F_{F,j}|$ 代表 j 号支点动载荷中旋转惯性力成分的幅值大小,$|F_{M,j}|$ 代表 j 号支点动载荷中旋转惯性力矩成分的幅值大小。两矢量相加时,若其中一个分量的大小是另一分量的数倍,则矢量和的方向与较大的分量方向接近,即方向受其主导。根据此原则,即可大致估计支点动载荷的大小和相位随转速的变化。

影响系数随转速的变化如图 4 - 33 所示,整个过程存在三个主导区:

① 初始旋转惯性主导区:转速较低时,转子位移较小,支点动载荷由初始惯性载荷主导,惯性力和惯性力矩的影响占比由初始质心偏移和极惯性主轴偏置角的相对大小决定;

② 质心偏移主导区:转子转速靠近转子平动临界转速时,转子横向振动增加,支点动载荷由质心偏移产生的旋转惯性力主导;

③ 惯性主轴倾斜主导区:超临界状态质心转向后,质心偏移产生的旋转惯性力及其导致的支点动载荷迅速降低;而惯性主轴倾斜产生的旋转惯性力矩仍继续增大,

高转速超临界状态下,支点动载荷由惯性主轴倾斜引起的旋转惯性力矩主导。

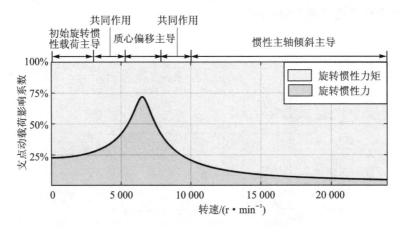

图 4-33　风扇转子支点动载荷成分占比

以上将风扇转子视为整体,转子结构状态随转速变化不发生改变,但在实际工程应用中,由于悬臂风扇轴颈法兰—螺栓连接的存在,界面接触状态随载荷发生改变,转子结构状态可随工作转速变化,风扇转子力学特性也产生一定的分散性。在风扇转子支点动载荷上,表现为超临界状态下的第二峰值,如图 4-34 所示,其力学本质是高转速下悬臂风扇轴颈产生角向变形,使得多级风扇转子不再是一个整体,悬臂轮盘在陀螺力矩作用下局部"掰正"。

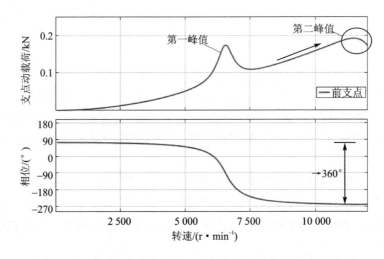

图 4-34　考虑轮盘间角向变形时前支点动载荷幅频、相频曲线

(2) 涡轮转子支点动载荷

涡轮盘轴转子支点动载荷在工作转速范围附近一般包含两个峰值,即涡轮局部平动和低压整体一弯,其临界位置和峰值载荷主要受涡轮处支点(图 4-30 中 5 号支

点)支承参数和盘轴转子结构参数影响,结合设计参数对临界峰值的影响规律进行分析,合理设计涡轮支点动载荷。

图 4 - 35 所示为 5♯支点支承参数对支点动载荷的影响规律,可以看出:① 增大 5♯支点低压涡轮质心距离,使 5♯支点对涡轮平动振型约束减弱,临界转速和载荷峰值降低,而使整体一弯振型约束增强,临界转速和载荷峰值提高;② 增大 5♯支点支承刚度,使 5♯支点对两振型约束都增强,临界转速和载荷峰值都显著提高。

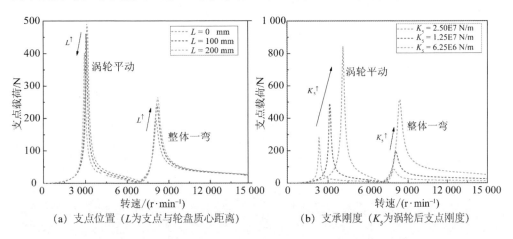

(a) 支点位置(L为支点与轮盘质心距离)　　(b) 支承刚度(K_s为涡轮后支点刚度)

图 4 - 35　支承参数改变对 5 号支点动载荷的影响(彩图见彩插)

图 4 - 36 所示为涡轮盘-轴转子结构参数对 5 支点动载荷的影响规律,可以看出:① 提高涡轮盘-轴连接角向刚度,涡轮平动振型载荷峰值保持不变,整体一弯振型临界转速提高,而载荷几乎不变;② 提高涡轮轴半径,涡轮平动振型载荷峰值略微提高,整体一弯振型临界转速提高,而载荷几乎不变。

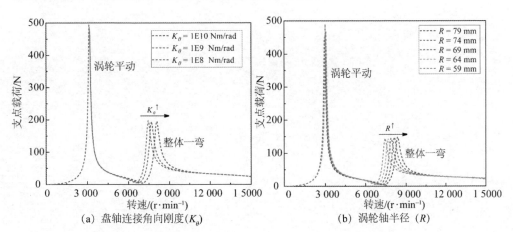

(a) 盘轴连接角向刚度(K_θ)　　　　(b) 涡轮轴半径(R)

图 4 - 36　结构参数改变对 5 号支点动载荷的影响(彩图见彩插)

综上,对比 5♯支点支承参数和盘-轴转子结构参数对 5♯支点动载荷的影响规律,可以看出:① 增加支点对相应模态振型的约束,可使该阶振型临界转速和支点载荷峰值提高;② 对转子结构参数进行调整,利用轮盘陀螺力矩和转轴抗变形能力,虽然对风扇振型和涡轮平动振型临界转速影响较小,但可提高转子整体弯曲振型临界转速。值得注意的是,实际结构设计中,支承结构和转子结构参数调整范围都存在限制,应在满足支点动载荷不超限的前提下,将两种参数优化方法结合使用。

第 5 章
转子系统动力响应及稳定性

　　航空燃气轮机转子系统工作过程中会出现极端恶劣的载荷环境,使转子结构系统损伤失效,甚至发生飞行事故。转子系统安全性设计的目标是最大限度降低结构失效所产生的危害度。

| 5.1　叶片飞失激励动力响应特性 |

　　叶片飞失对于发动机结构安全性的影响主要包括机匣包容性、转子系统卡滞和安装结构失效等。从转子动力学特性及损伤失效分析,叶片飞失对转子系统产生冲击和突加不平衡载荷,瞬态动力响应突增;叶片飞失后大惯性非对称转子系统横向变形幅值加大,转子发生碰摩,支承–承力结构的动载荷加大。

　　图 5 - 1 所示为航空发动机风扇、压气机和涡轮叶片位置示意图,风扇叶片的体积和质量相对于其他各级叶片而言较大,叶片飞失时带来的影响也更大。对于高涵

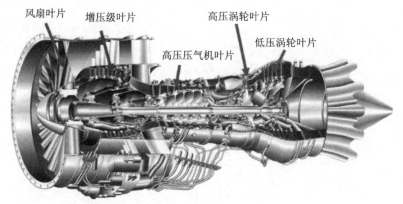

图 5 - 1　航空发动机及不同叶片位置

道比涡扇发动机,风扇叶片飞失带来的影响更为严重:一是风扇叶片的质量相比于其他类型发动机的叶片更大,叶片飞失所产生的冲击载荷和叶盘质量分布的变化更大;二是高涵道比涡扇发动机的低压轴更加细长,转子刚性更弱,叶片飞失后对转子系统动力响应及其稳定性的影响更加严重。

　　航空发动机风扇叶片飞失及其对转子–支承结构系统的损伤是一个复杂的动力学过程,必须从运动状态变化过程和相应的转子系统动力响应特性变化上进行分析,给出转子系统动力学特性的定量表征,以此准确评估叶片飞失所产生的质量冲击激励和旋转激励载荷对转子结构系统的损伤影响。

5.1.1　运动状态与载荷特征

1. 运动过程

　　叶片飞失后转子运动状态变化及其动力响应特性的变化可划分为三个阶段:① 叶片飞失瞬间,叶片质量产生切向冲击激励,以及叶盘结构质心偏移产生旋转惯性载荷;② 叶盘结构质心偏移所产生的动量扰动使处于超临界状态下的转子系统发生质心转向;③ 在减速停车过程中,质量分布不对称产生的旋转惯性载荷使转子系统在通过临界转速时会产生强烈动力响应,可能对转子及支承结构造成损伤和破坏。

　　图 5-2 所示为叶片飞失状态下转子动力学特性变化示意图,假定飞失叶片的质量 $m=5$ kg,叶片质心半径 $r=0.5$ m,风扇转速为 5 000 r·min^{-1}。叶片断裂瞬间,叶盘结构质量偏心为 e,产生的旋转惯性载荷为 $Me\omega^2$。根据动量守恒定律,叶片飞失具有一定切向速度,相应动量为 $P_1=m'\omega r=1.3\times10^3$ kg·m/s,风扇轮盘同时承受反向等量的冲量 P_2 的作用。飞失叶片具有的动能 $E_{kinetic}=1.75\times10^5$ J,相当于 175 kg 重物自由落体 100 m 产生的动能。可见,在风扇叶片飞失时,转子系统承受巨大的能量冲击和突加不平衡载荷作用。

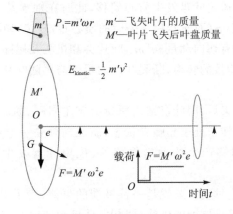

图 5-2　叶片飞失所引起旋转惯性、动能和动量示意图

风扇叶片断裂之前,转子工作转速处于超临界状态下(假设形心与质心重合于 O 点)。叶片发生断裂飞失后,断裂叶片(质量为 m')以一个初始切向的动量 $m'\omega r$ 向外飞出,根据动量定理,风扇叶盘受到一个横向的突加动量 P 的作用,如图 5-3(a) 所示,风扇轮盘获得一个横向的扰动速度 $\omega'e$。将断裂叶片和风扇轮盘看作一个系统,依据角动量守恒定律,叶片断裂所具有的角动量与风扇叶盘所获得的角动量之和等于初始时刻风扇轮盘的角动量。叶片断裂时,叶片具有初始动量 $P_1=m'\omega r$,动能 $E_{\text{kinetic}}=\dfrac{1}{2}m'\omega^2r$,叶片断裂后,叶片因为本身形状和运动轨迹会绕自身旋转,并与机匣和后面尾随叶片发生相应的碰撞,产生一定的能量转换,如图 5-3(b) 所示。由于飞失叶片带走部分质量 m',风扇叶盘结构发生质心突变(以 O 变化到 G),质心出现了偏移,在转速的作用下,转子会受到一个附加的旋转惯性激励 $F=M'\omega^2e$ 的作用,如图 5-3(a) 所示。

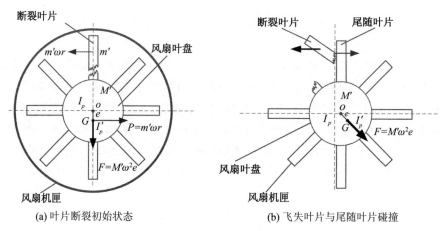

(a) 叶片断裂初始状态　　　　　　　　(b) 飞失叶片与尾随叶片碰撞

图 5-3　叶片飞失状态示意图

　　叶片断裂飞失后,风扇叶盘发生质心偏移,此时在轴承及支承结构的约束下,风扇转子仍绕其几何形心 S(而非叶片飞失后的质心 G)旋转,如图 5-3(b) 所示。由于旋转,叶片在飞失时带有切向动量 $m'\omega r$,叶片会和机匣及尾随叶片进行碰撞,通过动量(角动量)变化进行能量的转换,断裂叶片的根部与尾随叶片发生碰撞,严重时可能会直接打断尾随叶片。

　　叶片飞失、碰撞结束后,因叶盘结构质量分布不对称,质心向外并产生巨大的旋转惯性载荷,由于这时转子处于超临界状态,质心向外是一个不稳定的运动状态,因此,在风扇轮盘质心偏移产生的动量作用下,风扇叶盘发生质心转向,如图 5-4 所示。

　　叶片飞失对于航空发动机来说是一种极端的事故,为了保障发动机与飞机的安全,叶片飞失瞬时,会停止燃油的供给,切断发动机运转动力,在短时间之内逐渐降至风车转速。图 5-5 所示为减速过程中的转速变化图,初始时刻发动机以工作转速

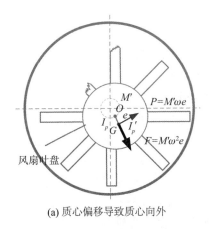

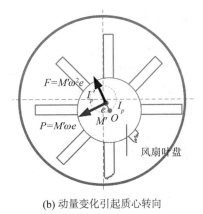

(a) 质心偏移导致质心向外　　　　　　(b) 动量变化引起质心转向

图 5 - 4　叶片飞失后风扇叶盘质心转向

ω_1 正常运行,此时刻发生叶片飞失;其后 t_1 时刻,切断燃油供给,转子系统开始逐渐减速,转子系统减速过程中,会在 t_2 时刻经过临界转速 ω;在 t_3 时刻,转子系统达到风车转速 ω_2,并以风车转速持续运转,直至安全降落停车。转子系统过临界时振动响应会加剧,是一个比较危险的时期,需要重点关注。

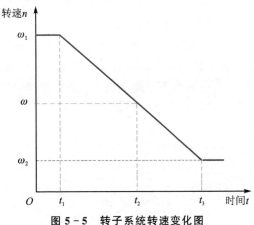

图 5 - 5　转子系统转速变化图

风扇叶片飞失瞬时,风扇叶盘质心偏移,叶盘结构形心不再与质心重合,转子在突加冲击激励和旋转惯性激励的作用下发生变形,由于转子所处的工作转速 ω_1 高于临界转速 ω,处于超临界状态,在动量作用下产生质心转向,风扇叶盘的质心转向内侧,处于一个低角动量的稳定旋转状态。转子系统在减速的过程中,从工作转速减速至风车转速或停车,期间会经过临界转速,在通过临界转速时,转子系统为共振状态,振动能量在此时容易注入、传递,因此,具有大不平衡的转子系统通过临界转速时会产生大的横向振动和支点动载荷,并再次发生质心转向,转子质心向外旋转。

叶片飞失后,风扇轮盘出现质量分布不对称,在整个减速过程中,风扇叶盘都是在大不平衡旋转惯性载荷作用下运动,经过临界转速时,转子的动力响应幅值会加大,巨大的风扇叶盘质量分布不对称所引起的附加旋转惯性激励载荷的作用使转子系统的动力响应加剧;同时,大振动响应下转子叶片与静子机匣发生碰摩,会引起转子发生非协调涡动,严重时还可能使转子发生反进动共振和弯扭耦合共振,对转子及支承结构造成破坏。

2. 载荷特征

经过精细装配和平衡的转子系统,可以认为叶片质心与形心 O 重合,在稳定运转时旋转惯性激励载荷较小。当叶片断裂并脱离转子时,叶片由于惯性具有一部分动量,根据动量守恒定律,轮盘受到一个等大的横向的动量 $P = m'\omega r$ 的冲击,由于质量冲击载荷的频域特性,可激起转子系统的模态振动,使转子系统横向振动加剧。依据角动量守恒定律,叶片断裂所具有的角动量与叶片飞失后风扇叶盘所获得的角动量之和等于初始时刻风扇叶盘所具有的角动量,即 $m'\omega r + M'\omega e = M_0$。

叶片飞失时,轮盘的质心位置突变移至 G,风扇叶盘结构具有质量分布不对称性,质量分布的非对称性使风扇轮盘产生一个偏心距 e,偏心距的存在使转子产生大不平衡的旋转惯性激励 $F = M'\omega^2 e$,大不平衡旋转惯性激励与动量冲击相位差 $90°$,受力状态如图 5-3(a)所示。

由于叶片飞失导致一部分风扇叶盘质量缺失,极惯性主轴发生偏移,极惯性矩也发生变化(I_p 增大到 I'_p),惯性主轴的偏移会引起动量矩的变化,使转子的运动状态发生变化。质量分布的非对称性导致风扇轮盘的直径惯性矩不再对称(即 $I_{dx} \neq I_{dy}$),如图 5-6(a)所示,在旋转状态下会产生非对称惯性载荷激励,之后转子在减速过程中会受到大不平衡载荷 F_r 的作用,转子减速,转子系统受到切向的角加速度激励 F_T 的作用,受力过程如图 5-6(b)所示。

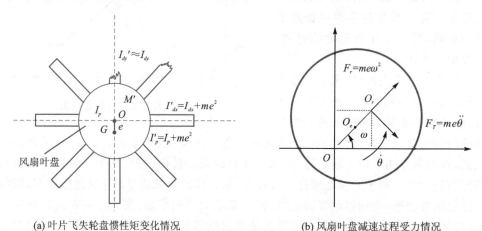

(a) 叶片飞失轮盘惯性矩变化情况   (b) 风扇叶盘减速过程受力情况

图 5-6 叶片飞失后叶盘结构及力学特性变化

风扇叶片飞失如图 5-7 所示,叶片飞失是航空燃气轮机全寿命周期内可能遭遇的最恶劣的载荷工况。叶片飞失后巨大的突加不平衡激励将施加于转子上,并经由转轴和支承轴承外传至静子承力机匣及安装节。巨大的支反力载荷可能导致轴承滚子破碎、抱轴卡滞等严重事故。

图 5-8 所示为转子系统在叶片飞失后的不平衡激励载荷变化情况(激励载荷已

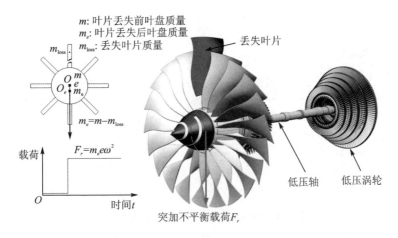

图 5-7　风扇叶片断裂脱离转子轮盘

做归一化处理)。叶片飞失前,转子系统在工作转速下稳定运转,转子系统在较小的不平衡旋转激励作用下产生一定的振动响应。发生叶片飞失时,转子系统受到突加激励的作用,不平衡载荷瞬间增大。叶片飞失后,在偏心距的作用下,转子受到大不平衡旋转惯性激励载荷的作用,随后在与机匣静止件碰摩的过程中及气动载荷作用下,随转子转速逐步降低而减小,最终在风车状态下达到稳定(安全性设计要求,发动机出现叶片飞失或外物打伤后,转子系统应具有风车运转能力,以减小飞行阻力)。

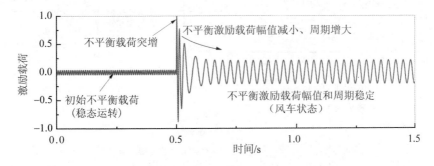

图 5-8　叶片飞失后转子不平衡激励载荷特征

叶片飞失时,在风扇结构上产生突加不平衡旋转激励载荷,大的横向位移使转子发生倾斜变形并在 1 号和 2 号支点的轴承支承结构产生相应的约束力和力矩;转子减速经过临界转速时,转子结构系统发生相应的模态变形,在旋转惯性激励的作用下,转子支点处的约束力相应增大。需要说明的是,各支点载荷的大小除了与不平衡分布有关,与模态振型也具有密切的关联性。图 5-9 所示为转子在不同时刻和运动状态下各支点受力分析示意图。

在典型的高涵道比涡扇发动机中,叶片飞失引起的瞬态过程一般可持续 20~600 ms。叶片飞失之后在发动机及转子上产生的载荷主要分为两类:① 由于叶片飞

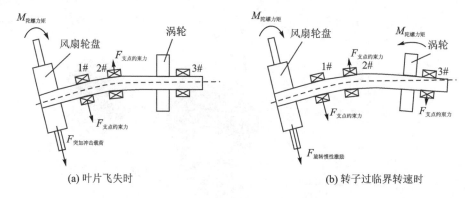

图 5-9　叶片飞失对转子-轴承载荷的影响

失产生的突加不平衡激励和转子结构系统叶片-轮盘质量偏心所产生的旋转惯性激励载荷；② 转子结构系统因叶片飞失发生变形，在发动机内部发生转静件碰撞，产生附加的碰摩激励载荷。图 5-10 所示为叶片飞失引起的发动机及转子载荷变化示意图。

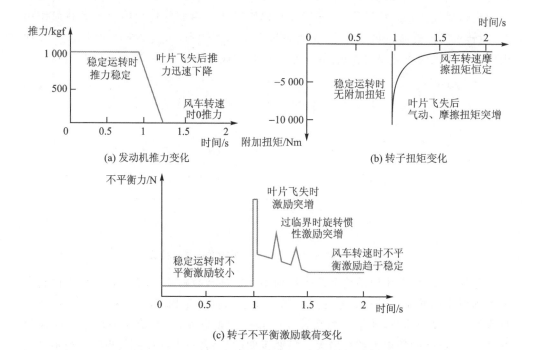

图 5-10　叶片飞失引起的发动机及转子载荷变化示意图

　　叶片飞失引发载荷变化的主要特征为：① 叶片飞失后，在很短的时间内发动机的推力骤降，转速由工作状态下降到风车转速状态，整机气动负荷和旋转惯性载荷降低；② 由于流道内气动负荷和转静件碰摩的切向冲击作用，风扇转子动量矩发生变化，引起转子系统扭矩突增，并随转速的下降和运动的平稳，转子扭转负荷逐渐减小至稳定值；③ 叶片飞失瞬时，转子及整机受到横向冲击激励载荷，主要表现为动量和能量的转化；④ 叶片飞失对转子结构质量分布产生影响，产生了巨大的旋转惯性激励载荷，主要表现为极惯性主轴偏移和直径惯性矩非对称。值得注意的是，由于风扇转子一般在超临界状态下工作，因此，只有在叶片飞失瞬间会产生一个极值脉冲激励，之后转子系统发生质心转向，使得旋转惯性载荷迅速降低，只有在通过临界转速时，又会产生一个峰值。

5.1.2　动力响应

1. 低压转子

叶片飞失后，转子的运动过程主要可以分为三个阶段：第一阶段，风扇叶片飞失后产生瞬态冲击激励，转子运动状态瞬变，并产生大支点动载荷；第二阶段，转子从工作转速减速至风车转速，需关注大不平衡旋转激励下转子系统经过临界转速点时的动力响应；第三阶段，大不平衡转子系统在风车状态下持续运转。研究低压柔性转子在叶片飞失后的动力学特性时，应该重点关注转子各支点动载荷响应、转子关键截面位置的时频响应特性以及叶片与机匣之间的碰摩力。

图 5－11 所示为典型高涵道比发动机低压转子-支承结构系统有限元模型，设定叶片飞失状态下转子不平衡量为 1.5×10^6 g·mm，转子的工作转速为 6 000 r·min^{-1}。叶片飞失后，转子系统的转速变化过程如图 5－12 所示，在前 1 s($0\sim t_1$)，转子以工作转速 $\omega_2=6\ 000$ r·min^{-1} 转动；在 1～7 s($t_1\sim t_2$)，转子做匀减速运动；在 7～10 s($t_2\sim t_3$)，转子在风车状态 $\omega_1=1\ 200$ r·min^{-1} 下运转。

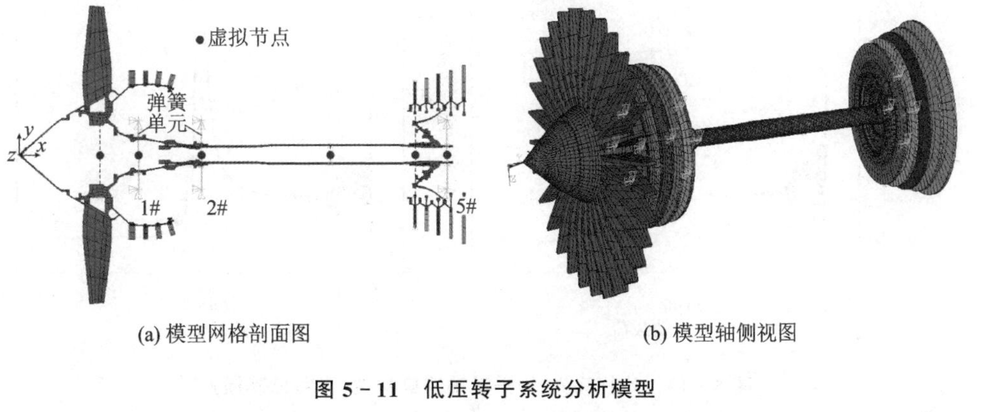
●虚拟节点
弹簧
单元
y
x
z
1#
2#
5#
(a) 模型网格剖面图
(b) 模型轴侧视图

图 5－11　低压转子系统分析模型

图 5－13 所示为叶片飞失下转子系统动力响应特性，未考虑转静子之间的碰摩。支点动载荷的变化可以分为以下三个阶段：

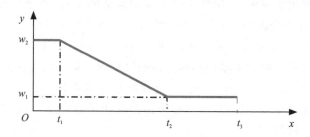

图 5-12　转子转速变化过程

第一阶段,转子的转速为工作转速 $\omega_2 = 6\,000\ \mathrm{r \cdot min^{-1}}$,当发生叶片飞失后,转子受到瞬态冲击激励载荷作用,支点的载荷幅值在 0 s 时刻发生阶跃,因 1♯支点临近风扇轮盘,其动力响应的阶跃较 2♯和 5♯支点更为明显,对叶片飞失激励的敏感性也最高。

第二阶段,大不平衡转子开始从工作转速减速到风车转速状态,转子系统在减速过程中通过两阶临界转速,分别是第二阶涡轮平动模态临界转速和第一阶转子一弯模态临界转速。其中,由于 1♯、2♯支点距离涡轮较远,对涡轮平动模态不敏感,在减速经过第二阶涡轮平动临界转速时其动载荷变化不明显;相比之下,当经过转子一弯临界转速时,1♯、2♯支点动载荷明显增大。

第三阶段,转子系统处于风车转速状态,转速为 $\omega_1 = 1\,200\ \mathrm{r \cdot min^{-1}}$,该阶段转速较低,转子系统的不平衡惯性载荷较小,1♯、2♯、5♯支点的位移响应较小。整个阶段中,1♯支点离风扇端最近,支点动载荷也最大,在风扇叶片飞失后是最危险的,从支承结构安全性的角度来说是应该重点考虑的位置。

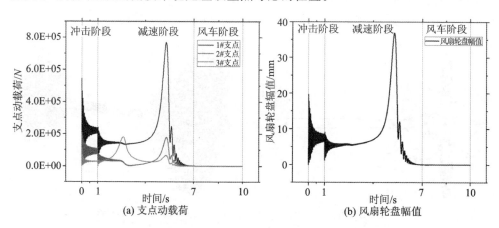

(a) 支点动载荷　　　　　　　　　　(b) 风扇轮盘幅值

图 5-13　叶片飞失-转子系统响应特性(彩图见彩插)

2. 高压转子

图 5-14 所示为某型涡桨发动机高压转子结构简图,转子系统主要由一级离

心式压气机和一级高压涡轮构成,具有较大的长径比。转子分别由压气机前和涡轮前 2 个轴承支承,压气机前支点为内环分半式滚珠轴承,通过压气机前中介机匣传递轴向和径向载荷,后支点为滚棒轴承,通过压气机后燃烧室机匣传递径向载荷。

转子系统采用 1-1-0 支承方案,缩短了转子系统的支点跨距,使得高压压气机转子具有良好的径向刚度与弯曲刚度。不过,高压涡轮转子采用悬臂支承,涡轮叶片飞失后,涡轮局部振动会加剧,可能会发生转静碰摩故障,且后支点动载荷突增,会严重危及后支点及承载系统的寿命与安全。因此,对于悬臂支承转子结构系统,应重点关注高压涡轮叶片飞失后,转子系统弹性线变化和支点动载荷的动力响应特征和变化规律。

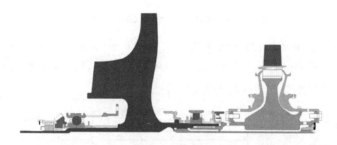

图 5-14　涡桨发动机高压转子结构简图

图 5-15 所示为涡轮叶片飞失后转子系统的响应特性,初始时刻,涡轮叶片发生飞失,转速为工作转速,0.8 s 后转子开始做匀减速降转,3.6 s 转子系统到达风车转速并稳定运转。由于前支点远离涡轮,支点载荷变化较小,故对叶片飞失激励的敏感性相对较低;而后支点靠近涡轮轮盘且支承刚度较高,对叶片飞失激励的敏感性较高。在初始时刻,叶片飞失瞬间突加冲击载荷引起转子系统的动力响应突增,在 2 s 左右,转子经过一阶临界转速,支点载荷和轮盘幅值都有明显增加。

叶片飞失后,对轴承-支承结构损伤最大的是减速通过临界转速状态,此时除了转子自身的不平衡激励以外,转轴弯曲变形所产生的旋转惯性力矩也会在各支点施加大的载荷激励。除此之外,叶片飞失瞬间的冲击激励在极短时间内注入大量能量,也可能造成结构局部损伤。

3. 双转子系统

对于带有中介支点的双转子系统,在叶片飞失突加冲击载荷和大不平衡惯性载荷的作用下,动力响应变化复杂,中介支点更是关键部位。图 5-16 所示为典型高推重比涡扇发动机带中介支点的双转子系统力学模型,该模型包括一个轮盘模拟的高压转子和两盘三支点组成的低压转子。转速参数设定如下:0 s 时刻叶片飞失,低压转子转速为 12 000 r·min^{-1},0.8 s 后转子开始做匀减速,直到 3.6 s 转子保持 1 200

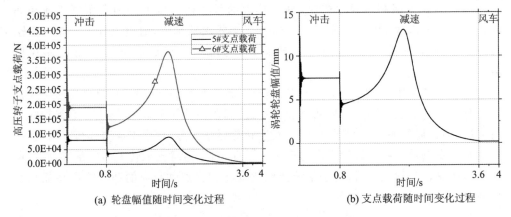

(a) 轮盘幅值随时间变化过程　　　　　　　(b) 支点载荷随时间变化过程

图 5 - 15　高压涡轮叶片飞失响应特性

$r \cdot min^{-1}$ 的转速稳定运转；高压转子转速为 15 000 $r \cdot min^{-1}$，0.8 s 后转子开始做匀减速，直到3.6 s 转子保持 1 500 $r \cdot min^{-1}$ 的转速稳定运转，在此基础上探究不同位置发生叶片飞失对各支点动载荷的影响规律。

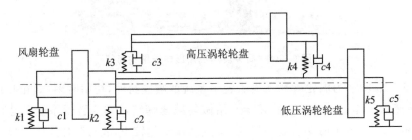

图 5 - 16　双转子结构系统简化分析模型

图 5 - 17 所示为风扇叶片飞失后各支点动载荷随时间的变化规律。风扇叶片飞失带来的动力响应规律和低压转子的变化规律类似，1♯、2♯支点距离风扇最近，载荷幅值变化较大，对风扇叶片飞失的动力响应也最敏感。减速过程中经过一阶风扇平动临界转速，各个支点动载荷也会发生突增变化，但 1♯、2♯支点的动载荷变化最大，响应最明显。

图 5 - 18 所示为低压涡轮叶片飞失后支点动载荷随时间的变化规律，中介支点位于高、低转子之间，距离低压涡轮较近，在低压涡轮叶片飞失后，载荷变化相较于其他支点较大，动力响应较为敏感。

图 5 - 19 所示为高压涡轮叶片飞失后支点动载荷随时间的变化规律，高压转子主要由 3♯支点和中介支点 4♯支点支承，高压涡轮叶片飞失后，中介支点距离高压涡轮较近，载荷幅值较高、变化最大，高压转子前支点 3♯支点次之。减速经过临界转速时，中介支点的支点动载荷也会增大，形成峰值。

对于带有中介支点的双转子系统而言，不同位置叶片飞失所产生的动力响应和

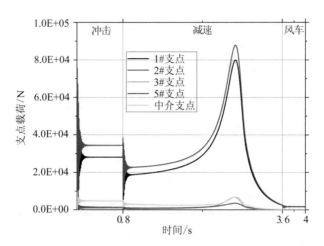

图 5 – 17　风扇叶片飞失后支点动载荷变化

（彩图见彩插）

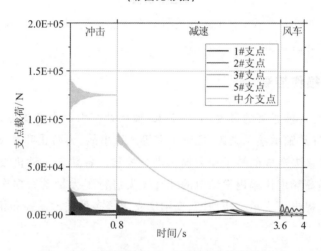

图 5 – 18　低压涡轮叶片飞失后支点动载荷变化

（彩图见彩插）

对支点动载荷的影响不同：① 对于低压转子前端风扇叶片飞失所产生的突加不平衡激励来说，风扇轮盘后两个支点处动载荷远大于其他支点，最大的动载荷发生在转子减速通过临界转速过程中，这是因为风扇轮盘具有大的极转动惯量，支点除了要承受大不平衡横向载荷外，还要承受大旋转惯性力矩载荷；② 对于高压、低压涡轮叶片飞失所产生的突加不平衡激励来说，中介支点处的动力响应最大，动载荷也最大，而且高压涡轮叶片飞失下的中介支点动载荷大于低压涡轮叶片飞失下的中介支点动载荷，这时高压转子主要由 3♯ 支点和中介支点支承，高压涡轮叶片飞失，中介支点变成了关键的承载支点，动载荷也相应的变化较大。

在带有中介支点的双转子系统中，中介支点的工作载荷环境复杂，当叶片飞失发

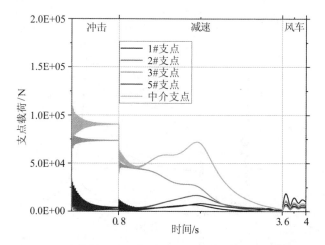

图 5 - 19　高压涡轮叶片飞失后支点动载荷随时间的变化规律
（彩图见彩插）

生后，特别是涡轮叶片飞失，中介支点载荷响应敏感性高，载荷变化剧烈，危险系数较高，是安全性设计需要重点关注的位置。

5.1.3　动力损伤控制

叶片飞失是一种恶劣的事故，会在支承-轴承处产生巨大的支点动载荷，支点动载荷过大可能导致轴承滚子破碎、抱轴卡滞等严重事故，为防止叶片飞失造成二次故障，需要对叶片飞失造成的转子动力损伤进行控制。各航空发动机设计集团对航空发动机，尤其是高涵道比涡扇发动机的叶片飞失进行了大量动力损伤力学过程和控制方法的研究，提出了支承结构熔断、变刚度支承等多种技术途径和相应的结构设计方案。

1. 动力损伤控制方法

对于转子-支承系统，风扇叶片飞失之后产生的动载荷主要分为两类：叶片飞失带来的瞬态横向动量冲击载荷；叶片飞失后转子质量分布不对称造成的大旋转惯性载荷，其量值正比于转速的平方，降低转子系统临界转速，可大幅降低转子减速通过临界转速时的惯性载荷和轴承负载。由于转子临界转速是由转子结构、支承刚度、质量分布等因素决定的，在转子的结构设计完成后，改变支承刚度就成为调整转子系统临界转速的主要手段。

高涵道比涡扇发动机低压转子为典型的柔性转子，转轴细长，质量集中在前后两端，其振动模态有风扇、低压涡轮局部振动和整体弯曲振动模态。转子高速转动时，陀螺力矩增强了转子的弯曲刚性，使转子弯曲振动共振转速及相应的临界转速增大；

而对于涡轮局部振动,其振型为涡轮平动,由于陀螺力矩基本不随转子转速变化,因此其临界转速基本不变,并且低于慢车转速。

为减少轴的材料、尺寸和弯曲刚度的影响,采用相对于轴段弯曲刚度的当量刚度表示转子支承刚度,支承结构的当量刚度定义为支承刚度与转子轴段最小等效刚度的比值,即

$$K_r = \frac{K_t}{K_{so}} \tag{5-1}$$

其中,K_t 为支承刚度;K_{so} 为转子轴段最小等效刚度。

如图 5-20 所示,1#支点当量支承刚度变化对风扇局部振动临界转速及振型影响较大,临界转速随支点当量刚度的减小迅速降低。当前支承当量刚度由 0.2 降低到 0.01 时,临界转速减小 46.2%。因此,由于临界转速的下降,使得具有大不平衡量的转子系统在通过临界转速时所产生的旋转惯性激励及其损伤影响大幅下降,即降低支承约束刚度、调整转子动力响应特性,可有效降低支承结构动力损伤。

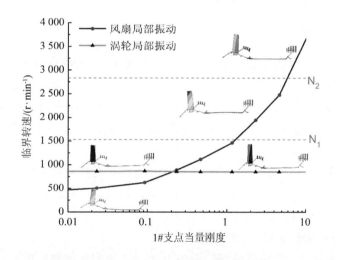

图 5-20　1#支点支承刚度变化对临界转速的影响

风扇叶片飞失对靠近风扇的 1#支点影响最大,其载荷的峰值远大于其他支点。主动减小 1#支点约束刚度,可以减小通过临界转速时的支点动载荷。当 1#支点为滚棒轴承时,可以采用支承结构断裂的设计,大幅度降低支承刚度,以实现降低低压转子系统各阶临界转速的目的。

风扇后 1#支点滚棒轴承通过支承鼓筒支承于中介机匣,两种 1#支承变刚度的方法如下:① 在鼓筒上设计局部薄弱段,薄弱部分在大载荷作用下变形断裂,如图 5-21 所示;② 在支承鼓筒连接位置采用易断螺栓结构,螺栓被削弱的部分在大载荷作用下瞬时断裂,切断支承结构,如图 5-22 所示。

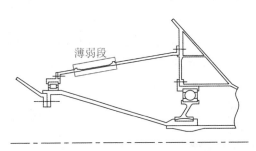

图 5-21　鼓筒局部薄弱设计

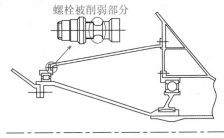

图 5-22　易断螺栓连接设计

叶片飞失所产生的横向冲击载荷和旋转惯性载荷使 1♯ 支点支承约束失效后,相邻的 2♯ 支点独立支承低压转子前端,低压转子由 3 个支点支承变为 2 个支点支承,转子整体刚度下降,使转子的临界转速下降,可以降低叶片飞失后在通过临界转速时巨大支点动载荷对轴承及支承结构的损伤,避免二次事故的发生。

2. 转子动力响应变化

在现代航空发动机中,低压转子由多个支点支承,质量刚度分布极不均匀,其工作转速位于多阶临界转速以上,为柔性转子,不可避免地会产生弯曲变形。支点是转子的支承和约束点,其力学效应主要是控制转子在各种载荷作用下的横向变形。不同的支承方案下,转子系统有着不同的弯曲变形,支点对转子系统的约束效果不同,支点动载荷也不同。

高涵道比涡扇发动机低压转子在工作转速范围内处于超临界状态。风扇叶片飞失后,转子系统转速迅速下降,风扇叶尖振幅逐渐增大,并在临界状态下达到最大值,风扇转子叶片及机匣结构将受到严重的破坏;同时 1♯ 支点滚棒轴承径向负载达到最大值,易导致滚动体破碎,转子抱轴。

图 5-23 所示为 1♯ 失效前后转子动力学响应的变化规律。当 1♯ 支点主动失效后,低压转子由三支点支承变为两支点支承,慢车转速时风扇叶尖振幅下降约26.7%,风扇局部俯仰振型临界转速值降低 42.3%,风扇叶尖在临界转速状态下最大位移响应降低 28.1%。1♯ 支点不再承受径向载荷,2♯ 支点减速过程中径向载荷幅值增大 12.9%。

前面的分析表明,在风扇叶片飞失后,采用 1♯ 支承变刚度设计的方法,转子振动最大点的临界转速大大减小,整个转子结构的应力储备大幅提高,可以很大程度地降低转子的动力学响应峰值,保障了结构的安全性,可以有效避免二次事故的发生。

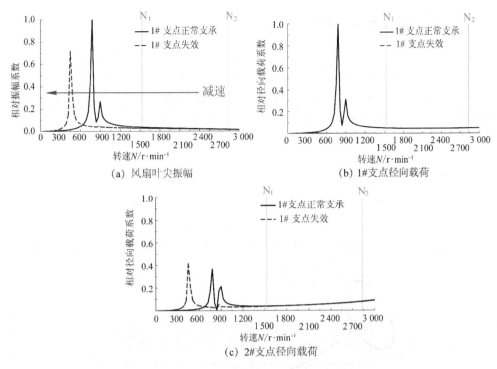

图 5-23　1♯支点失效对转子动力响应的影响

| 5.2　弯扭耦合动力学响应特性 |

　　转子系统扭转振动不能通过轴承及支承结构传递到机匣上,也不会作为声波通过空气传播,因此不易被察觉,在发动机工作过程中经常被忽略。然而,扭转振动可产生较大危害,一方面,扭转振动可以使得转子产生高周疲劳损伤。转子扭转振动时阻尼系数一般仅为弯曲振动阻尼系数的十分之一,而发动机工作过程中的转子扭矩波动可达到转子传递扭矩值的 10% 以上,小阻尼和大激励载荷使得转子扭转振动应力处于较高水平,影响到转子结构的安全寿命。另一方面,对于细长的柔性转子,若其扭转模态频率与弯曲模态频率相近,例如发生风扇叶片飞失等极端恶劣工作情况时,转子结构质心偏移和惯性主轴偏斜产生大的质量惯性不对称和大的旋转惯性激励载荷(大不平衡),使转子的扭转模态振动可能与弯曲模态振动发生耦合,这种耦合振动属于自激振动范围,即由于转子系统处于共振状态,扭转振动能量与横向弯曲振动能量之间存在转换与传递,因此,转子转动能量会持续注入转子进动中,横向振动幅值会不断加大,直至发生失稳,从而对转子系统安全性产生严重影响。

5.2.1 转子弯扭耦合产生机理

低压转子系统载荷工况复杂且严酷,可能遭遇叶片飞失等极限恶劣工况,此时高速柔性转子系统将存在巨大的不平衡量,并与机匣发生严重碰摩,这可使转子系统动力学特性发生较大变化,导致转子系统发生弯曲-扭转耦合振动。因此,在航空发动机柔性转子动力学分析中需要关注弯扭耦合影响,有必要针对转子弯扭耦合的产生机理进行分析。

1. 不平衡影响

图 5-24 所示为不平衡转子弯扭耦合振动示意图。在转动过程中,不平衡力使转子发生横向弯曲振动;同时转子横向振动也会产生惯性力,惯性力作用于质心位置,偏心距的存在使得该惯性力对转子形心产生惯性力矩,影响转子的扭转振动。

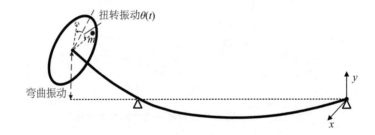

图 5-24 不平衡转子横向弯曲和扭转振动示意图

图 5-25 所示为转子运动过程中不平衡量产生的激励在横向弯曲和扭转方向的交互作用示意图。图 5-25(a)所示为不平衡转子扭转振动对横向弯曲振动影响的示意图,当转子以匀角速度转动时,不平衡量仅产生径向力 $F_n = m\varepsilon\omega^2$,该径向力 F_n 作用下转子做同步正进动。而当转子存在扭转振动 $\varphi(t)$ 时,转子转速发生波动,使得转子质心位置的径向力 F_n 由 $m\varepsilon\omega^2$ 变为 $m\varepsilon(\omega+\dot{\varphi}(t))^2$,并产生一个切向力 $F_t = m\varepsilon\ddot{\varphi}(t)$。径向力和切向力均与转子扭转振动有关,转子横向振动受到了扭转振动的影响。

不平衡转子横向弯曲振动对扭转振动的影响如图 5-25(b)所示,当转子发生横向弯曲振动时,转子质心位置处产生惯性力,其在水平和竖直方向的分量为 $m\ddot{X}$ 和 $m\ddot{Y}$;由于转子偏心距 ε 的存在,该惯性力对转子形心产生一个惯性力矩,分别为 $M_x = m\ddot{X}\varepsilon\cos(\varphi(t))$ 和 $M_y = m\ddot{Y}\varepsilon\sin(\varphi(t))$,当转子做非同步正进动时,$M_x$ 和 M_y 之和不为 0,其值与转子横向振动幅值和频率有关,受该扭转激励影响转子扭转振动会发生变化,因此转子扭转振动也受到了横向弯曲振动的影响。在某些情况下,转子弯曲和扭转振动幅值通过这种作用机理相互影响,甚至能导致转子弯扭耦合振动失稳。

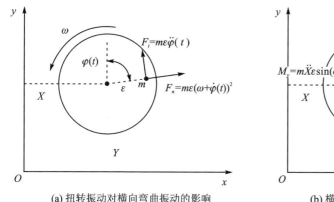
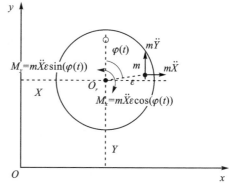

(a) 扭转振动对横向弯曲振动的影响　　　　(b) 横向弯曲振动对扭转振动的影响

图 5 - 25　不平衡转子横向弯曲和扭转振动相互作用力学模型

以上分析表明,无论是扭转振动产生的角动量变化,还是横向弯曲产生的力矩,均与转子偏心距及结构动量有关,当偏心距为 0 时,横向弯曲力矩和扭转角动量相互不影响,因此,转子结构产生偏心距是转子发生弯曲和扭转动力耦合的必要条件之一。

除转子结构质量偏心距外,横向弯曲和扭转振动的耦合振动程度还取决于转子动力响应和转子本身的固有模态特性。从转子扭转振动产生的切向力和径向力表达式来看,该作用力的频率和峰值与扭转振动的频率和峰值密切相关,当扭转振动幅值较小,振动频率较低或者与转子横向弯曲模态频率相距较远时,其对转子的横向弯曲振动的影响有限,不会对转子横向弯曲振动产生显著影响。

类似的,对于转子横向弯曲运动产生的扭转力矩,也与转子横向弯曲变形幅值和频率有关,仅当横向弯曲振动频率接近转子扭转固有频率,并且横向弯曲振动幅值足够大时,才会对扭转振动产生显著影响。

2. 碰摩激励影响

碰摩是引起转子横向弯曲振动和扭转振动的另一个重要因素,图 5 - 26 所示为碰摩对转子横向弯曲振动和扭转振动影响的示意图。当转子与静子发生碰摩时,在接触点处静子对转子施加一个径向力 F_{rn} 和切向力 F_{rt},径向力幅值大小为转子横向弯曲振动位移 X 和 Y、转静间隙 R_0 以及碰摩刚度等变量的函数,切向力与径向力一般符合库伦摩擦定律,即 $F_{rt} = \mu F_{rn}$,切向力的方向取决于接触点处转子的切向速度,一般与转子自转方向相反。

作用于转静子接触位置的碰摩径向力和切向力将会改变转子的横向弯曲振动,

包括振动幅值和进动速度;同时,接触点处碰摩切向力将会对转子形心产生一个扭转力矩,扭转力矩大小为接触点到形心之间的距离 R 与切向力的乘积,即 $M_r = F_{rt}R$,该扭转力矩将会激起转子的扭转振动。

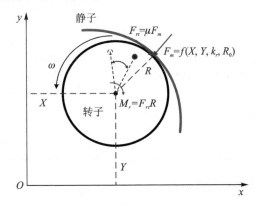

图 5 - 26 碰摩对转子横向弯曲和扭转振动的影响

需要说明的是,碰摩虽然对转子产生横向激励和扭转激励,但其本身并不会引起转子横向弯曲振动和扭转振动的相互耦合,体现在动力学方程中,横向弯曲自由度和扭转自由度之间不存在由碰摩产生的交叉项,只需要分别关注碰摩激励下的横向弯曲振动和扭转振动即可。由于上文已经对碰摩转子的横向弯曲振动进行了研究,因此,下文将对碰摩转子的扭转振动特性进行探讨。

5.2.2 转子弯扭耦合动力学特性分析模型

不平衡转子在碰摩作用下的弯扭耦合动力学分析模型如图 5 - 27 所示,该模型引入扭转自由度,转子系统质量为 m,横向振动阻尼和扭转振动阻尼分别为 c 和 c_r,弯曲刚度和扭转刚度分别为 k 和 k_r,质量偏心距为 e,转子转速为 Ω。

同时考虑转子的横向振动和扭转振动,假设转子在某时刻的运动状态如图 5 - 28 所示,转子横向变形为 x 和 y,扭转变形为 θ。基于拉格朗日方程建立转子弯扭耦合的动力学方程,转子质心位置的坐标为

$$\begin{cases} x_c = x + e\cos(\Omega t + \theta) \\ y_c = y + e\sin(\Omega t + \theta) \end{cases} \tag{5-2}$$

转子的动能、势能及耗散能分别为

$$T = \frac{1}{2}m(\dot{x}_c^2 + \dot{y}_c^2) + \frac{1}{2}J_p(\Omega + \dot{\theta})^2$$

$$= \frac{1}{2}m(\dot{x} - e(\Omega + \dot{\theta})\sin(\Omega t + \theta))^2 +$$

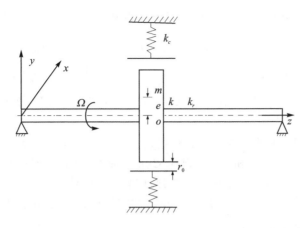

图 5 - 27 不平衡转子碰摩作用下弯扭耦合振动分析模型

$$\frac{1}{2}m\left(\dot{y}+e\left(\Omega+\dot{\theta}\right)\cos(\Omega t+\theta)\right)^{2}+\frac{1}{2}J_{p}\left(\Omega+\dot{\theta}\right)^{2} \tag{5-3}$$

$$U=\frac{1}{2}kx^{2}+\frac{1}{2}ky^{2}+\frac{1}{2}k_{r}\theta^{2} \tag{5-4}$$

$$\bar{R}=\frac{1}{2}c\left(\dot{x}^{2}+\dot{y}^{2}\right)+\frac{1}{2}c_{r}\dot{\theta}^{2} \tag{5-5}$$

$$U=\frac{1}{2}kx^{2}+\frac{1}{2}ky^{2}+\frac{1}{2}k_{r}\theta^{2} \tag{5-6}$$

$$\bar{R}=\frac{1}{2}c\left(\dot{x}^{2}+\dot{y}^{2}\right)+\frac{1}{2}c_{r}\dot{\theta}^{2} \tag{5-7}$$

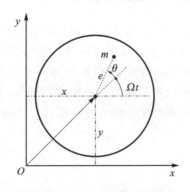

图 5 - 28 转子变形示意图

基于经典拉格朗日方程：

$$\frac{\mathrm{d}}{\mathrm{d}t}\left(\frac{\partial T}{\partial \dot{\boldsymbol{q}}}\right)-\frac{\partial T}{\partial \boldsymbol{q}}+\frac{\partial U}{\partial \boldsymbol{q}}+\frac{\partial \bar{R}}{\partial \dot{\boldsymbol{q}}}=\boldsymbol{Q} \tag{5-8}$$

其中，$\boldsymbol{q}$ 为广义坐标且 $\boldsymbol{q}=\begin{bmatrix} x & y & \theta \end{bmatrix}^{\mathrm{T}}$；$\boldsymbol{Q}$ 为非保守外力向量，此处为碰摩力向量。

将式(5-2)~式(5-7)代入式(5-8)中,得到转子弯扭耦合振动方程为

$$
\begin{cases}
m\ddot{x} - me\ddot{\theta}\sin(\Omega t + \theta) + c\dot{x} + kx = me(\Omega + \dot{\theta})^2\cos(\Omega t + \theta) + F_{rx} \\
m\ddot{y} + me\ddot{\theta}\cos(\Omega t + \theta) + c\dot{y} + ky = me(\Omega + \dot{\theta})^2\sin(\Omega t + \theta) + F_{ry} \\
(J_p + me^2)\ddot{\theta} - me\ddot{x}\sin(\Omega t + \theta) + me\ddot{y}\cos(\Omega t + \theta) + c_r\dot{\theta} + k_r\theta = M_t
\end{cases}
$$

$$(5-9)$$

式中,J_p 为不考虑不平衡时轮盘的转动惯量;$J'_p = J_p + me^2$ 为存在不平衡时转子轮盘绕轴心的转动惯量;F_{rx} 和 F_{ry} 为碰摩力在 x 轴和 y 轴的分量;M_t 为碰摩法向力对盘心形成的力矩。碰摩力采用经典线弹性碰摩力模型,碰摩力和力矩的表达式如式(5-10)和式(5-11)所示。其中,当考虑扭转振动时,接触点切向速度修正为 $v_{rel} = \omega_b r + (\Omega + \dot{\theta})r_{disk}$。

$$
\begin{cases}
F_{rx} = H(r - r_0)k_c\left(1 - \dfrac{r_0}{r}\right)(-x + \text{sign}(v_{rel})\mu y) \\
F_{ry} = H(r - r_0)k_c\left(1 - \dfrac{r_0}{r}\right)(-\text{sign}(v_{rel})\mu x - y)
\end{cases}
$$

$$(5-10)$$

$$
\begin{cases}
F_n = H(r - r_0)k_c(r - r_0) \\
F_t = \text{sign}(v_{rel})\mu F_n \\
M_t = -F_t \cdot r_{disk}
\end{cases}
$$

$$(5-11)$$

另外,从式(5-9)中还可以看出,不平衡量的存在使得转子横向自由度 x、y 和扭转自由度 θ 之间存在交叉项,导致转子横向弯曲振动和扭转振动之间存在耦合作用。

5.2.3　旋转惯性激励转子弯扭耦合振动

叶片飞失后叶盘质量不对称分布会产生大的旋转惯性载荷激励,在转子系统弯扭耦合振动的分析中需要考虑其动力响应特性。通过数学上的方程线性化并引入 Floquet 理论和 Hill 分析方法,建立具有质量分布不对称的转子模态振动特性计算方法,并对转子的模态频率、稳定性和振型特征进行计算,最后与采用数值方法求解在不平衡激励下转子的弯扭耦合振动响应特征进行对比分析。

1. 分析方法

(1) 方程线性化

对于式(5-9),忽略碰摩影响,得到不考虑碰摩时不平衡转子弯扭耦合振动方程,即

$$
\begin{cases}
m\ddot{x} - me\ddot{\theta}\sin(\Omega t + \theta) + c\dot{x} + kx = me(\Omega + \dot{\theta})^2\cos(\Omega t + \theta) \\
m\ddot{y} + me\ddot{\theta}\cos(\Omega t + \theta) + c\dot{y} + ky = me(\Omega + \dot{\theta})^2\sin(\Omega t + \theta) \\
(J_p + me^2)\ddot{\theta} - me\ddot{x}\sin(\Omega t + \theta) + me\ddot{y}\cos(\Omega t + \theta) + c_r\dot{\theta} + k_r\theta = 0
\end{cases}
$$

$$(5-12)$$

为简化分析,将上述非线性振动方程进行线性化处理,线性化过程中考虑如下关系:

$$\begin{cases} \cos(\Omega t + \theta) = \cos \Omega t \cos \theta - \sin \Omega t \sin \theta \approx \cos \Omega t - \theta \sin \Omega t \\ \sin(\Omega t + \theta) = \sin \Omega t \cos \theta + \cos \Omega t \sin \theta \approx \sin \Omega t + \theta \cos \Omega t \end{cases} \quad (5-13)$$

将式(5-13)代入式(5-12),并忽略未知量高次项和碰摩力项,得到不平衡转子的弯扭耦合线性化方程为

$$\begin{cases} m\ddot{x} - me\ddot{\theta}\sin \Omega t + c\dot{x} - 2me\Omega\dot{\theta}\cos \Omega t + kx + me\Omega^2\theta\sin \Omega t = me\Omega^2\cos \Omega t \\ m\ddot{y} + me\ddot{\theta}\cos \Omega t + c\dot{y} - 2me\Omega\dot{\theta}\sin \Omega t + ky - me\Omega^2\theta\cos \Omega t = me\Omega^2\sin \Omega t \\ (J_p + me^2)\ddot{\theta} - me\ddot{x}\sin \Omega t + me\ddot{y}\cos \Omega t + c_r\dot{\theta} + k_r\theta = 0 \end{cases}$$

$$(5-14)$$

上述方程为含有周期时变系数的参数振动方程,将其写为矩阵形式,即

$$(\boldsymbol{M} + \boldsymbol{M}_c \cos \Omega t + \boldsymbol{M}_s \sin \Omega t)\ddot{\boldsymbol{q}} + (\boldsymbol{C} + \boldsymbol{C}_c \cos \Omega t + \boldsymbol{C}_s \sin \Omega t)\dot{\boldsymbol{q}} +$$
$$(\boldsymbol{K} + \boldsymbol{K}_c \cos \Omega t + \boldsymbol{K}_s \sin \Omega t)\boldsymbol{q} = \boldsymbol{Q} \quad (5-15)$$

其中

$$\boldsymbol{M} = \begin{bmatrix} m & 0 & 0 \\ 0 & m & 0 \\ 0 & 0 & J_p + me^2 \end{bmatrix}, \quad \boldsymbol{M}_c = \begin{bmatrix} 0 & 0 & 0 \\ 0 & 0 & me \\ 0 & me & 0 \end{bmatrix}, \quad \boldsymbol{M}_s = \begin{bmatrix} 0 & 0 & -me \\ 0 & 0 & 0 \\ -me & 0 & 0 \end{bmatrix}$$

$$\boldsymbol{C} = \begin{bmatrix} c & 0 & 0 \\ 0 & c & 0 \\ 0 & 0 & c_r \end{bmatrix} \boldsymbol{C}_c = \begin{bmatrix} 0 & 0 & -2me\Omega \\ 0 & 0 & 0 \\ 0 & 0 & 0 \end{bmatrix}, \quad \boldsymbol{C}_s = \begin{bmatrix} 0 & 0 & 0 \\ 0 & 0 & -2me\Omega \\ 0 & 0 & 0 \end{bmatrix}, \quad \boldsymbol{K} = \begin{bmatrix} k & 0 & 0 \\ 0 & k & 0 \\ 0 & 0 & k_r \end{bmatrix}$$

$$\boldsymbol{K}_c = \begin{bmatrix} 0 & 0 & 0 \\ 0 & 0 & -me\Omega^2 \\ 0 & 0 & 0 \end{bmatrix}, \boldsymbol{K}_s = \begin{bmatrix} 0 & 0 & me\Omega^2 \\ 0 & 0 & 0 \\ 0 & 0 & 0 \end{bmatrix}, \quad \boldsymbol{Q} = \begin{bmatrix} me\Omega^2\cos \Omega t \\ me\Omega^2\sin \Omega t \\ 0 \end{bmatrix}$$

根据三角函数与复数指数的关系:

$$\cos a = \frac{e^{ia} + e^{-ia}}{2}, \sin a = -\frac{e^{ia} + e^{-ia}}{2}i$$

将方程改写为

$$(\boldsymbol{M} + \boldsymbol{M}_t e^{i\Omega t} + \tilde{\boldsymbol{M}}_t e^{-i\Omega t})\ddot{\boldsymbol{q}} + (\boldsymbol{C} + \boldsymbol{C}_t e^{i\Omega t} + \tilde{\boldsymbol{C}}_t e^{-i\Omega t})\dot{\boldsymbol{q}} + (\boldsymbol{K} + \boldsymbol{K}_t e^{i\Omega t} + \tilde{\boldsymbol{K}}_t e^{-i\Omega t})\boldsymbol{q} = \boldsymbol{Q}$$

$$(5-16)$$

其中

$$\boldsymbol{M}_t = \frac{\boldsymbol{M}_c - i\boldsymbol{M}_s}{2}, \quad \tilde{\boldsymbol{M}}_t = \frac{\boldsymbol{M}_c + i\boldsymbol{M}_s}{2}, \quad \boldsymbol{C}_t = \frac{\boldsymbol{C}_c - i\boldsymbol{C}_s}{2},$$

$$\tilde{\boldsymbol{C}}_t = \frac{\boldsymbol{C}_c + i\boldsymbol{C}_s}{2}, \quad \boldsymbol{K}_t = \frac{\boldsymbol{K}_c - i\boldsymbol{K}_s}{2}, \quad \tilde{\boldsymbol{K}}_t = \frac{\boldsymbol{K}_c + i\boldsymbol{K}_s}{2}$$

上述线性化方程中,忽略了未知量高阶项的影响。下面对线性化方程能否较为

准确地反映不平衡转子原弯扭耦合方程的动力学特性进行验证。当不平衡转子转速接近扭转模态频率时,转子扭转振动响应可能较大,并对转子的弯曲振动响应产生较为显著的影响。因此取扭转模态频率附近的转速作为计算转速点,分别基于原弯扭耦合振动方程线性化弯扭耦合振动方程和不考虑弯扭耦合的振动方程计算对应转速点下的响应。

转子系统扭转模态角频率为 50 rad/s,计算转速点选取 30 rad/s,50 rad/s 和 70 rad/s,转子质量 $m=1$ kg,弯曲刚度 $k=104$ N/m,弯曲阻尼 $c=1$ kg/s,转动惯量 $J_p=0.5$ kg·m^2,扭转刚度 $k_r=1\,250$ kg·m/s^2,扭转阻尼 $c_r=2\times10^{-4}$ kg·m/s,偏心距 $e=100$ mm。计算结果如图 5-29～图 5-31 所示。

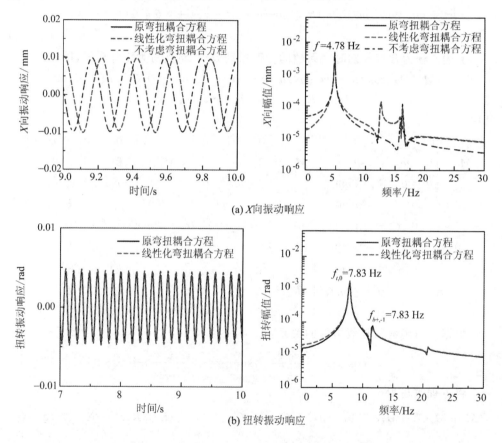

(a) X向振动响应

(b) 扭转振动响应

图 5-29　转速 30 rad/s 时不平衡转子的振动响应

计算结果表明:① 不同转速下不平衡转子弯曲振动响应近似为简谐振动曲线,频域响应包括转速频率和其他高次谐波频率,但转速频率成分的幅值远高于高次谐波频率成分;② 由不平衡量导致的弯扭耦合中转子的扭转振动是以模态振动为主的自由强迫振动,响应频率成分中包含扭转模态的基础频率成分和正进动模态的 −1 阶次频率成分;③ 采用线性化弯扭耦合振动方程计算得到的转子时域响应与原弯扭

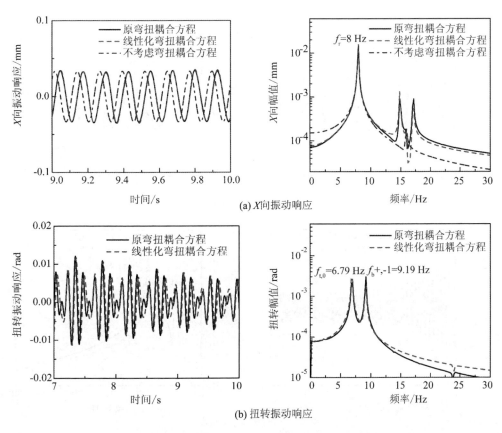

(a) X 向振动响应

(b) 扭转振动响应

图 5 - 30　转速 50 rad/s 时不平衡转子的振动响应

耦合振动方程获得的时域响应和频域响应基本一致,只是在高转速时振动响应幅值略有偏差,说明线性化的弯扭耦合方程可以较准确地反映不平衡转子的振动特性;④对于具有大不平衡的柔性转子系统,在其动力学设计中需考虑弯曲和扭转振动的相互作用。

(2) Hill 行列式分析方法

为了分析系统的模态特性,忽略式(5 - 16)等号右端外力项 Q,得到自由振动方程:

$$(M + M_t e^{i\Omega t} + \tilde{M}_t e^{-i\Omega t})\ddot{q} + (C + C_t e^{i\Omega t} + \tilde{C}_t e^{-i\Omega t})\dot{q} + (K + K_t e^{i\Omega t} + \tilde{K}_t e^{-i\Omega t})q = 0$$

$$(5 - 17)$$

上述方程为线性周期时变方程,根据 Floquet 理论,线性周期时变系统的解形式如下:

$$\begin{cases} q = \Phi e^{\lambda t} \\ \Phi(t) = \Phi(t + T_k) \end{cases}$$

$$(5 - 18)$$

其中,λ 为系统的特征值;Φ 为系统的类模态向量,类模态向量类似于线性时不变系

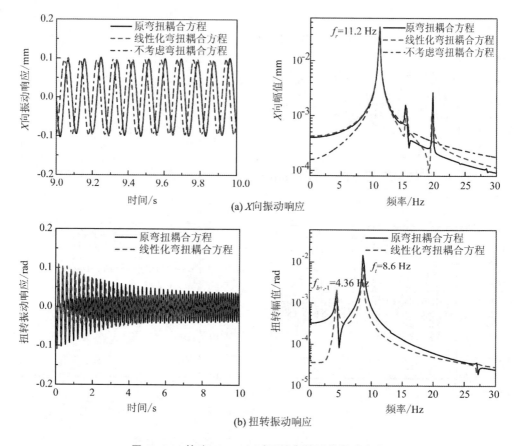

(a) X向振动响应

(b) 扭转振动响应

图 5 - 31　转速 70 rad/s 时不平衡转子的振动响应

统的模态向量,但其具有周期时变性,且时变周期与方程中时变系数的周期相同,此处为 $T_k = 2\pi/\Omega$。

由于 $\boldsymbol{\Phi}$ 具有周期时变性,故可以进行傅里叶展开,形式如下:

$$f = \sum_{j=-\infty}^{+\infty} \boldsymbol{I}_j e^{j i\Omega t} \tag{5-19}$$

其中,$\boldsymbol{I}_j$ 为类模态向量 $\boldsymbol{\Phi}$ 的第 j 次傅里叶展开分量。将式(5-18)和式(5-19)代入方程(5-17)中,得到

$$(\boldsymbol{M} + \boldsymbol{M}_t e^{i\Omega t} + \tilde{\boldsymbol{M}}_t e^{-i\Omega t}) \sum_{j=-\infty}^{+\infty} (-j^2 \Omega^2 + 2\lambda j i\Omega + \lambda^2) \boldsymbol{I}_j e^{j i\Omega t} +$$

$$(\boldsymbol{C} + \boldsymbol{C}_t e^{i\Omega t} + \tilde{\boldsymbol{C}}_t e^{-i\Omega t}) \sum_{j=-\infty}^{+\infty} (j i\Omega + \lambda) \boldsymbol{I}_j e^{j i\Omega t} + (\boldsymbol{K} + \boldsymbol{K}_t e^{i\Omega t} + \tilde{\boldsymbol{K}}_t e^{-i\Omega t}) \sum_{j=-\infty}^{+\infty} \boldsymbol{I}_j e^{j i\Omega t} = 0$$

$$\tag{5-20}$$

令方程(5-20)等号左右两边相同指数项的系数相等,则得到无穷多个代数方程构成的方程组:

$$\begin{bmatrix} \ddots & \vdots & \vdots & \vdots & \vdots & \vdots & \iddots \\ \cdots & \boldsymbol{A}_{-2} & \boldsymbol{\Delta}_{-1} & \boldsymbol{0} & \boldsymbol{0} & \boldsymbol{0} & \cdots \\ \cdots & \boldsymbol{\Delta}_{+1} & \boldsymbol{A}_{-1} & \boldsymbol{\Delta}_{-1} & \boldsymbol{0} & \boldsymbol{0} & \cdots \\ \cdots & \boldsymbol{0} & \boldsymbol{\Delta}_{+1} & \boldsymbol{A}_{0} & \boldsymbol{\Delta}_{-1} & \boldsymbol{0} & \cdots \\ \cdots & \boldsymbol{0} & \boldsymbol{0} & \boldsymbol{\Delta}_{+1} & \boldsymbol{A}_{+1} & \boldsymbol{\Delta}_{-1} & \cdots \\ \cdots & \boldsymbol{0} & \boldsymbol{0} & \boldsymbol{0} & \boldsymbol{\Delta}_{+1} & \boldsymbol{A}_{+2} & \cdots \\ \iddots & \vdots & \vdots & \vdots & \vdots & \vdots & \ddots \end{bmatrix} \begin{bmatrix} \vdots \\ \boldsymbol{I}_{-2} \\ \boldsymbol{I}_{-1} \\ \boldsymbol{I}_{0} \\ \boldsymbol{I}_{+1} \\ \boldsymbol{I}_{+2} \\ \vdots \end{bmatrix} = \boldsymbol{0} \qquad (5-21)$$

式中

$$\boldsymbol{A}_j = (-j^2\Omega^2 + 2\lambda j\mathrm{i}\Omega + \lambda^2)\boldsymbol{M} + (j\mathrm{i}\Omega + \lambda)\boldsymbol{C} + \boldsymbol{K}$$
$$= \lambda^2\boldsymbol{M} + \lambda(2j\mathrm{i}\Omega\boldsymbol{M} + \boldsymbol{C}) + (-j^2\Omega^2\boldsymbol{M} + j\mathrm{i}\Omega\boldsymbol{C} + \boldsymbol{K})$$
$$\boldsymbol{\Delta}_{+1} = (-(j-1)^2\Omega^2 + 2\lambda(j-1)\mathrm{i}\Omega + \lambda^2)\boldsymbol{M}_t + ((j-1)\mathrm{i}\Omega + \lambda)\boldsymbol{C}_t + \boldsymbol{K}_t$$
$$= \lambda^2\boldsymbol{M}_t + \lambda(2(j-1)\mathrm{i}\Omega\boldsymbol{M}_t + \boldsymbol{C}_t) + (-(j-1)^2\Omega^2\boldsymbol{M}_t + (j-1)\mathrm{i}\Omega\boldsymbol{C}_t + \boldsymbol{K}_t)$$
$$\boldsymbol{\Delta}_{-1} = (-(j+1)^2\Omega^2 + 2\lambda(j+1)\mathrm{i}\Omega + \lambda^2)\tilde{\boldsymbol{M}}_t + ((j+1)\mathrm{i}\Omega + \lambda)\tilde{\boldsymbol{C}}_t + \tilde{\boldsymbol{K}}_t$$
$$= \lambda^2\tilde{\boldsymbol{M}}_t + \lambda(2(j+1)\mathrm{i}\Omega\tilde{\boldsymbol{M}}_t + \tilde{\boldsymbol{C}}_t) + (-(j+1)^2\Omega^2\tilde{\boldsymbol{M}}_t + (j+1)\mathrm{i}\Omega\tilde{\boldsymbol{C}}_t + \tilde{\boldsymbol{K}}_t)$$

根据 Hill 无穷行列式的收敛定理,对类模态向量的幅值具有显著贡献的傅里叶展开阶次的数量是有限的,因此对方程(5-21)选取适当的截断阶次 $j_{\max}$,可以近似得到原时变周期系统的模态解。另外,根据式(5-21),类模态各个阶次的模态向量中仅相邻阶次模态向量之间存在耦合关系。此时,若要保证类模态第 j 阶阶次模态向量的求解精度,截断阶次的最小取值为 $j_{\max} = j + 1$。

方程(5-21)可以进一步写成 Hill 特征值求解问题,即

$$(\lambda^2\widehat{\boldsymbol{M}} + \lambda\widehat{\boldsymbol{C}} + \widehat{\boldsymbol{K}})\boldsymbol{\varphi} = \boldsymbol{0} \qquad (5-22)$$

其中

$$\widehat{\boldsymbol{M}} = \begin{bmatrix} \ddots & \vdots & \vdots & \vdots & \iddots \\ \cdots & \boldsymbol{M} & \tilde{\boldsymbol{M}}_t & \boldsymbol{0} & \cdots \\ \cdots & \boldsymbol{M}_t & \boldsymbol{M} & \tilde{\boldsymbol{M}}_t & \cdots \\ \cdots & \boldsymbol{0} & \boldsymbol{M}_t & \boldsymbol{M} & \cdots \\ \iddots & \vdots & \vdots & \vdots & \ddots \end{bmatrix}, \widehat{\boldsymbol{C}} = \begin{bmatrix} \ddots & \vdots & \vdots & \vdots & \iddots \\ \cdots & \boldsymbol{C}_{-1} & \overline{\boldsymbol{C}}_{t,-1} & \boldsymbol{0} & \cdots \\ \cdots & \overline{\boldsymbol{C}}_{t,0} & \boldsymbol{C}_0 & \overline{\overline{\boldsymbol{C}}}_{t,0} & \cdots \\ \cdots & \boldsymbol{0} & \overline{\boldsymbol{C}}_{t,1} & \boldsymbol{C}_1 & \cdots \\ \iddots & \vdots & \vdots & \vdots & \ddots \end{bmatrix}$$
$$\boldsymbol{C}_j = 2j\mathrm{i}\Omega\boldsymbol{M} + \boldsymbol{C}$$
$$\overline{\boldsymbol{C}}_{t,j} = 2(j-1)\mathrm{i}\Omega\boldsymbol{M}_t + \boldsymbol{C}_t$$
$$\overline{\overline{\boldsymbol{C}}}_{t,j} = 2(j+1)\mathrm{i}\Omega\tilde{\boldsymbol{M}}_t + \tilde{\boldsymbol{C}}_t$$

$$\widehat{\boldsymbol{K}} = \begin{bmatrix} \ddots & \vdots & \vdots & \vdots & \iddots \\ \cdots & \boldsymbol{K}_{-1} & \overline{\tilde{\boldsymbol{K}}}_{t,-1} & \boldsymbol{0} & \cdots \\ \cdots & \overline{\boldsymbol{K}}_{t,0} & \boldsymbol{K}_0 & \overline{\tilde{\boldsymbol{K}}}_{t,0} & \cdots \\ \cdots & \boldsymbol{0} & \overline{\boldsymbol{K}}_{t,1} & \boldsymbol{K}_1 & \cdots \\ \iddots & \vdots & \vdots & \vdots & \ddots \end{bmatrix}$$
$$\boldsymbol{K}_j = -j^2\Omega^2\boldsymbol{M} + j\mathrm{i}\Omega\boldsymbol{C} + \boldsymbol{K}$$
$$\overline{\boldsymbol{K}}_{t,j} = -(j-1)^2\Omega^2\boldsymbol{M}_t + (j-1)\mathrm{i}\Omega\boldsymbol{C}_t + \boldsymbol{K}_t, \boldsymbol{\varphi} = \begin{bmatrix} \vdots \\ \boldsymbol{I}_{-1} \\ \boldsymbol{I}_0 \\ \boldsymbol{I}_{+1} \\ \vdots \end{bmatrix}$$
$$\overline{\tilde{\boldsymbol{K}}}_{t,j} = -(j+1)^2\Omega^2\tilde{\boldsymbol{M}}_t + (j+1)\mathrm{i}\Omega\tilde{\boldsymbol{C}}_t + \tilde{\boldsymbol{K}}_t$$

上述特征值问题转化到状态空间求解,形式如下:

$$\boldsymbol{A}\boldsymbol{\Phi} = \lambda\boldsymbol{B}\boldsymbol{\Phi} \qquad (5-23)$$

其中

$$A = \begin{bmatrix} -\hat{C} & -\hat{K} \\ \hat{K} & 0 \end{bmatrix}, \quad B = \begin{bmatrix} \hat{M} & 0 \\ 0 & \hat{K} \end{bmatrix}, \quad \boldsymbol{\Phi} = \begin{bmatrix} \lambda\boldsymbol{\varphi} \\ \boldsymbol{\varphi} \end{bmatrix}$$

值得说明的是,根据式(5-23)获得的特征频率数量远高于相同维数的线性时不变系统,可以证明,基于 Hill 行列式法获得的特征频率按照频率簇的形式分布:

$$\omega_{nj} = \omega_{n0} \pm j\Omega, \quad j = \cdots, -1, 0, 1, \cdots \qquad (5-24)$$

其中,ω_{n0} 是系统第 n 阶类模态向量 $\boldsymbol{\Phi}_n$ 的基础频率,称为第 n 阶主模态频率;ω_{nj} 为第 n 阶类模态向量 $\boldsymbol{\Phi}_n$ 的第 j 阶傅里叶展开阶次模态向量对应的频率,称为第 j 阶阶次分量频率。阶次模态频率与主模态频率之差为系统时变频率的整数倍,由系统时变参数产生。另外,主模态频率与传统线性系统的模态频率相对应,在分析中需要重点关注。

对于任一阶模态,其稳定性条件如下:

$$\mathrm{Re}(\lambda_{nj}) < 0, \quad \forall j \in 整数 \qquad (5-25)$$

如果类模态的所有阶次模态分量所对应的特征频率实部均小于 0,则该阶类模态稳定;否则,则不稳定。实际研究发现,类模态不同阶次模态分量失稳对系统稳定性的危害不同,实际中应重点关注低阶分量尤其是主模态频率对应的分量的稳定性。

2. 模态特性

对于图 5-27 所示的转子系统,选取计算参数如下:转子质量 $m = 1$ kg,弯曲刚度 $k = 104$ N/m,弯曲阻尼 $c = 0$ kg/s,转动惯量 $J_p = 0.5$ kgm^2,扭转刚度 $k_r = 1\,250$ kgm/s^2,扭转阻尼 $c_r = 0$ kgm/s。下面分析不平衡量对转子弯扭耦合模态特性的影响,在分析中分别给定三组偏心距:$e = 1$ mm,$e = 20$ mm 和 $e = 100$ mm。第一组偏心距用于模拟常规不平衡,第二、三组偏心距用于模拟超大不平衡。

(1) 模态频率与振型

采用上面所述不平衡转子的模态特性计算方法,计算中选取截断阶次 $j_{\max} = 2$,此时可保证基础频率和第一阶阶次分量频率的准确性。图 5-32 所示为不同偏心距下转子系统模态频率随转速变化的曲线,可以得出以下结论:

① 由于不平衡使得转子系统动力学矩阵时变,转子系统模态频率具有多频特性,除了正、反进动模态和扭转模态的基础频率 $\omega_{n+,0}$、$\omega_{n-,0}$ 和 $\omega_{t,0}$ 外,还包括相应的阶次频率,即 $\omega_{n+,\pm1}$、$\omega_{n-,\pm1}$、$\omega_{t,\pm1}$,基础频率与阶次频率之差为转速频率。

② 在不平衡量较小($e = 1$ mm)时,转子系统正、反进动模态和扭转模态对应的基础频率随转速增加基本不变,转子系统横向振动和扭转振动之间的耦合作用极小,可以忽略。

③ 随着偏心距增加,转子系统的正进动模态频率和扭转模态频率开始改变,主要体现在两个转速区域:一是在转速 470 r·min^{-1} 附近,该区域存在着频率转向现

象,包括转子正进动模态基础频率和扭转模态的－1阶阶次频率之间的频率转向,以及转子正进动模态的－1阶阶次频率和扭转模态的基础频率之间的频率转向;二是在转速1 400 r·min⁻¹ 附近,该区域存在着模态频率耦合现象,如图5-32(b)、(c)所示,此时,转子反进动模态的基础频率与扭转模态的－1阶阶次频率始终相等,转子反进动模态的－1阶阶次频率与扭转模态的基础频率始终相等。并且转子偏心距越大,弯扭耦合作用越显著,单方面的考虑弯曲振动或扭转振动不能准确地获得转子的模态特性。

④ 在远离频率转向区和模态频率耦合区的转速范围内,转子正进动模态和扭转模态频率值与不考虑弯扭耦合作用时的模态频率值相差不大,说明当转子转速远离这两个区域时,正进动模态和扭转模态耦合较弱;仅在模态频率转向或模态频率耦合区域,模态频率值才会发生较大的改变,正进动模态与扭转模态之间存在着显著的耦合作用。对于转子反进动模态,不同不平衡量下反进动模态频率不发生改变,说明不平衡量不会引起转子反进动模态与扭转模态的耦合作用。

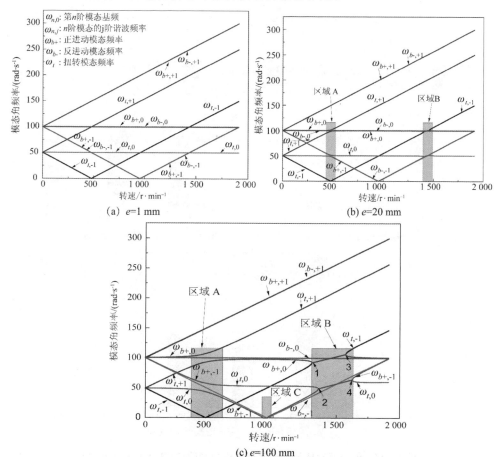

图 5-32　不同偏心距下转子系统模态频率随转速变化的曲线

分析不平衡转子的模态振型特征。考核特定转速(以下分析中取 $750\ \mathrm{r\cdot min^{-1}}$)下,转子系统在不同不平衡量下的各阶模态振型,结果如图 5 - 33 所示,其中第一阶模态为转子扭转模态,第二阶和第三阶分别为转子正、反进动模态。图中模态振型为各阶次模态的基础频率对应的模态振型,各阶次模态的谐波频率对应的模态振型变化规律与基础频率对应的模态振型变化规律一致,因此没有给出。根据式(5 - 18),时变转子系统的振型向量是周期变化的,此处取振型向量的均值来表示各自由度之间的振动大小关系。图中结果表明:

① 当偏心距为 1 mm 时,扭转模态下转子扭转位移极高,水平和竖直方向位移接近 0;而正、反进动模态下转子水平和竖直方向位移极高,扭转位移则几乎为 0。这表明偏心距较小时,转子弯曲和扭转振动耦合极弱。

② 随着偏心距增加,转子扭转模态与正进动模态耦合影响明显,当偏心距为 100 mm 时,扭转模态中转子水平/竖直方向的振动幅值也较高;而正进动模态中转子扭转振动也极为显著,其与水平/竖直方向的振动幅值几乎相等。

③ 对于转子反进动模态,不同偏心距下转子扭转位移均接近 0,表明反进动模态下不平衡量不会引起转子的弯扭耦合作用,这与前面模态频率分析结果是一致的。

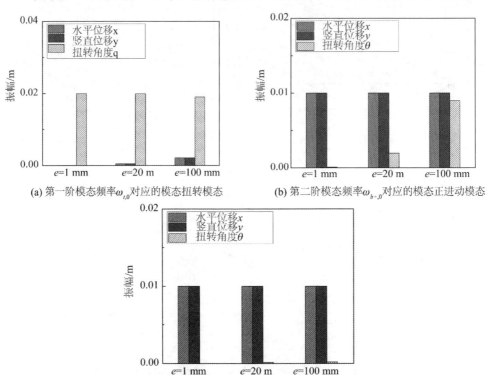

(a) 第一阶模态频率 $\omega_{t,0}$ 对应的模态扭转模态

(b) 第二阶模态频率 $\omega_{b+,0}$ 对应的模态正进动模态

(c) 第二阶模态频率 $\omega_{b-,0}$ 对应的模态反进动模态

图 5 - 33　偏心距对转子各阶模态振型的影响(转速 $750\ \mathrm{r\cdot min^{-1}}$)

下面以 100 mm 偏心距下的模态特性为例,分析大偏心距下的频率转向区域、频

率耦合区的振型变化特征。图 5 - 34 给出了这两个区域内选取的转速点,分别为 300 r • min^{-1}、450 r • min^{-1}、600 r • min^{-1}、1 200 r • min^{-1}、1 500 r • min^{-1} 和 1 800 r • min^{-1}。另外,由于在反进动模态下转子弯曲和扭转振动不会发生耦合,因此图中仅给出了正进动模态频率和扭转模态频率曲线。

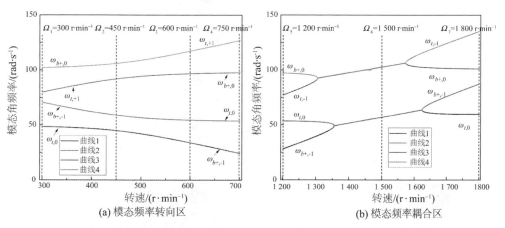

图 5 - 34　转子模态频率随转速变化的曲线(偏心距为 100 mm,彩图见彩插)

根据图 5 - 34(a),曲线 1 和曲线 2 之间存在频率转向,曲线 3 和曲线 4 之间存在频率转向。图 5 - 35 给出了频率转向时转子系统模态振型随转速变化的曲线。根据模态频率值(包括阶次频率和基础频率)大小依次给出相应的模态振型,其中曲线 4 对应的频率值最大,曲线 3 和曲线 2 次之,曲线 1 对应的频率值最小。结合图 5 - 34(a)和图 5 - 34 结果,可得到如下主要结论:

① 转速 300 r • min^{-1} 时,曲线 1 对应振型为扭转振型,相应的模态频率为扭转模态的基础频率 $\omega_{t,0}$,随着转速增加,相应振型由扭转振型向耦合振型过渡,且弯曲振动的相对幅值不断增加,当转速到 700 r • min^{-1} 时,该阶振型转化为弯曲振动为主的耦合振型。曲线 2 对应弯曲振动为主的耦合振型,相应的模态频率为正进动模态的 -1 阶阶次频率 $\omega_{b+,-1}$,随着转速增加,相应振型由弯曲振动为主的耦合振型过渡到扭转振型。可见,转速从 300 r • min^{-1} 增加至 700 r • min^{-1} 的过程中,该转子系统正进动模态的 -1 阶阶次频率分量与扭转模态的基础频率发生了频率转向,同时还存在着弯曲振动为主的耦合振型与扭转振型之间的振型转换现象。

② 转速 300 r • min^{-1} 时,曲线 3 对应振型为扭转振型,模态频率为扭转模态的 $+1$ 阶阶次频率 $\omega_{t,+1}$;曲线 4 对应弯曲振动为主的耦合振型,相应的模态频率为正进动模态的基础频率 $\omega_{b+,0}$。类似于曲线 1 和曲线 2,转速从 300 r • min^{-1} 增加至 700 r • min^{-1} 的过程中,转子系统扭转模态的 $+1$ 阶阶次频率与正进动模态的基础频率发生了频率转向,并伴随着弯曲振动为主的耦合振型与扭转振型之间的振型转换现象。

③ 进一步分析还可发现,任一转速下曲线 1 和曲线 3 对应的振型基本相同,原因在于这两个曲线对应的特征值和特征向量均属于同一阶次的模态,只是对应着该

阶模态的傅里叶展开中的不同谐波分量。由于相同的原因,可以看到任一转速下曲线 2 和曲线 4 对应的振型也是基本一致的。

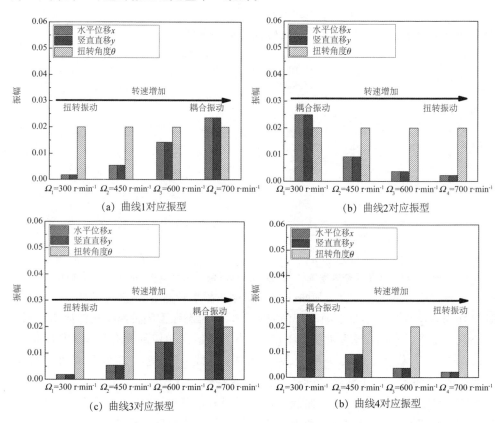

图 5 - 35   频率转向区内转子模态振型随转速的变化(偏心距为 100 mm)

图 5 - 34(b)所示为频率耦合区内转子系统模态振型随转速变化的曲线。由曲线 1 到曲线 4,对应的模态频率值是依次增加的。结合图 5 - 34(b)和图 5 - 34 结果可以得出:

① 当转速为 1 200 r·min^{-1} 时,曲线 1 对应振型为弯曲振动为主的耦合振型,相应的模态频率为正进动模态的 -1 阶阶次频率 $\omega_{b+,-1}$;曲线 2 对应振型为扭转振型,相应的模态频率为扭转模态的基础频率 $\omega_{t,0}$。当转速增加到模态频率耦合区域时,正进动模态的 -1 阶阶次频率 $\omega_{b+,-1}$ 与扭转模态的基础频率 $\omega_{t,0}$ 值相等,同时对应的振型也一致,均为耦合振型,且扭转振动幅值高于弯曲振动幅值。当转速进一步增加至 1 800 r·min^{-1} 时,曲线 1 对应振型变为扭转振型,曲线 2 对应振型则变为弯曲振动为主的耦合振型。

② 当转速为 1 200 r·min^{-1} 时,曲线 3 对应振型为扭转振型,相应的模态频率为扭转模态的 +1 阶阶次频率 $\omega_{t,+1}$;曲线 4 为弯曲振动为主的耦合振型,相应的模

态频率为正进动模态的基础频率 $\omega_{b+,0}$。当转速增加至模态频率耦合区域时,频率值 $\omega_{t,+1}$ 和 $\omega_{b+,0}$ 相等,且对应的振型相同,均为扭转振动为主的耦合振型。当转速增加到 1 800 r·min^{-1} 时,曲线 3 对应振型变为弯曲振动为主的耦合振型,而曲线 4 对应振型变为扭转振型。

③ 在耦合点处($\Omega_6 = 1\ 500$ r·min^{-1}),曲线 1 和曲线 2(或曲线 3 和曲线 4)对应的模态振型相同,这表明在模态频率耦合区域,不仅两阶模态的频率相同,同时振型也是相同的。这种情况下,由于两阶模态强烈耦合,将会导致转子系统失稳。

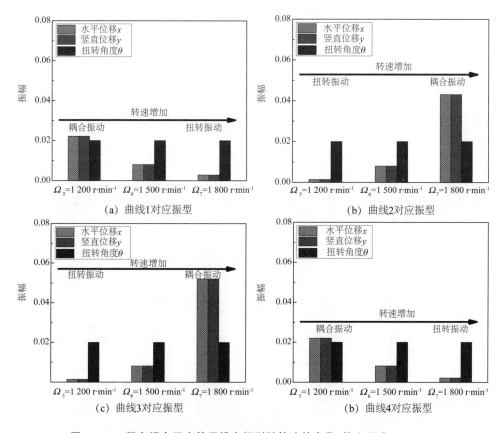

图 5-36　频率耦合区内转子模态振型随转速的变化(偏心距为 100 mm)

(2) 稳定性分析

分析不平衡转子的稳定性特征,图 5-37 所示为不同偏心距下转子系统特征值实部随转速变化的曲线,结果表明:

① 当偏心距为 1 mm 时,转子系统特征值实部始终为 0,说明转子弯曲模态和扭转模态均是稳定的;

② 当偏心距为 20 mm 时,在转速 1 400 r·min^{-1} 左右出现一个失稳区域,称为区域 B,该域内特征值实部大于 0;当偏心距增加至 100 mm 时,失稳区域 B 对应的转速范围显

著增加,并且在 1 000 r·min^{-1} 附近又出现了一个新的失稳区域,称为区域 C。以上结果表明,偏心距越高,转子系统越容易发生失稳,且失稳区域随着转速增加而显著增加。

③ 对比图 5-34 中的模态频率结果和图 5-37 中的特征值实部结果,失稳区域 B 对应于转子阶次频率与基础频率的频率耦合区域:以偏心距 100 mm 为例进行说明,在转速点 1～转速点 3 的转速范围内,特征值实部大于 0,同时该转速范围与扭转模态的 -1 阶阶次频率和正进动模态的基础频率的频率耦合区对应;在转速点 2～转速点 4 的转速范围内,特征值实部同样大于 0,同时该转速范围与扭转模态的基础频率和正进动模态的 -1 阶阶次频率的频率耦合区对应,将这种阶次频率与基础频率发生频率耦合而产生的不稳定区域称为主不稳定区。

④ 在失稳区域 C,转子反进动模态的 -1 阶阶次频率始终为 0,且其特征值实部始终大于 0,这种由于转子模态的阶次分量失稳而产生的不稳定区域称为"次不稳定区"。通常,次失稳区对转子危害较小,并且容易通过增加系统阻尼的方式消除。因此实际工程中需要重点关注不平衡转子的主失稳区。

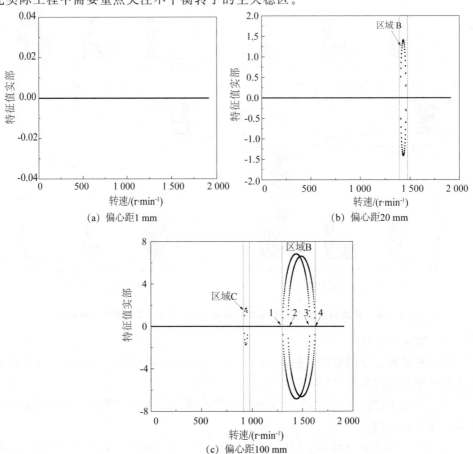

(a) 偏心距 1 mm   (b) 偏心距 20 mm

(c) 偏心距 100 mm

图 5-37 不同偏心距下转子系统特征值实部随转速变化的曲线

（3）参数对模态特性的影响

对于以航空发动机为代表的旋转机械,调整转子支承刚度或者轴系刚度是优化转子系统动力学特性的重要手段之一。同时,增加系统的阻尼是一种最常见的降低转子系统过临界时振动幅值的方式。因此,下面将分析横向弯曲刚度和阻尼对不平衡转子模态特性的影响规律。在计算中,偏心距 $e=100$ mm,除横向弯曲刚度和阻尼之外,其他参数与前一节中相同。

分别给定转子横向弯曲刚度值为 4 900 N/m 和 6 400 N/m,计算得到对应刚度值下转子的模态频率,结果如图 5-38 所示。由于转子反进动模态和正进动模态的 +1 阶阶次频率与扭转模态不发生耦合,因此图中未给出对应的模态频率曲线。同时,根据图 5-38 和图 5-32(c)的结果,得到不同弯曲刚度下模态频率耦合区域和频率转向区域的转速范围如表 5-1 所列。

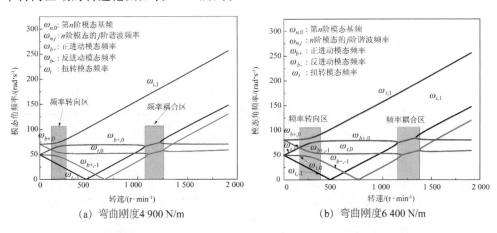

(a) 弯曲刚度4 900 N/m　　　　　(b) 弯曲刚度6 400 N/m

图 5-38　不同弯曲刚度下不平衡转子的模态频率

表 5-1　不同弯曲刚度下频率转向和模态频率耦合区域对应的转速范围

弯曲刚度 /(N·m⁻¹)	转速区间/(r·min⁻¹)		组合频率值/(r·min⁻¹)	
	频率转向区	模态频率耦合区	$\omega_{b+,0}-\omega_{t,0}$	$\omega_{b+,0}+\omega_{t,0}$
4 900	[110,260]	[1 070,1 260]	191	1 146
6 400	[160,380]	[1 150,1 380]	287	1 242
10 000	[330,610]	[1 300,1 623]	478	1 433

上述结果表明:

① 随着横向弯曲刚度增加,频率转向和频率耦合区对应的转速区间范围不断扩大,同时,发生频率转向和频率耦合的转速也有所增加。

② 分别计算不考虑弯扭耦合时转子正进动模态频率($\bar{\omega}_{b+}$)和扭转模态频率($\bar{\omega}_t$),计算公式为 sqrt(k/m) 和 sqrt(k_r/J_p),并同时将正进动模态频率和扭转模态

频率的组合频率值 $|\bar{\omega}_{b+} - \bar{\omega}_t|$ 和 $|\bar{\omega}_{b+} + \bar{\omega}_t|$ 列于表 5－4 中。对比频率转向区/频率耦合区的转速范围与组合频率值 $|\bar{\omega}_{b+} - \bar{\omega}_t|$/$|\bar{\omega}_{b+} + \bar{\omega}_t|$ 可以发现,频率转向区所在的转速范围近似分布在以 $|\bar{\omega}_{b+} - \bar{\omega}_t|$ 为中心的某一区间内;频率耦合区所在的转速近似分布在以 $|\bar{\omega}_{b+} + \bar{\omega}_t|$ 为中心的某一区间内。因此,可以通过计算不考虑弯扭耦合时转子的模态频率来近似估计频率耦合区和频率转向区所在的转速。

图 5－39 所示为不同弯曲刚度下不平衡转子系统特征值的实部随转速的变化规律,结合图 5－37(c),提取不平衡转子的不稳定区,结果如表 5－2 所列。可以看出:随着弯曲刚度的降低,转子主不稳定区和次不稳定区开始的转速点均有所下降,表明弯曲刚度越低,转子发生失稳的转速区域越低;同时,主不稳定区和次不稳定区的转速范围随着弯曲刚度的降低而缩小,表明不平衡转子的稳定性随着弯曲刚度的降低而增加。并且,柔性转子相比于刚性转子更容易在低转速下发生失稳。

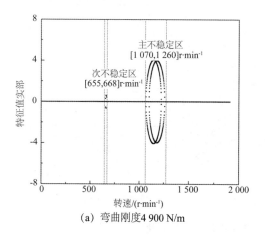

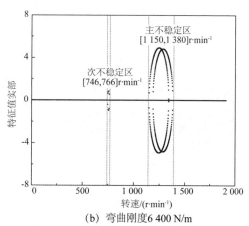

(a) 弯曲刚度4 900 N/m　　　　　(b) 弯曲刚度6 400 N/m

图 5－39　不同弯曲刚度下不平衡转子系统的特征值实部随转速的变化规律

表 5－2　不同弯曲刚度下不平衡转子的不稳定转速区域

弯曲刚度/(N·m^{-1})	主不稳定区/(r·min^{-1})	次不稳定区/(r·min^{-1})
4 900	[1 070,1 260]	[655,668]
6 400	[1 150,1 380]	[746,766]
10 000	[1 300,1 623]	[915,977]

分析弯曲振动阻尼对不平衡转子模态频率和稳定性的影响规律。给定弯曲振动阻尼系数 c 分别为 1 kg/s 和 10 kg/s,计算得到对应弯曲阻尼系数下的模态频率,结果如图 5－40 所示。计算表明:① 总体而言,弯曲阻尼系数 1 kg/s 和 10 kg/s 对应的各阶次模态频率值基本相等,表明弯曲振动阻尼系数对转子模态频率的影响很小;② 仅在模态频率耦合区,弯曲振动阻尼系数对模态频率特征存在一定的影响。对比图 5－40(a)和(b),弯曲阻尼系数为 10 kg/s 时的频率耦合区域内,转子正进动模态

的－1 阶阶次频率与扭转模态的基础频率、正进动模态的基础频率与扭转模态的－1
阶阶次频率不再完全相等,表明随着弯曲阻尼系数增加,不平衡转子的频率耦合作用
减弱。

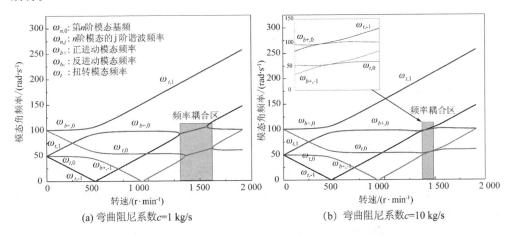

(a) 弯曲阻尼系数c=1 kg/s　　　　(b) 弯曲阻尼系数c=10 kg/s

图 5 - 40　不同弯曲阻尼系数下不平衡转子的模态频率

图 5 - 41 和表 5 - 3 为不同弯曲振动阻尼系数下不平衡转子特征值实部随转速
的变化,结果表明:弯曲阻尼系数对不平衡转子特征值实部影响显著,随着弯曲阻尼
系数增加,转子次不稳定区范围缩小甚至消失,但主不稳定区范围显著扩大,
c=1 kg/s 时主不稳定区域范围为[1 255,1 730]r·min^{-1},而 c=10 kg/s 时转子在
[1 170,2 000]r·min^{-1} 转速范围内均不稳定。由于主失稳区通常对转子系统的正
常运转危害更大,因此实际工程中增加转子系统阻尼并不利于增加转子系统的稳定
性,反而可能起到相反的效果。

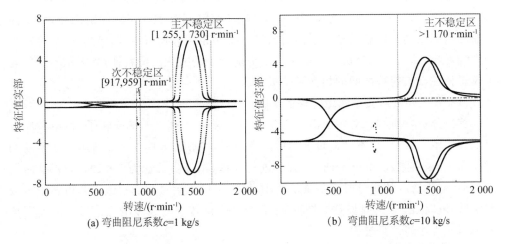

(a) 弯曲阻尼系数c=1 kg/s　　　　(b) 弯曲阻尼系数c=10 kg/s

图 5 - 41　不同弯曲振动阻尼系数下不平衡转子特征值实部随转速的变化规律

表 5-3　不同弯曲振动阻尼系数下不平衡转子的不稳定转速区域

弯曲振动阻尼系数 /(kg·s^{-1})	主不稳定区/r·min^{-1}	次不稳定区/r·min^{-1}
0	[1 300,1 623]	[915,977]
1	[1 255,1 730]	[917,959]
10	[1 170,2 000]	—

3. 振动响应分析

以图 5-27 所示转子系统进行不平衡转子振动响应特性计算分析,其中结构参数:$m=1$ kg,$k=10^4$N/m,$c=1$ kg/s,$J_p=0.5$ kgm^2,$k_r=1\ 250$ kgm/s^2,$c_r=2\times10^{-4}$ kgm/s^2,$e=100$ mm。以上计算参数中,除横向阻尼和扭转阻尼外,其他参数均与前面章节相同,所给定的偏心距代表大不平衡的状态,并且所给定的横向阻尼和扭转阻尼也跟实际旋转机械中的数值相近。由于原弯扭耦合振动方程未做任何近似,因此下面的振动响应计算均是基于原弯扭耦合振动方程而并非线性化后的弯扭耦合振动方程。

对于以航空发动机为代表的旋转机械,其转子系统中扭转阻尼通常很小,扭转固有振动成分一旦被激起很难衰减,因此在分析扭转振动时需要重点考虑其瞬态响应。不同于扭转振动,工程设计时通常通过挤压油膜等方式增加转子系统的横向阻尼,横向阻尼的存在会使得转子横向弯曲振动迅速衰减到稳态。另外,当转子遭遇到突加的大不平衡时,还通常伴随着巨大的冲击效应,转子横向模态振动也会被激起,并且对转子系统的运转影响也极为显著。因此在分析横向弯曲振动时,需要同时关注其瞬态振动和稳态振动。

总而言之,在分析不平衡转子的振动响应时,需同时关注扭转的瞬态振动、横向弯曲的瞬态振动和稳态振动。下面将通过三维瀑布图分析弯扭耦合对转子频谱特性的影响规律,而后详细分析特定转速下不平衡转子的时频响应特征,并揭示不平衡转子模态特性与响应特性间的相互影响机制。

(1) 弯扭耦合对转子频域特性的影响

首先分析弯扭耦合对转子横向弯曲振动的影响。对于不平衡转子,若不考虑弯扭耦合作用,可以获得不平衡转子的横向弯曲振动响应,如图 5-42 所示。在振动响应计算中,采用隐式 Newmark-β 方法进行计算,积分步长选为 5×10^{-6} s,积分时间选为 10 s,所选取的积分时间步长足够小,可以保证求解过程的收敛。获得转子时域响应后,选取后 5 s 的时域数据进行 FFT 变换获得转子的频域响应。后面的计算均采用以上所述的计算过程。

图 5-42 所示结果表明,转子频域响应中仅包含转速频率成分 f_{rotation},转速频率成分对应的幅值在转速 950 r·min^{-1} 处达到最大,该转速等于转子系统横向振动的固有频率。

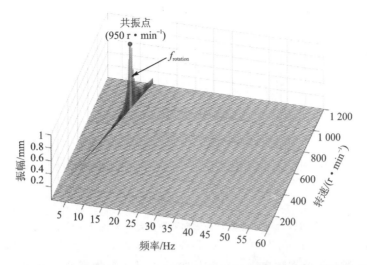

图 5 - 42　不考虑弯扭耦合时不平衡转子横向弯曲振动响应的三维瀑布图

图 5 - 43 所示为考虑弯扭耦合时不平衡转子横向弯曲振动响应的三维瀑布图。与图 5 - 42 结果进行对比，当考虑弯扭耦合时，转子横向弯曲振动响应存在如下不同：① 超临界转速区域出现了超谐波频率成分和亚谐波频率成分；② 在超临界转速区域，随着转速增加，转速频率成分对应的幅值并非单调递减，而呈现非单调的变化规律，更清晰的对比结果如图 5 - 44 所示。

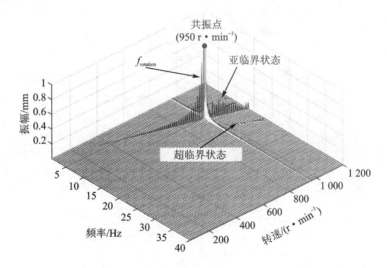

图 5 - 43　考虑弯扭耦合时不平衡转子横向弯曲振动响应的三维瀑布图

为深入了解弯扭耦合对转子横向振动的影响，将图 5 - 43 中的纵坐标改为对数坐标形式，对应的结果如图 5 - 45 所示。结果表明，由于弯扭耦合影响，转子横向振动中还存在着扭转模态的 -1 阶阶次模态频率 $f_{t,-1}$ 和 +1 阶阶次模态频率 $f_{t,+1}$，

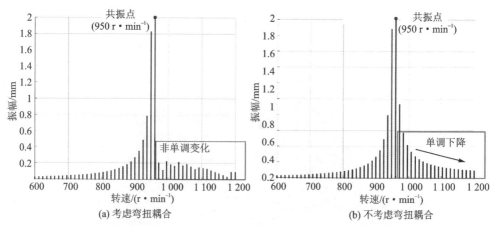

图 5-44 弯扭耦合对不平衡转子横向弯曲振动响应的转速频率幅值的影响

以及正进动模态的基础频率 $f_{b+,0}$。这些模态频率的变化规律与上一节模态特性分析结果相似,即对于模态频率 $f_{t,-1}$,随转速增加其值首先减小至 0,而后开始增加;模态频率 $f_{t,+1}$ 则随着转速的增加而增加,并且在三维瀑布图中还可明显看到其与模态频率 $f_{b+,0}$ 在转速 500 r·min^{-1} 附近存在着频率转向的现象。同时还可以发现,超临界转速区域下不平衡转子的频域响应更加复杂,说明在超临界转速区域弯扭耦合对转子的横向振动响应影响更加显著。

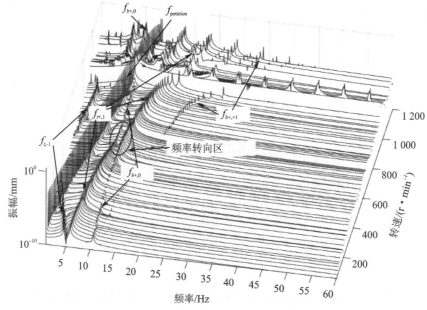

图 5-45 对数坐标形式下不平衡转子横向振动的三维瀑布图(考虑弯扭耦合)

对于转子扭转振动,若不考虑不平衡导致的弯扭耦合,由于扭转方向不存在任何激励,则转子的扭转振动不会被激起,见式(5-12)。考虑弯扭耦合时,不平衡转子的扭转振动响应如图 5 - 46 所示。

图 5 - 46(a)结果表明:亚临界转速下转子扭转振动响应很小,表明此时转子弯扭耦合较弱;随着转速增加,转子首先经过次不稳定区,此时转子正进动模态的一1 阶阶次模态被激起,频域响应中能够清晰地观察到模态频率 $f_{b+,-1}$(0 Hz),并且由于该区域下转子不稳定,故该频率对应的幅值极高;在超临界转速区域,能观察到明显的扭转振动,扭转振动响应的频谱中主要包含扭转模态的基础频率 $f_{t,0}$。另外,需要注意的是,扭转振动的频谱中不存在转速频率成分,这表明横向弯曲响应的同步振动成分不会通过不平衡与转子的扭转振动之间发生耦合。

图 5 - 46(b)给出了对数坐标形式下扭转振动响应的三维瀑布图。可以看出,扭转振动响应中存在模态频率 $f_{t,0}$ 和 $f_{b+,-1}$,且两者之间存在着明显的频率转向现象。

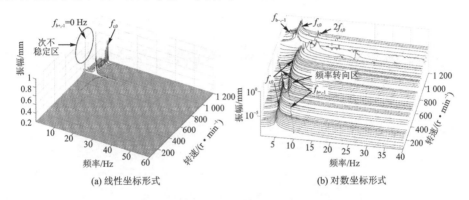

(a) 线性坐标形式　　　　　　　(b) 对数坐标形式

图 5 - 46　不平衡转子扭转振动响应的三维瀑布图

(2) 典型转速状态下转子时频响应特征

下面选取频率转向区、次失稳区和主失稳区几个典型区域下的转速点,分析不平衡转子振动响应的时频特征。

选取频率转向区域附近或之内的转速点,分别为 300 r · min^{-1},480 r · min^{-1} 和 670 r · min^{-1},得到这些转速点下的时频响应如图 5 - 47 所示。图中结果表明:当不平衡激励施加到转子时,强迫振动成分和模态振动成分都出现在转子横向振动响应中,模态振动成分主要为 $f_{b+,0}$ 和 $f_{t,+1}$。根据时域响应分析结果,模态振动随着时间逐渐衰减,因此模态频率对应的成分幅值也随时间逐渐减小直至消失。对于扭转振动,不平衡激励仅激起了模态振动成分,主要包括 $f_{b+,+1}$ 和 $f_{t,0}$。扭转振动也随着时间逐渐衰减,但不同转速下的衰减速率有所不同,频率转向区内(480 r · min^{-1})转子扭转振动的衰减速率明显高于频率转向区外(300 r · min^{-1} 和 670 r · min^{-1})转子扭转振动的衰减速率。

次不稳定区域内不平衡转子振动响应如图 5 - 48 所示。对于横向振动,其幅值随时间推移逐渐增加,且主要的频率成分为转速频率成分 $f_{rotation}$。事实上,该转速点恰好对应于转子系统的共振转速点,其横向振动响应表现出共振的特征,当不平衡激

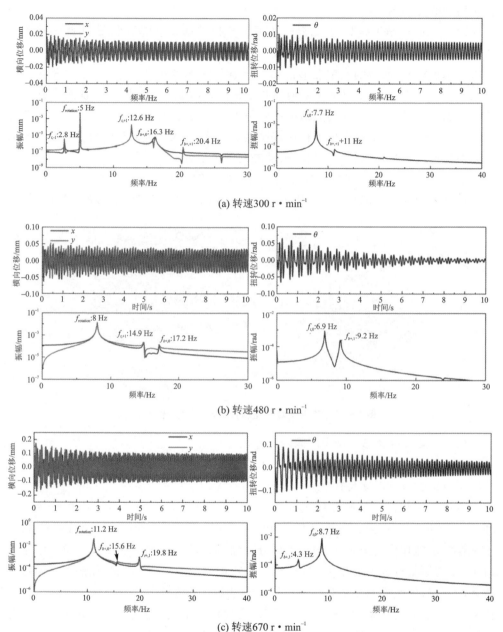

图5-47　频率转向区附近不平衡转子的振动响应(左图为横向振动,右图为扭转振动)

励输入的能量等于系统阻尼耗散的能量时,转子横向振动最终趋于稳定。对于扭转振动,随时间推移其幅值不断增加,且扭转振动位移始终为负。

扭转振动频率成分主要为$f_{b+,-1}$(0 Hz)。根据前面的模态分析,次不稳定区是由于正进动模态的-1阶阶次模态$f_{b+,-1}$导致,由此可推断模态$f_{b+,-1}$的失稳是导致扭转振动位移为负且幅值不断发散的根本原因。如前所述,通过增加转子横向阻尼可以消除次不稳定区,因此在该区域,通过增加转子的横向阻尼可以较为容易地降低转子扭转振幅。另外需要再次强调,次不稳定区内转子横向振动和扭转振动发散的原因是不同的,前者是由于转子发生共振导致的,后者则是由于阶次模态 $f_{b+,-1}$ 的失稳导致的。

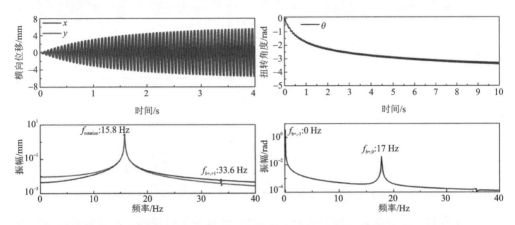

图 5-48　次失稳区不平衡转子的振动响应(左图为横向振动,右图为扭转振动,转速为 950 r·min⁻¹)

图 5-49 所示为超临界转速区域不平衡转子的振动响应。可以看出,该转速下转子横向弯曲振动和扭转振动与图 5-47 中结果较为相似,但此时瞬态响应的衰减速率显著低于亚临界转速区域。

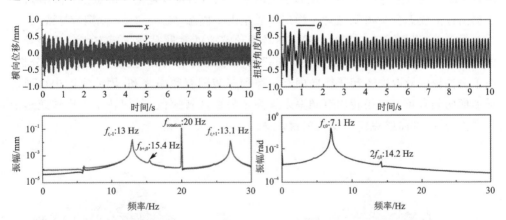

图 5-49　超临界转速区不平衡转子的振动响应(左图为横向振动,右图为扭转振动,转速 1 200 r·min⁻¹)

进一步增加转速,转子将到达主失稳区,此时转子振动响应如图 5-50 所示。对于横向弯曲振动,可以看出,在主失稳区内,随时间推移转子的横向振动和扭转振动幅值均不断发散。频域响应分析表明,转子横向弯曲振动中同时包含多个固有模态成分如 $f_{t,-1}$ 和 $f_{t,+1}$,以及强迫振动成分 f_{rotation}。在这些频率成分中,$f_{t,-1}$ 对应幅

航空燃气轮机结构系统动力学设计

值最高,表明转子横向振动的发散可能是由于该模态的失稳引起的。对于扭转振动,主要频率成分为 $f_{t,0}$,该频率成分对应的模态则可能是导致扭转振动响应发散的主要因素。

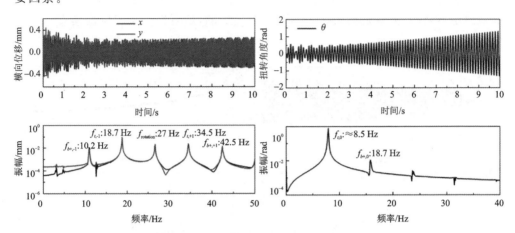

图 5-50　主失稳区不平衡转子的振动响应(左图为横向振动,右图为扭转振动,转速为 1 600 r·min⁻¹)

为了分析上述频率成分随时间的变化规律,并对导致转子振动响应发散的原因有一个更为深入的认识,对图 5-50 中的时域响应进行小波变换,获得横向弯曲振动/扭转振动响应的频率成分随时间的变化规律,如图 5-51 和图 5-52 所示。根据图 5-51,$f_{t,-1}$ 对应的幅值随时间增加不断增加,而其他频率对应的幅值则随时间逐渐衰减或者基本保持不变,这说明转子横向振动响应的发散是由于模态 $f_{t,-1}$ 引起的,根据前面的模态分析可知这种不稳定实质是由于模态 $f_{t,-1}$ 和 $f_{b+,0}$ 耦合导致的。

类似的,根据图 5-52 可以看出扭转振动响应的发散是由于模态 $f_{t,0}$ 失稳导致的。需要注意的是,这种不稳定很难通过增加系统阻尼消除,但根据上文模态分析,由于主失稳区域取决于转子横向固有频率和扭转固有频率之和,因此实际中可通过增加横向固有频率或扭转固有频率来提高主失稳区转速范围,使转子工作转速远低于主失稳区,进而避免转子发生失稳。

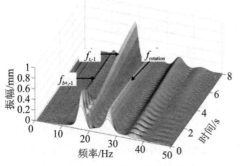

图 5-51　横向弯曲振动响应的小波变换图

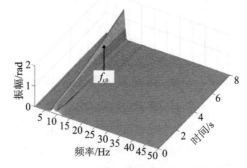

图 5-52　扭转振动响应的小波变换图

5.2.4　转静件碰摩激励转子扭转振动

转子在发生碰摩时存在全周碰摩、局部碰摩和反向涡动三种典型碰摩形式。根据转子运动特征,对碰摩转子弯扭耦合振动方程进行降维,获得相应典型碰摩形式下转子的扭转振动方程,并对方程进行理论或数值求解,从而获得不同碰摩状态下转子的扭转振动特性。

1. 全周碰摩

全周碰摩状态下,转子所受摩擦力的方向与自转方向始终相反且数值保持不变,转子扭转振动位移保持恒定不变,即 $\ddot{\theta}=\dot{\theta}=0$,则式(5-9)中转子横向振动的动力学方程可简化为如下形式:

$$\begin{cases} m\ddot{x}+c\dot{x}+kx+k_c\left(1-\dfrac{r_0}{r}\right)(x-\mathrm{sign}(v_{\mathrm{rel}})\mu y)=me\Omega^2\cos(\Omega t+\theta) \\ m\ddot{y}+c\dot{y}+ky+k_c\left(1-\dfrac{r_0}{r}\right)(\mathrm{sign}(v_{\mathrm{rel}})\mu x+y)=me\Omega^2\sin(\Omega t+\theta) \end{cases}$$

$$(5-26)$$

求解转子横向振动,令 $q=x+\mathrm{i}y$,$|q|=\sqrt{x^2+y^2}$,则式(5-26)可以转化为

$$m\ddot{q}+c\dot{q}+kq+k_c(1+\mathrm{i}\mu)\left(1-\dfrac{r_0}{|q|}\right)q=me\Omega^2\mathrm{e}^{\mathrm{i}(\Omega t+\theta)} \qquad (5-27)$$

在同步全周碰摩状态下,转子横向振动可以假设为 $q=B\mathrm{e}^{\mathrm{i}(\Omega t+\theta+\beta)}$,将其代入式(5-27),可以得到

$$B=\dfrac{r_0k_c(a_1+a_2\mu)\pm\sqrt{(me)^2\Omega^4(a_1^2+a_2^2)-(r_0k_c)^2(a_1\mu-a_2)^2}}{a_1^2+a_2^2}$$

$$(5-28)$$

$$\beta=-\arctan\dfrac{Ba_2-\mu k_c r_0}{Ba_1-k_c r_0} \qquad (5-29)$$

其中,$a_1=k-m\Omega^2+k_c$,$a_2=c\Omega+\mu k_c$。定义系数 Δ 为

$$\Delta=(me)^2\Omega^4(a_1^2+a_2^2)-(r_0k_c)^2(a_1\mu-a_2)^2 \qquad (5-30)$$

则可以推导出当 $\Delta<0$ 时,方程无解,对应参数满足如下关系:

$$\dfrac{me\Omega^2}{r_0k_c}<\dfrac{|a_1\mu-a_2|}{\sqrt{a_1^2+a_2^2}} \qquad (5-31)$$

当满足如下关系时,方程存在两个解:

$$\dfrac{|a_1\mu-a_2|}{\sqrt{a_1^2+a_2^2}}<\dfrac{me\Omega^2}{r_0k_c}<\sqrt{1+\mu^2} \qquad (5-32)$$

当满足如下关系时,方程存在一个解:

169

$$\frac{|a_1\mu - a_2|}{\sqrt{a_1^2 + a_2^2}} = \frac{me\Omega^2}{r_0 k_c} \quad \text{或} \quad \frac{me\Omega^2}{r_0 k_c} \geqslant \sqrt{1 + \mu^2} \tag{5-33}$$

获得全周碰摩时转子横向振动的解后,可以进一步求解全周碰摩下转子的扭转振动响应。为不失一般性,选取合适的初始相位作为时间起始点,转子同步全周碰摩的横向运动可以记为 $q = Be^{i\Omega t}$,即

$$\begin{cases} x = B\cos\Omega t \\ y = B\sin\Omega t \end{cases} \tag{5-34}$$

另一方面,假设转子的扭转位移为小量,则可以得到

$$\sin(\Omega t + \theta) = \sin\theta\cos\Omega t + \cos\theta\sin\Omega t \tag{5-35}$$
$$\approx \theta\cos\Omega t + \sin\Omega t$$

$$\cos(\Omega t + \theta) = \cos\theta\cos\Omega t - \sin\theta\sin\Omega t \tag{5-36}$$
$$\approx \cos\Omega t - \theta\sin\Omega t$$

将式(5-34)~式(5-36)代入到式(5-9)中的扭转振动方程,此时可以得到

$$J'_p\ddot{\theta} + c_r\dot{\theta} + (k_r + me\Omega^2 B)\theta = -\mu k_c(B - r_0)r_{\text{disk}}\text{sign}(v_{\text{rel}}) \tag{5-37}$$

可以看出同步全周碰摩时,振动方程中刚度项由 k_r 增加至 $(k_r + me\Omega^2 B)$,这是由不平衡量引起的,与碰摩力无关。这也表明同步全周碰摩运动下,不平衡对于转子的扭转振动会产生一定的刚化作用。

转子接触点相对运动速度 $v_{\text{rel}} = \Omega(B + r_{\text{disk}}) + \dot{\theta}r_{\text{disk}} = v_w + \dot{\theta}r_{\text{disk}}$,在同步全周碰摩时,碰摩接触点相对速度 v_{rel} 始终大于 0,因此碰摩力矩为恒定值,此时转子的扭转振动也为定值,故可以得到转子扭转振动响应为

$$\theta \equiv \theta_0 = \frac{-\mu k_c(B - r_0)r_{\text{disk}}}{k_r + me\Omega^2 B} \tag{5-38}$$

下面给定计算参数,对图5-27所示的转子系统进行数值仿真定量分析。计算参数选取:转子质量 $m = 1$ kg,转子弯曲刚度为 1.0×10^5 N/m,转子弯曲阻尼为 50 kg/s(对应阻尼比接近 0.1),轮盘半径 $r_{\text{disk}} = 50$ mm,间隙为 1 mm,不平衡量取 50 g·cm,碰摩刚度取 1×10^6 N/m,摩擦系数取 0.1。转动惯量 $J_p = 0.5$ kg·m^2,扭转刚度 $k_r = 2.5 \times 10^4$ kg·m/s^2,扭转阻尼如无特殊说明取 $c_r = 1$ kg·m/s。

基于式(5-9)的弯扭耦合振动方程,数值仿真得到转子横向弯曲振动响应和扭转振动响应,绘制转子横向弯曲振动响应随转速变化的分岔图,结果如图5-53所示。结果表明:当考虑弯扭耦合时,转子的碰摩振动响应包括无碰摩响应、全周碰摩响应、局部碰摩响应和反向涡动响应,这与仅考虑横向振动时的结果是一致的;随着转速增加,转子碰摩响应的变化序列为无碰摩→全周碰摩→局部碰摩→反向涡动。

数值仿真计算不同碰摩状态下转子的扭转振动响应。给定计算转速 2 880 r·min^{-1},数值计算得到转子全周碰摩响应,结果如图5-54所示。可以看出,转子轴心轨迹为圆,转子振动幅值略高于转静间隙,频域响应中仅包含转速频率成分。

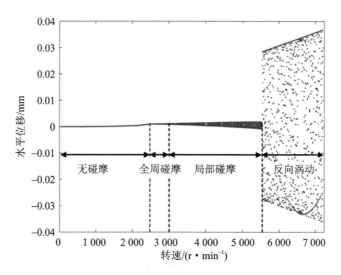

图 5 - 53　转子水平振动位移随转速变化的分岔图

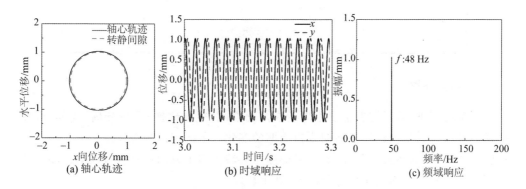

图 5 - 54　全周碰摩状态下转子横向振动响应

　　提取全周碰摩状态下转子扭转振动响应,如图 5 - 55 所示。结果表明:转子扭转振动响应以自身的扭转固有频率(35.8 Hz)做自由衰减振动,最终趋于某一定值,且该值为负;频域响应中包含较高的零频成分和一定的扭转固有频率成分。转子扭转变形为负的原因是全周碰摩状态下转子振幅、碰摩力恒定,且摩擦力方向始终为负,对转子施加一恒定的扭矩,转子发生恒定的扭转变形。总体而言,全周碰摩时,当转子振动响应达到稳态时,转子产生恒定的负扭转变形,且由于此时碰摩力较小,扭转变形幅值也很小,故对转子危害性也很小。

　　表 5 - 4 给出了稳定状态下转子全周碰摩响应的数值结果和理论结果的对比,可以看出理论得到的横向振幅与数值结果一致;同时理论解得的扭转振幅与数值结果也吻合较好,但也存在一定偏差,这是由于理论解推导时进行了一定的近似简化处理,如式(5 - 35)和式(5 - 36)所示。

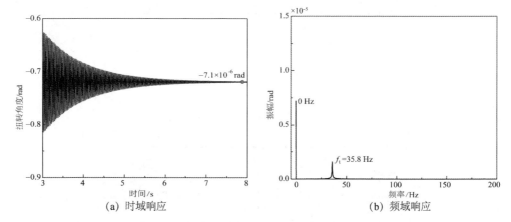

(a) 时域响应　　　　　　　　　　(b) 频域响应

图 5 - 55　全周碰摩状态下转子扭转振动响应

表 5 - 4　全周碰摩状态下扭转振动响应的数值解与理论解对比

结　果	横向振幅/mm	扭转幅值/(10^{-6} rad)
数值解	1.032	-7.1
理论解	1.032	-6.4

2. 局部碰摩

局部碰摩下,转子与静子发生周期或拟周期的"接触碰撞-反弹分离"运动,因此碰摩力及碰摩力矩也将发生周期或拟周期的变化。下面理论分析局部碰摩下转子的扭转振动特性,为不失一般性,假设局部碰摩时转子水平方向和竖直方向的振动由转速频率成分和多个谐波频率成分组成,如下所示:

$$\begin{cases} x = B\cos \Omega t + \sum_{i=1}^{\infty} A_i \cos \omega_{ri} t \\ y = B\sin \Omega t + \sum_{i=1}^{\infty} A_i \sin \omega_{ri} t \end{cases} \quad (5-39)$$

式中,Ω 为转速;ω_{ri} 为各个谐波频率,且有 $\omega_{r1} < \omega_{r2} < \omega_{r3} < \cdots$。根据前面的分析,局部碰摩状态下,转子高阶谐波频率成分远低于转速频率成分和第一阶谐波频率成分,忽略高阶谐波频率成分,则式(5-39)简化为如下形式:

$$\begin{cases} x \approx B\cos \Omega t + A\cos \omega_r t \\ y \approx B\sin \Omega t + A\sin \omega_r t \end{cases} \quad (5-40)$$

其中,$A = A_1$,$\omega_r = \omega_{r1}$。

此时转子涡动幅值为

$$\rho = \sqrt{x^2 + y^2} = \rho_0 + \rho_1 \cos \omega_\rho t \quad (5-41)$$

其中，ρ_0、ρ_1 和 ω_ρ 均可根据式(5-40)得到，分别满足 $\rho_0 = A^2 + B^2$，$\rho_1 = 2AB$，$\omega_\rho = \omega_r - \Omega$。根据式(5-11)，可以得到作用于转子盘心的碰摩扭转力矩为

$$M_t = \begin{cases} 0, & \rho < r_0 \\ -\mu k_c(\rho - r_0) \cdot r_{disk}, & \rho \geqslant r_0 \end{cases} \tag{5-42}$$

典型参数下的转子涡动幅值与碰摩力矩如图 5-56 所示，则碰摩力矩可以写为如下形式：

$$M_t = -F(\omega_\rho t)\mu k_c(\rho - r_0) \cdot r_{disk} \tag{5-43}$$

其中，$F(\omega_\rho t)$ 为随时间变化的单位矩形波函数，如图 5-57 所示。将其展开为傅里叶级数形式为

$$\begin{aligned} F(\omega_\rho t) &= \frac{\omega_\rho(t_3 - t_2)}{\omega_\rho(t_3 - t_1)} + \frac{1}{\pi}\sum_{n=1}^{\infty}\frac{2}{n}\sin\frac{n\omega_\rho(t_2 - t_1)}{2}\cos\frac{n\omega_\rho(2t - t_2 + t_1)}{2} \\ &= \upsilon_{rlt} + \frac{1}{\pi}\sum_{n=1}^{\infty}\frac{1}{n}(\sin n\omega_\rho t - \sin n(\omega_\rho t - 2\pi\upsilon_{rlt})) \\ &= \upsilon_{rlt} + \sum_{n=1}^{\infty}d_n\sin(n\omega_\rho t + \varphi_n) \end{aligned} \tag{5-44}$$

式中，$\upsilon_{rlt} = (t_3 - t_2)/t_3 - t_1$ 为碰摩时间占比；$d_n = \sqrt{2 - 2\cos(2n\pi\upsilon_{rlt})}/(\pi n)$；$\omega_\rho(t_3 - t_1) = 2\pi$；$\tan\varphi_n = \sin(2n\pi\upsilon_{rlt})/(1 - \cos(2n\pi\upsilon_{rlt}))$。

对于上述矩形波函数，若仅保留常数项和一次项，则其近似表达为

$$F(\omega_\rho t) \approx \upsilon_{rlt} + d_1\sin(\omega_\rho t + \varphi_1) \tag{5-45}$$

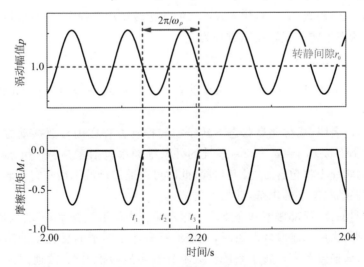

图 5-56 局部碰摩状态下转子涡动幅值与碰摩扭转力矩

将式(5-41)、式(5-45)代入式(5-43)中，并进行适当变换，则碰摩扭转力矩表达式为

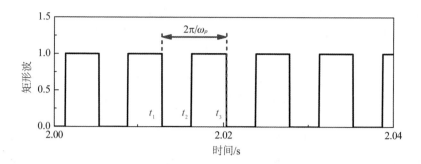

图 5-57 矩形波函数

$$M_t \approx f_0 + f_1 \sin (\omega_\rho t + \widetilde{\varphi}_1) + f_2 \sin (2\omega_\rho t + \widetilde{\varphi}_2) \qquad (5-46)$$

其中

$$f_0 = -\mu k_c r_{\text{disk}} \left((\rho_0 - r_0) \upsilon_{rlt} + \frac{1}{2}\rho_1 d_1 \sin \varphi_1 \right)$$

$$f_1 = -\mu k_c r_{\text{disk}} \left(\sqrt{(\rho_0 - r_0)^2 d_1^2 (\cos \varphi_1)^2 + ((\rho_0 - r_0) d_1 \sin \varphi_1 + \rho_1 \upsilon_{rlt})^2} \right)$$

$$f_2 = -\frac{1}{2}\mu k_c r_{\text{disk}} \rho_1 d_1$$

式(5-46)表明,局部碰摩状态下,在仅考虑振动响应的常数项、一次谐波项和矩形波函数的常数项、一次谐波项的前提下,碰摩扭转力矩将对转子产生零频恒定力矩、ω_ρ 和 $2\omega_\rho$ 的简谐激励。

将式(5-40)和式(5-46)代入式(5-9)的扭转振动方程中,并经过数学变换,得到局部碰摩状态下转子扭转振动方程为

$$J'_p\ddot{\theta} + c_r\dot{\theta} + (k_r + me\Omega^2 B + me\Omega^2 A \cos \omega_\rho t)\theta$$
$$= me\Omega^2 B + me\Omega^2 A \sin \omega_\rho t + f_0 + f_1 \sin (\omega_\rho t + \widetilde{\varphi}_1) + f_2 \sin (2\omega_\rho t + \widetilde{\varphi}_2)$$
$$(5-47)$$

式(5-47)表明,局部碰摩状态下转子扭转振动方程亦为参数振动方程,系统的参数激励频率为 $\omega_\rho(\omega_\rho = \omega_r - \Omega)$,系统的外激励频率包括零频、$\omega_\rho$ 和 $2\omega_\rho$。理论上讲,扭转振动响应中将包含 ω_ρ 及其倍频,此时可以通过谐波平衡获得扭转振动响应,类似于反向涡动状态下的求解,此处不再赘述。

值得说明的是,局部碰摩状态下转子振动响应中的谐波频率 ω_r 的数值难以通过理论推导获得,当局部碰摩较严重时,该谐波频率等于转子的反进动频率,而当局部碰摩轻微时,该谐波频率与转子系统参数不具有明显的相关性,故通过式(5-47)求解转子扭转振动响应的难点在于如何获得局部碰摩下转子的横向振动。尽管如此,式(5-47)对于局部碰摩状态下转子扭转振动响应的分析仍然具有重要意义,一是从理论上获得了局部碰摩状态下转子扭转振动响应特征;二是对于实际的工程结构,若能通过试验测得转子局部碰摩的横向振动响应,则可以用式(5-47)估算得到该局部

碰摩状态下转子的扭转振动响应。

　　给定计算转速 4 000 r·min⁻¹，数值计算得到转子局部碰摩响应，结果如图 5-58 所示。可以看出：局部碰摩状态下，转子发生重复的碰撞接触-反弹分离，每次碰撞轨迹不发生重合，形成图中所示的环形轨迹特征，时域响应呈现复杂的拟周期变化特征，频域响应中以转速频率成分 f 和碰摩激起的超谐波频率成分 f_r 为主，此外还包括转速频率 f 和超谐波频率成分 f_r 的组合频率成分 $2f+f_r$。

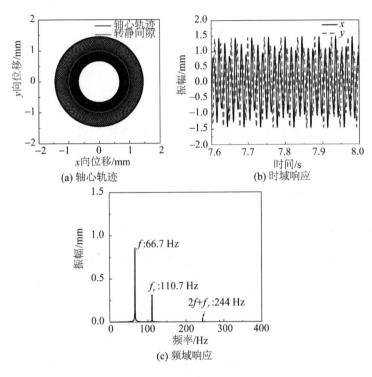

图 5-58　局部碰摩状态下转子横向振动响应

　　图 5-59 所示为局部碰摩状态下转子稳态扭转振动响应，结果表明：此时转子扭转振动近似为简谐振动，且平衡点为负值；频域响应中包含零频和 $f_\rho = 177.4$ Hz 的频率成分。

　　根据前述理论分析，局部碰摩状态下转子将会具有一定的扭转变形，即扭转振动响应中将包含零频成分，该成分是由碰摩力傅里叶展开的常数项引起的；此外扭转振动响应中还包括谐波成分，根据上述理论推导，该谐波成分为转子转速频率和碰摩谐波频率的组合频率。对于该局部碰摩状态，转子转速频率为 66.7 Hz，碰摩谐波频率成分为 110.7 Hz，并且图 5-58 中碰摩超谐波频率 f_r 对应的转子运动为反进动，由此理论计算得出扭转振动响应的谐波频率为 abs$(-f_r - f) = 177.4$ Hz，这与图 5-59(b)中数值结果一致，证明了理论分析的正确性。

　　值得注意的是，扭转振动响应的谐波频率成分一方面由时变的碰摩力激起，时变

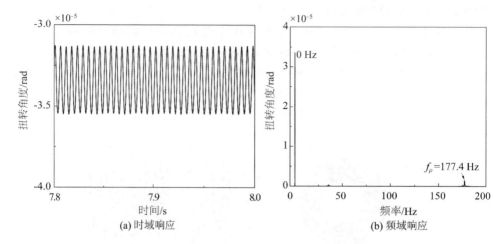

图 5 − 59　局部碰摩状态下转子扭转振动响应

碰摩力傅里叶展开中包含该转速频率与碰摩谐波频率的组合频率成分;另一方面也与转子不平衡量相关,由于不平衡量的存在,转子刚度项处存在着参数激励成分,该频率也为转速频率与碰摩谐波频率的组合频率。

3. 反向涡动

反向涡动是切向摩擦力激起的一种自激振动,该运动状态下转子系统以碰摩转子的反进动模态频率做反向涡动,且涡动幅值极高。反向涡动幅值可以由如下公式近似确定:

$$A = -\Omega r_{\text{disk}}/\omega_b \tag{5−48}$$

在反向涡动状态下,质量不平衡引起的转子振动远小于摩擦力引起的转子振动,转子运动形式由碰摩力主导,故忽略不平衡质量的影响,则转子横向运动的方程简化为

$$\begin{cases} m\ddot{x} + c\dot{x} + kx + k_c\left(1 - \dfrac{r_0}{r}\right)(x - \text{sign}(v_{\text{rel}})\mu y) = 0 \\[3mm] m\ddot{y} + c\dot{y} + ky + k_c\left(1 - \dfrac{r_0}{r}\right)(\text{sign}(v_{\text{rel}})\mu x + y) = 0 \end{cases} \tag{5−49}$$

仍然采用复数形式表示为

$$m\ddot{q} + c\dot{q} + kq + k_c(1 + \text{i}\mu\,\text{sign}v_{\text{rel}})\left(1 - \dfrac{r_0}{|q|}\right)q = 0 \tag{5−50}$$

假设转子反向涡动的解为如下形式:

$$q = A\,\text{e}^{(\alpha + \text{i}\omega_b)t} \tag{5−51}$$

将式(5−48)和式(5−51)代入式(5−50),并分离实部和虚部,得到

$$\begin{cases} ma^2 - m\omega_b^2 + c\alpha + k + k_c\left(1 + \dfrac{\omega_b r_0}{\Omega r_{\text{disk}}}\right) = 0 \\[3mm] 2ma\omega_b + c\omega_b + \mu k_c\left(1 + \dfrac{\omega_b r_0}{\Omega r_{\text{disk}}}\right) = 0 \end{cases} \tag{5-52}$$

式(5-52)中,当 α 大于 0 时,转子反向涡动可以发生;当 α 小于 0 时,反向涡动不存在,此时转子以其他碰摩形式运动。因此 α 等于 0 时对应着转子反向涡动存在的边界,这与前面建立的反向涡动边界预测方法本质上是一致的。根据式(5-52),求解得到转子反向涡动频率,代入式(5-48)便可求解得到转子反向涡动的幅值。

下面求解反向涡动时转子的扭转振动。当转子处于稳定的反向涡动状态时,转子水平和竖直方向的运动可以记为

$$\begin{cases} x = A\cos\omega_b t \\ y = A\sin\omega_b t \end{cases} \tag{5-53}$$

将其代入到式(5-9)中的扭转振动方程中,并联立式(5-35)和式(5-36),得到

$$J_p'\ddot{\theta} + c_r\dot{\theta} + (k_r + me\Omega^2 A\cos(\omega_b - \Omega)t)\theta$$
$$= me\Omega^2 A\sin(\omega_b - \Omega)t - \mu k_c(A - r_0)r_{\text{disk}}\text{sign}(v_{\text{rel}}) \tag{5-54}$$

为了求解式(5-54),需要确定 $\text{sign}(v_{\text{rel}})$ 的符号。

下面回顾反向涡动失稳产生的物理过程和物理机制:碰摩激起了转子不稳定的反向涡动模态(即反向涡动模态对应的模态阻尼小于 0),此时转子振幅 r 不断增加,该过程中接触点相对运动速度 $v_{\text{rel}} = \Omega r_{\text{disk}} - |\omega_b|r$ 随着振幅的增加逐渐减小,但仍然大于 0,直到振幅增加至使得接触点切向速度 $v_{\text{rel}} = \Omega r_{\text{disk}} - |\omega_b|r$ 恰好为 0 时,转子由不稳定状态过渡到临界稳定状态,此时模态阻尼为 0,转子振幅不再发散而保持恒定。若转子由于扰动,使得振幅增加,则接触点切向速度 $v_{\text{rel}} = \Omega r_{\text{disk}} - |\omega_b|r$ 将小于 0,此时模态阻尼大于 0,转子振幅将会衰减,直到 $v_{\text{rel}} = \Omega r_{\text{disk}} - |\omega_b|r$ 再次为 0,此时转子产生稳定的反向涡动运动。

根据上述物理过程可知,在转子反向涡动形成的过程中,接触点切向速度满足 $v_{\text{rel}} \geqslant 0$,在不考虑外界扰动的情况下,式(5-54)中 $\text{sign}(v_{\text{rel}})$ 可以取为正值,故方程进一步简化为

$$J_p'\ddot{\theta} + c_r\dot{\theta} + (k_r + me\Omega^2 A\cos(\omega_b - \Omega)t)\theta$$
$$= me\Omega^2 A\sin(\omega_b - \Omega)t - \mu k_c(A - r_0)r_{\text{disk}} \tag{5-55}$$

令 $\omega_a = \omega_b - \Omega$,则方程(5-55)化为

$$J_p'\ddot{\theta} + c_r\dot{\theta} + (k_r + me\Omega^2 A\cos\omega_a t)\theta$$
$$= me\Omega^2 A\sin\omega_a t - \mu k_c(A - r_0)r_{\text{disk}} \tag{5-56}$$

式(5-56)表明,反向涡动状态下的转子扭转振动方程为具有时变刚度的参数振动方程,时变参数的变化频率为反向涡动频率和转速频率的组合。同时,扭转振动方程受到激励频率为 ω_a 的简谐激励和恒定的碰摩扭转力矩的影响,简谐激励的幅值

与转子转速、不平衡量和反向涡动的幅值密切相关。

根据参数振动系统稳态响应的频谱特性,其稳态响应中包含外激励频率与参数激励频率的组合频率,而此处外激励频率与参数激励频率均为 ω_a,故系统频域响应中包含 ω_a 及其倍频成分,可假设扭转振动的解为

$$\theta = a_0 + \sum_{n=1}^{\infty} \left[a_n \sin (n\omega_a t) + b_n \cos (n\omega_a t) \right] \qquad (5-57)$$

通常响应中高次项相比基频成分可以忽略,仅保留常数项和一次项,则扭转振动解为

$$\theta \approx a_0 + a_1 \sin \omega_a t + b_1 \cos \omega_a t \qquad (5-58)$$

将式(5-58)代入方程(5-56)中,并令各个谐波项相等,则可得到如下代数方程组:

$$\begin{cases} k_r a_0 + \dfrac{1}{2} me\Omega^2 A b_1 = -\mu k_c (A - r_0) r_{\text{disk}} \\ -\omega_a^2 J'_p a_1 - \omega_a c_r b_1 + k_r a_1 = me\Omega^2 A \\ -\omega_a^2 J'_p b_1 + \omega_a c_r a_1 + k_r b_1 + me\Omega^2 A a_0 = 0 \end{cases} \qquad (5-59)$$

整理为矩阵形式,则为

$$\boldsymbol{\Lambda Z} = \boldsymbol{P} \qquad (5-60)$$

其中

$$\boldsymbol{\Lambda} = \begin{bmatrix} k_r & 0 & \dfrac{1}{2} me\Omega^2 A \\ 0 & k_r - \omega_a^2 J'_p & -\omega_a c_r \\ me\Omega^2 A & \omega_a c_r & k_r - \omega_a^2 J'_p \end{bmatrix}, \boldsymbol{Z} = \begin{bmatrix} a_0 \\ a_1 \\ b_1 \end{bmatrix}, \boldsymbol{P} = \begin{bmatrix} -\mu k_c (A - r_0) r_{\text{disk}} \\ me\Omega^2 A \\ 0 \end{bmatrix}$$

于是解得相关谐波系数为

$$\boldsymbol{Z} = \boldsymbol{\Lambda}^{-1} \boldsymbol{P} \qquad (5-61)$$

给定转速 6 000 r·min^{-1},计算得到转子反向涡动响应,结果如图 5-60 所示。结果表明:反向涡动状态下,转子轴心轨迹也近似为圆形,且振动幅值远高于转静件

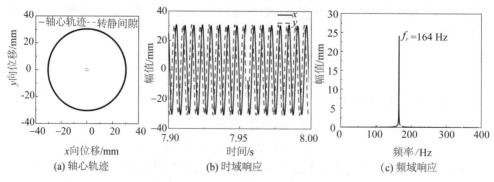

| (a) 轴心轨迹 | (b) 时域响应 | (c) 频域响应 |

图 5-60 反向涡动状态下转子横向振动响应

间隙；频域响应中包含超谐波频率 f_r，该频率值为碰摩转子的反向涡动频率。

反向涡动状态下转子的扭转振动响应如图 5 - 61 所示，结果表明：反向涡动状态下转子扭转振动响应同样近似为简谐振动，且此时转子具有较高的扭转变形；频域响应中包含较高的零频成分，以及某一较小的谐波频率 $f_\rho = 264$ Hz 成分。

与上一节局部碰摩状态下转子扭转振动响应对比可知，反向涡动状态下的扭转振动响应具有相似的变化规律，但该状态下扭转振动的均值成分及波动成分远高于局部碰摩，原因在于：反向涡动状态下转子振幅极高，碰摩力也极高，根据理论公式 (5 - 59) 可知，此时的扭转振动必然很高。另外，根据该式还可以看出，反向涡动状态下碰摩力主要使转子发生较高的负扭转变形，即碰摩力的主要贡献在扭转振动的零频成分；而谐波频率成分 f_ρ 则是由于不平衡导致的，它使得转子扭转振动方程中存在着参数激励项和外激励项，参数激励频率和外激励频率相等，均为反向涡动频率与转速频率的组合频率，该值为 $\mathrm{abs}(-f_r - f) = 264$ Hz，与图 5 - 61(b) 数值结果相同；同时参数激励和外激励幅值与不平衡量和横向振动幅值相关，在反向涡动状态下，较高的横向振动幅值也引起了较高的扭转振动成分。

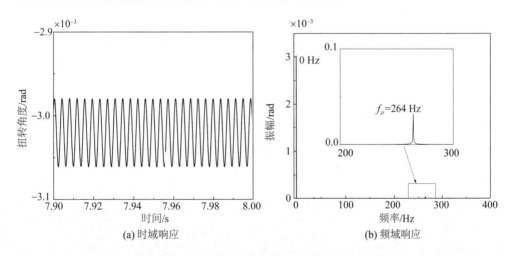

(a) 时域响应　　　　　　　　　　　(b) 频域响应

图 5 - 61　反向涡动状态下转子扭转振动响应

对于实际工程中的转子，当摩擦力足够大使得转子发生反向涡动时，转子振动响应在不断增加，由于较高的横向振动和扭转振动使得转子迅速发生破坏，因此实际工程中并不会观察到稳定的反向涡动运动。

第 6 章
支承结构减振隔振及安全性设计

航空燃气涡轮发动机中,支承结构系统是指为转子提供定位、支承约束、传递载荷的承力结构,以及保障冷却润滑、封严等相关静子结构的总称,其以轴承为中心,主要包括轴承、轴承座、弹支结构、轴承冷却润滑结构、封严结构等。支承结构设计包括支承方案、支承类型和支承刚度等的确定,以及轴承支承结构的滑油冷却润滑和封严等。

　　在支承结构系统设计中,一是提高承载能力的强度设计,二是抗变形和动力损伤的动力学设计。随着高推重比/功重比航空燃气轮机的发展,高速轻质转子系统工作负荷不断提升,在工作过程中转子弯曲变形及其所产生的旋转惯性使支承结构所承受的动载荷愈加复杂。此外,由于结构质量设计限制,支承结构大量使用板壳结构,因此,在全转速动态环境下支承结构在动力学设计中必须考虑刚度弱化、振动隔离、局部振动疲劳损伤等问题。

　　总之,现代先进航空燃气轮机设计中需关注支承结构系统动力学特性,针对其工作状态下动力响应、传递特性及极端载荷作用等,提出适用的减振、隔振设计方法及安全性设计策略。

6.1　力学特征与失效模式

　　转子支承结构系统的主要功能是:① 为转子提供支承约束,保证转子的定位、定心和稳定运转;② 向承力框架传递转子轴向和横向载荷;③ 为转子提供相应的支承约束刚度和必要的阻尼;④ 为轴承提供润滑、冷却所需滑油路径;⑤ 构建良好密封和隔热环境的轴承腔;⑥防止转子冲击和旋转载荷对轴承-支承结构系统的破坏等。

　　航空燃气轮机在复杂工作载荷环境下,支承结构力学特性的稳健性是上述基本功能和设计要求的保障。由于转子系统动力学特性随工作状态而变化,不同位置支承结构的工作载荷环境和力学特性具有差异,需要根据支承结构特征和载荷环境对其力学特性进行相应的优化设计。

6.1.1 工作载荷环境

工作载荷环境是航空燃气轮机转子动力学设计的重要前提,支承结构系统为转/静子结构提供支承约束,工作中承受多类型工作载荷作用,主要可概括为以下几类:

① 经支点轴承座传入的转子系统轴向、径向力与动态激励载荷;

② 经其他静子结构传递的空气或燃气压力等产生的轴向力、扭矩,以及高速气流压力脉动、气动噪声或附件齿轮啮合传动等产生的动态激励载荷;

③ 起飞着陆、机动过载等飞行状态下因结构质量惯性产生的惯性力或力矩;

④ 外物打伤、叶片飞失、转子抱轴卡死等极端载荷工况下产生的冲击载荷;

⑤ 由于温度梯度及其变化、材料线膨胀系数不协调等造成的温度载荷。

1. 旋转载荷

支承结构主要承受的载荷是转子旋转过程中在支点产生的旋转激励载荷,其中最主要的是转子质量旋转惯性所产生的旋转惯性载荷,还有气动载荷和转静件碰摩等产生的激励载荷。航空燃气轮机转子系统做受约束的定轴旋转运动,转子旋转惯性载荷由支点约束力所平衡,对支承结构表现为旋转激励,称为支点动载荷。先进航空燃气轮机高速运转中,约束转子弯曲变形带来局部旋转惯性力矩作用,从而产生大支点动载荷,如图 6 - 1 所示,激励载荷经轴承向支承结构传递,并最终作用于承力机匣、安装节。

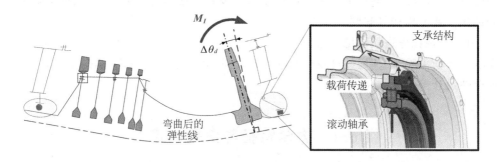

图 6 - 1　不平衡激励载荷在滚动轴承内的传递

转子旋转惯性激励载荷需经轴承传递至支承结构系统。对于航空燃气轮机所用的滚动轴承,轴承外圈安装在轴承座或支承结构上,轴承内圈安装在转子轴颈上随之转动;滚动体则在内滚道摩擦力的作用下发生转动,一方面绕轴承中心线进行公转,并推动保持架转动,另一方面滚动体绕其中轴线进行自转,两者合成为滚动体在内、外圈滚道上的滚动运动。

转子径向载荷通过单侧传入轴承内圈后,经过多个滚动体碾压内、外滚道传入轴承外圈,如图 6-2 所示,其载荷分布形式由单点径向输入的支点动载荷转变为多点径向输出的滚动体-外圈滚道径向接触载荷。此外,在高速重载转子中,滚动体与保持架的离心载荷同样会以径向接触载荷的形式传入轴承外圈和支承结构系统。因此,研究滚动轴承动态载荷分布的关键在于确定滚动体与内、外滚道径向接触载荷的时变分布。

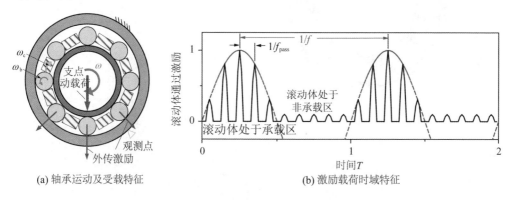

(a) 轴承运动及受载特征　　(b) 激励载荷时域特征

图 6-2　支点动载荷激励经滚动轴承传递特征

为更直观说明径向接触载荷的分布和时变规律,提取不同时刻下轴承内部径向应力分布结果,计算相应时刻下滚动体与内、外圈滚道之间的径向接触载荷分布特征,如图 6-3~图 6-5 所示。尽管载荷部分较为复杂,但可以看出,转子径向载荷所指一侧的滚动体所受径向接触载荷较大,为主要承载滚动体,在该状态下,位于承载区的滚动体数目仅有 2~3 个。

此外,存在个别承载侧滚动体上径向接触载荷为零及部分非承载侧滚动体上具有一定的径向接触载荷的情况,说明在该状态下滚动体并非时刻贴紧内、外圈滚道,滚动体在自转和公转的同时,还会在内、外圈滚道之间发生径向跳动,对滚道产生一定的冲击作用。以 t_1 时刻为例,此时转子径向载荷指向 12 点方向,5♯滚动体承受大部分径向载荷,同时 4♯ 与 6♯ 滚动体同样碾压外圈滚道,传递部分径向载荷,但 4♯ 滚动体与内圈滚道之间径向接触载荷为零,滚动体短时脱离轴承内圈。

以 1♯ 滚动体对支点动载荷传递特征为例,说明轴承滚动对激励载荷特征的影响。提取滚动体与轴承内、外圈滚道的径向接触载荷时变结果,并计算得到其幅频曲线,如图 6-6 所示。可以看出,支点动载荷经滚子传递后,频率特征趋于复杂,不再是单一转子转速频率激励,而是具有宽频、多频分布特征;尤其当存在较大径向游隙时,频域特征丰富,外传振动加剧。

在不同径向游隙条件下,滚动体-外圈径向接触载荷频率成分中均以转速与滚动体公转之间的调制频率项 $f \pm f_c$ 为主,轴承外圈承载频率成分主要为转速基频。但在大游隙条件下,滚动体与滚道之间相互碰撞较为剧烈,径向接触载荷幅值明显高于转子支点动载荷幅值;而当轴承径向游隙较小时,滚动体外传径向载荷较低,基本与转子支点动载荷幅值相等。

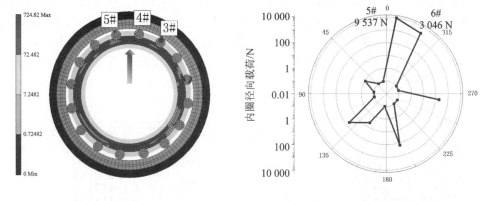

(a) von–mises应力分布   (b) 滚棒–内圈径向接触力分布

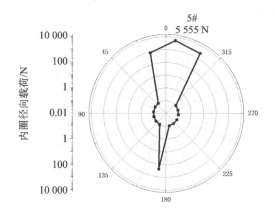

(c) 滚棒-外圈径向接触力分布

图 6 - 3 t_1 时刻轴承内部的应力分布和径向接触载荷分布

综上所述,支承结构为转子提供支承约束,其所受支点动载荷并非是转子转速频率不平衡力激励的简单分解。在高速旋转状态下,转子质心转向后不平衡力激励载荷减小,但受转子弯曲变形影响,涡轮盘等薄盘单元产生局部大旋转惯性力矩,可造成大支点动载荷。而在大支点动载荷作用下,受轴承滚动体与内/外圈滚动接触等特征影响,产生复杂调制、组合激励频率,给支承结构带来宽频、多频动载荷激励特征,是造成支承结构复杂振动响应的重要因素。

2. 冲击载荷

在航空燃气轮机工作过程中,转子支承结构上所承受的冲击载荷如下:一是外物打伤或转子叶片飞失等极限状态下所产生的冲击载荷;二是整机运动状态的突变(例如飞机硬着陆、舰载机起飞等瞬时过载状态)所产生的横向/轴向惯性冲击载荷;三是转子与静子结构发生碰摩时所产生的径向和切向冲击载荷。无论是叶片飞失还是硬

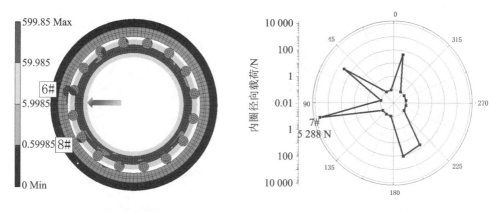

(a) von-mises应力分布　　　　　　　　(b) 滚棒-内圈径向接触力分布

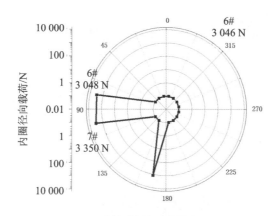

(c) 滚棒-外圈径向接触力分布

图 6-4　t_2 时刻轴承内部的应力分布和径向接触载荷分布

着陆引起的冲击载荷,都来源于运动状态变化所产生的惯性载荷,其大小和方向与结构特征和运动状态变化相关;而转静件碰摩所产生的冲击载荷则与接触状态变化相关,在力学特性上也会产生不同的变化规律。但是冲击效应在极短时间内对结构系统注入的能量会使转子运动及支承结构产生相应的支点动载荷变化,是造成支承结构损伤破坏、影响其安全性的关键载荷条件。

惯性载荷为结构在进行非惯性运动时产生的质量惯性的力学表现,与结构质量和运动状态密切相关。发动机过载状态按照加速度方向可以分为横向过载和轴向过载。其中,横向过载主要发生在飞机硬着陆过程中;轴向过载主要发生在舰载机弹射起飞或者飞机加/减速过程中。

硬着陆过程产生横向过载的物理过程如下:飞机硬着陆前,发动机具有初始向下的速度,飞机硬着陆时与地面发生接触,在横向冲击载荷的作用下,发动机产生动态变化的加速度,在横向上受到变化的惯性载荷。典型载荷过程如图 6-7 所示,飞机硬

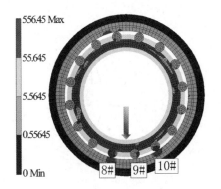

(a) von-mises应力分布

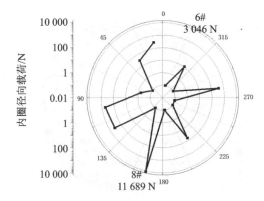

(b) 滚棒-内圈径向接触力分布

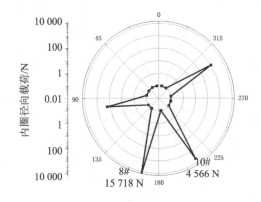

(c) 滚棒-外圈径向接触力分布

图 6 - 5　t_3 时刻轴承内部的应力分布和径向接触载荷分布

着陆撞击地面瞬时,发动机横向惯性加速度突增,随后发生振荡,最终衰减并趋于稳定。惯性加速度的振荡变化范围和衰减时间随硬着陆强烈程度的不同而有所差异。

3. 热端高温环境

热载荷是使组件的所有部件在连接点处变形协调所需的内部的自平衡力(self-equilibrated forces)。产生热载荷的原因主要有:① 构件内或连接件之间的温度不同;② 相同的温度下,材料不同导致其具有不同的热膨胀系数;③ 材料不同的连接件,其膨胀系数随温度不同而不同。

温度受发动机类型、气动热力设计参数及工作状态等因素影响。典型高推重比发动机涡轮后承力结构温度分布如图 6 - 8 所示。高温环境主要源自燃烧产生的高温燃气,因而穿过流道的承力辐板温度最高,其外通常需设计整流罩与燃气隔离,并通入冷却空气以降低结构温度。承力辐板向外环机匣、内环机匣温度逐渐降低,内/外环机匣与辐板最高温差可达 100~200 ℃;外涵气流温度较低,外涵机匣温度降低

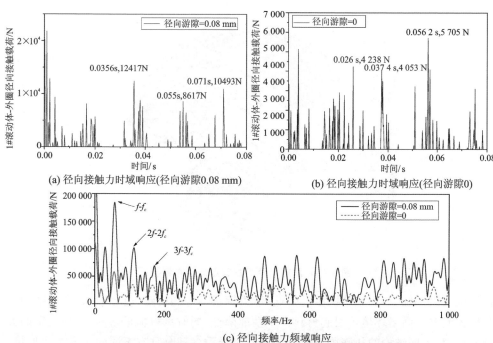

(a) 径向接触力时域响应(径向游隙0.08 mm)　　　(b) 径向接触力时域响应(径向游隙0)

(c) 径向接触力频域响应

图 6 - 6　不同游隙条件下 1♯ 滚动体-外圈径向载荷时频响应

(a) 飞机硬着陆

(b) 发动机横向惯性加速度变化

图 6 - 7　飞机硬着陆及发动机惯性加速度

至 170 ℃ 左右。为保障轴承安全可靠工作,设计冷却空气系统降低支承结构温度,并在轴承腔内采用滑油冷却,一般控制轴承温度不高于 200 ℃。

由承力框架设计状态温度分布特征可见:中部穿过流道的承力辐板温度高,而外

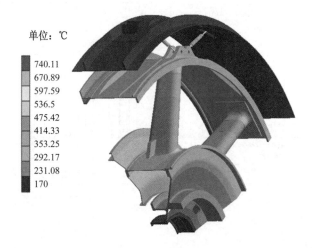

图 6-8　涡轮后承力框架温度分布特征

侧机匣与内部轴承-支承结构温度较低,承力辐板与外涵机匣、内部轴承-支承结构存在较大温差。高温环境可引起材料力学性能降低,同时承力辐板与内/外环机匣的大温度梯度、不同结构的热膨胀系数差异等均可导致各部分具有不同的热膨胀变形量,即热变形不协调,可造成局部变形、应力集中。

　　不同工作状态下温度环境存在较大变化,如图 6-9 所示,随工作状态改变,不同结构温度变化特征有所不同:① 受高温燃气影响最大的承力辐板、流道件温度变化最为剧烈,当工作状态变化时,承力辐板温度大幅改变,受其传热影响较大的内/外环机匣结构等,温度均同比变化;② 轴承高速旋转中摩擦生热,为保障其安全性、可靠性,对其采用滑油冷却润滑,因此,尽管不同工作状态下支点动载荷和环境温度均产生较大的变化,但轴承及轴承座处温度变化相对较小。

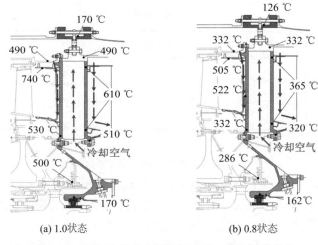

(a) 1.0状态　　　　　　　　(b) 0.8状态

图 6-9　不同飞行状态下涡轮后承力框架温度分布

工作于热端高温环境的支承结构系统,如涡轮级间支承结构、涡轮后支承结构等,其力学特性受温度载荷分布及变化特征的影响如下:一方面,支承结构等热变形的非协调性可产生局部大热应力集中,造成结构应力损伤;另一方面,不同工作状态下温度的动态变化可造成支承刚度等力学特征变化,使转子系统动力学特性产生分散性。热端支承结构设计中,需考虑上述高温环境及其变化特征,保证不同工作状态下力学特征参数及动力学特性等的稳定。

6.1.2　动刚度特征

支承结构在工作过程中承受一个或多个转子的简谐激励,在结构设计中必须保证其支承刚度在宽的频率范围内对激励具有低敏感性。对于支承结构,在不同工作状态下影响整机动力学特性的主要参数是其动刚度,它可以表示支承结构的刚度、质量的分布特性。刚度是指结构抵抗变形的能力,静载荷下结构抵抗变形的能力为静刚度,而动态激振力作用下支承结构的抗变形能力可以采用动刚度进行描述。

支承结构动刚度是指不同转子工作转速频率范围,考虑所激起的支承结构振动特征后,其所具有的动态支承刚度特性可以有效地评估支承结构的动力敏感度。在设计频域内动刚度可表示为

$$K(\omega) = \frac{F(\omega)}{X(\omega)} \tag{6-1}$$

其中,$[\boldsymbol{X}]$ 为位移响应矩阵;$[\boldsymbol{F}]$ 为动态激励载荷矩阵。在机械系统中,激励力与其作用下的响应之比,也被称为机械阻抗,因此,动刚度实际为结构位移机械阻抗。

下面以受简谐激励(频率为 ω)的单自由度系统为例来分析动刚度基本特征与作用机理。如图 6-10 所示,简谐激励载荷下单自由度系统运动微分方程为

$$m\ddot{x} + c\dot{x} + kx = P(t) \tag{6-2}$$

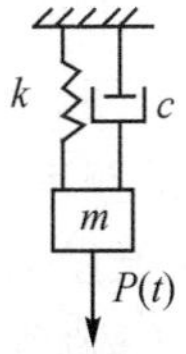

若激振力为 $P(t) = P_0 e^{j\omega t}$,输出为位移响应 $x(t) = \bar{B} e^{j\omega t}$,则动刚度表达式为

图 6-10　单自由度系统

$$K_D(\omega) = \frac{P(t)}{x(t)} = \frac{P_0 e^{j\omega t}}{\bar{B} e^{j\omega t}} = \frac{P_0}{\bar{B}} \tag{6-3}$$

根据定义式(6-1),可以将动刚度理解为给定激励频率条件下激起单位振幅所需的激振力的大小。将 $x(t) = \bar{B} e^{j\omega t}$ 和 $P(t) = P_0 e^{j\omega t}$ 代入式(6-3),化简得

$$K_D(\omega) = k - m\omega^2 + jc\omega = k(1 - \lambda^2 + j2\zeta\lambda) \tag{6-4}$$

其中,c 为阻尼系数;ζ 为阻尼比(相对阻尼系数),$\zeta = c/(2\sqrt{km})$;λ 为频率比,激励频率与系统固有频率的比值,即 $\lambda = \omega/\omega_n$。

由式(6-4)可知,动刚度是一个复数,并且是激励频率的函数。动刚度 $K_D(\omega)$ 可分解成两部分,如图 6-11 所示,式(6-4)中动刚度的实部为 $k - m\omega^2$,由结构系

统静刚度、质量和激振频率决定,表示直接动刚度的大小,所体现的是惯性载荷和弹性恢复力对动刚度的贡献;虚部为 $c\omega$,由系统的阻尼和激振频率决定,表示正交动刚度的大小,体现了阻尼对动刚度的影响。直接动刚度与正交动刚度都是激振频率 ω 的函数,直接动刚度是一条抛物线,纵坐标截距等于径向弹簧刚度 K。

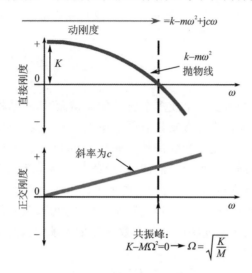

图 6 - 11　动刚度分量与转速的关系曲线

根据结构系统动力响应及图 6 - 11 中对直接刚度与正交刚度的分解,可知结构动刚度与激励频率的关联性及变化规律如下:① 当结构所受激励为静载荷时,结构抗变形能力可表示为静刚度,为直接刚度的初始值;② 如果激振力的频率 ω 远小于结构本身固有频率 ω_n,则对结构动力响应的影响较小,动刚度值趋近静刚度;③ 如果激振力的频率 ω 远大于结构本身的固有频率 ω_n,由于在超临界状态下转子发生质心转向,故激励力相位与响应相位相差 $180°$,即直接动刚度是负值,并且动刚度 $Z_x(\omega)$ 的模很大,则结构对激振力的阻抗很大;④ 当激振力的频率 ω 与结构的固有频率 ω_n 相等时,动刚度 $Z_x(\omega)$ 的实部为 0,即直接动刚度值为 0,动刚度取决于激励载荷下系统阻尼的影响,即在共振状态下阻尼是提供抗变形能力的关键参数。

1. 共用承力框架结构动刚度

航空燃气轮机典型承力框架结构及其固有振动特性如图 6 - 12 所示,其由共用轴承座、承力框架(包括内/外环机匣、承力辐板)及流道件、隔热/封严等辅助结构件(图中未标示)构成,轴承座与承力框架内环机匣通过法兰-螺栓结构连接。承力结构系统低阶固有模态为轴承座俯仰和承力辐板摆动。

在转子支点简谐激励载荷作用下,支承结构各支点位置动刚度特征如图 6 - 13 所示。可见,各支点动刚度值与激励载荷频率密切相关。在低转速下,激励频率远离承力结构共振频率,此时动刚度仅随激励频率增大略有降低,基本与静刚度值保持一

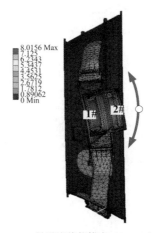

(a) 结构特征　　　　　　　　　(b) 轴承座俯仰模态（345 Hz）

图 6 – 12　典型共用承力结构及模态振动特性

致,在转子工作转速频率(160 Hz)下,1♯支点动刚度约为静刚度值的 0.86 倍,2♯支点动刚度约为静刚度值的 80%。

当外部激励频域与支承结构模态频率接近时,结构动力响应增大,动刚度突降。对于 1♯支点位置,其动刚度曲线在 345 Hz 和 459 Hz 频率下突降,即动刚度大幅降低。而 2♯支点位置则在 345 Hz 下产生动刚度突降;459 Hz 下 2♯支点位于模态振型节点附近,对激励频率变化不敏感。

综上,支承结构对转子的约束刚度特性会随载荷环境产生变化,当激励载荷频率接近于支承结构模态频率时,支承结构抗变形能力(即动刚度)显著下降,可对转子-支承系统动力学特性产生显著影响。因不同心、轴承间隙等原因,在转子旋转过程中会产生倍频或次谐波激励,会对支承结构动刚度产生影响,故在支承结构动力学设计中,需予以关注。

2. 低敏感度设计

支承结构系统设计需保障不同工作状态下支点刚度特征的稳定,即对载荷环境变化的低敏感度,以实现转子-支承系统动力学特性稳定。不同状态下支承刚度变化主要有两方面原因:一是转子转速等变化产生不同频率的激励载荷,造成支承动刚度特征变化;二是对于热端部件,不同状态下温度载荷变化导致结构弹性模量等材料参数变化。对于承力结构低敏感度设计,即通过设计降低承力结构对激励频率、温度等变化的敏感度。

支承结构系统刚度由其组成零构件的刚度串并联得到,如图 6 – 14 所示,分为弹性支承和刚性支承,根据弹簧刚度串联定理: $\dfrac{1}{k}=\dfrac{1}{k_1}+\dfrac{1}{k_2}+\cdots+\dfrac{1}{k_i}$,串联结构的支承刚度主要由刚度最弱项决定。对支承结构刚度进行低敏感度设计,主要应对其

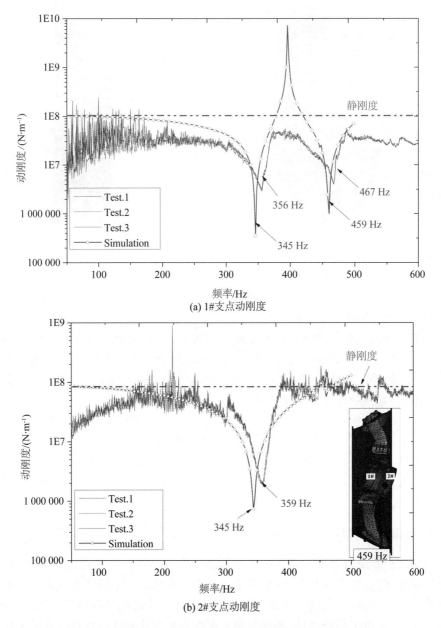

(a) 1#支点动刚度

(b) 2#支点动刚度

图 6 - 13   不同频率下承力结构支点动刚度特征(彩图见彩插)

刚度最薄弱部分或其对发动机性能影响最敏感部分开展。

　　航空燃气轮机为高速旋转热机,支承结构尤其是涡轮部分的支承结构处于高温环境中,不同状态下的工作温度存在差异,除可能造成热应力疲劳和屈曲变形等故障外,温度的变化同时造成材料参数变化,影响支承刚度的稳定性。因此,需要评估支承刚度对温度的敏感度,并开展低敏感度设计。刚度-温度敏感系数表示支承结构刚

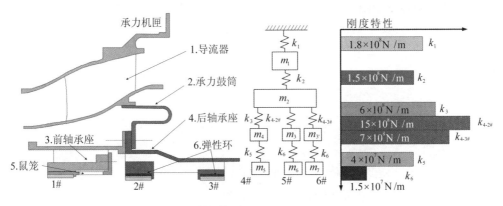

图 6 - 14　典型支承结构系统刚度分布

度随工作环境温度变化的特征,用于描述变化的温度场对结构抗变形能力的影响,其表达式为

$$\Delta K_t = \frac{\Delta K}{\Delta T} \qquad (6-5)$$

其中,ΔK 为结构在发动机工作温度变化范围内的指定方向的刚度变化量,单位为 N/m;ΔT 为结构在发动机工作范围内工作温度的变化量,单位为 K。

式(6-5)中,温度变化 ΔT 主要由发动机类型及性能参数所确定,在结构系统设计中,主要通过减少支承刚度变化(ΔK)来降低支承刚度对温度的敏感度。因而,在支承结构系统设计中,应保障不同工作状态下决定支承刚度的最弱结构(通常为弹支)的温度保持稳定。如图 6-14 所示,其各支点位置刚度最弱结构为鼠笼或弹性环等弹性支承,将其设计于轴承腔中,通过滑油、空气系统等保障各状态下刚度基本相同,由此实现支承刚度对温度载荷的低敏感度设计。

由于支承结构的结构特征与质量分布特点,在转子工作转速频率范围内,可能出现局部共振,局部共振尤其是直接支承轴承的轴承座附近的共振会造成动刚度突降,影响发动机正常工作,严重时造成结构损害。频域范围内动刚度最小值的大小直接影响结构的最大变形量,因此需要着重考虑动刚度最小值相比于静刚度值的下降程度。为此,可引入动刚度弱化系数:

$$\eta_k = \frac{K(\omega)_{\min}}{K_s}$$

该系数表示动刚度在最弱的频率段相比于静刚度值的下降程度,$\eta_k \in (0,1)$。动刚度弱化系数越小,表面其动刚度值下降越多,支承稳定性越差,弱化系数越接近 1,表明结构支承稳定性越好。

如图 6-15 所示,在 PW150A 涡轮级间支承结构设计中,导流器内环向内折返,并设计为鼠笼弹支结构,为决定支承刚度的最弱构件,在各支点径向载荷作用下,主要表现为鼠笼径向变形,从而保证刚性轴承座无较大角向偏转。由于导流器叶片亦作为承力辐板直接与燃气接触,为减少高温燃气热量通过承力辐板向内部传递,避免温度变化对弹性支承刚度的影响,在导流器内环与鼠笼结构间加有弹性轻质隔热材料,从而改善内部支承结构工作温度环境,保证弹支位置支承刚度的稳定。

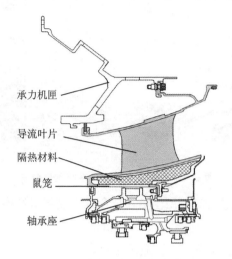

图 6 - 15   PW150A 涡轮级间支承结构设计

对于支承结构系统(尤其是共用支承结构),对各支点动刚度影响最显著的主要为结构摆动振型,共振频率取决于角向刚度,适当提高角向刚度有利于提高结构摆动等共振频率,避免工作转速范围内转子不平衡载荷激起结构共振,进而可降低支承结构对激励频率变化的敏感度。

图 6 - 16 所示为典型涡轮级间共用承力结构,前后两支点处的转子激励经滚棒轴承传至共用轴承座,最终经由承力辐板传递至机匣。其承力鼓筒与承力辐板为一

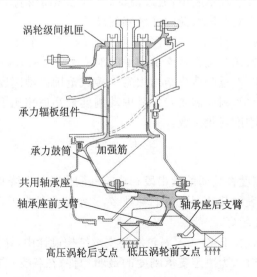

图 6 - 16   新型涡轮级间支承结构传力线路

体式结构(图中的承力幅板组件),承力鼓筒被设计为带有加强筋的折返式结构,可以增大支承结构角向支承刚度,提高角向抗变形能力。在支承结构几何构形设计中,通过结构参数优化保证轴承座整体角向刚度和模态频率较高,以避免工作转速范围内结构的共振,可有效降低对激励频率变化的敏感度。

6.1.3　损伤失效模式

1. 轴承损伤失效

图 6-17 展示了较典型的滚道及滚动体的疲劳剥落形貌,其为滚动接触疲劳所引起的失效,是轴承在运转期间由于交变应力导致的接触面上或接触面的次表面处形成的疲劳裂纹。在轴承滚道或滚动体应力集中部位的次表面,由材料微观撕裂引起的疲劳剥落就是次表面疲劳剥落,这是由于滚动体在滚道上挤压滚动时,在次表面上形成的与表面倾斜约 45°的最大正交剪切拉应力造成的,其影响因素主要是载荷大小、作用次数以及次表面的残余应力状态。

 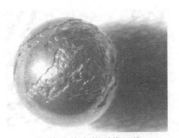

(a) 滚道疲劳剥落形貌　　　　　　(b) 滚动体疲劳剥落形貌

图 6-17　轴承疲劳剥落形貌

图 6-18 所示为典型轴承磨损失效形貌。轴承的磨损失效主要是指内、外套圈与滚动体之间金属表面的接触和相对运动造成的失效,主要分为磨粒磨损、粘着磨损。轴承零件表面的磨损会使轴承零件的尺寸和形状发生改变,轴承游隙增大,表面粗糙度增加,轴承运转精度降低。大多数的轴承零件剥落和断裂故障均是由早期的

(a) 外/内圈滚道磨损　　　(b) 滚动体磨损　　　(c) 保持架磨损

图 6-18　轴承磨损失效形貌

磨损失效所致,磨损颗粒物留存在轴承零件工作表面,给轴承工作状态恶化埋下故障隐患,因此,避免磨损失效可有效保障和提高轴承可靠性。

图 6-19 所示为振动引起的轴承保持架疲劳断裂损伤,其是在振动等交变载荷作用下的断裂,主要原因是轴承本身精度造成的随机振动、谐波共振、发动机本身振动过大,进而造成保持架和套圈异常的高频冲击,最终导致保持架断裂。

图 6-19　振动导致的轴承保持架断裂形貌

此外,还有轴承塑性变形、打滑等损伤失效模式。轴承塑性变形是因受到过大的冲击载荷、静载荷,因热变形引起额外的载荷或落入硬质异物等使滚道表面上形成凹痕或划痕,在载荷累积作用下或短时超载就可能引起轴承塑性变形。这种失效损伤在轴承转动过程中以噪声形式体现。研究表明,接触区域变形小于万分之一滚动体直径时,对轴承性能基本无影响。

2. 弹支结构塑性变形

转子支承结构在受冲击和大旋转惯性载荷激励下,鼠笼弹性支承结构、拉杆弹性支承结构均会产生一定的塑性变形。一般是在叶片飞失和转静件产生严重碰摩,转子发生非协调涡动时,在转子支承结构处会产生较大动载荷,可导致弹性支承结构产生扭转塑性变形(与进动方向相同)。

3. 承力框架裂纹损伤

图 6-20 所示为转子承力框架辐板与机匣连接局部高周疲劳裂纹损伤。航空燃气轮机承力框架多为典型轻质板-壳耦合结构,具有丰富固有振动模态,且辐板与机匣存在受力与振动模式的非协调。在经滚动轴承传递的支点载荷、气动噪声等宽频激励载荷的作用下,结构局部振动易被激起,振动能量在板-壳连接局部区域聚集,造成大振动响应与应力超限,长时间使用易产生高周疲劳裂纹。

对于涡轮后承力框架等热端结构,由于热变形不协调等可造成局部大热应力集中,引起低周疲劳裂纹,如图 6-21 所示。在温度载荷作用下,承力框架整体处于受热膨胀状态,大应力区主要位于支板与内、外环连接位置,并且由于热应力的分布与边界约束条件有很大关系,因此,在图 6-21 中所示涡轮承力框架故障中,内环在有

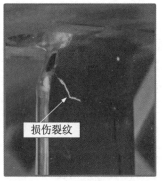

(a) 损伤裂纹特征　　　　　　　　　(b) 振动能量分布

图 6 – 20　轻质承力框架振动疲劳裂纹损伤特征

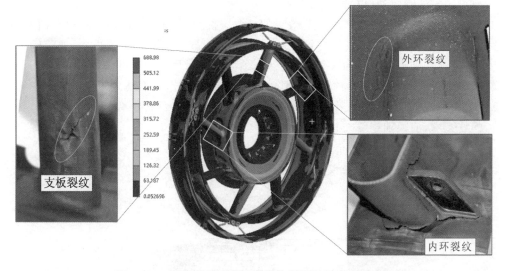

图 6 – 21　热负荷引起的热端承力框架低周疲劳裂纹特征

拉杆支板圆角位置开裂更为严重,而外环在无拉杆支板位置开裂严重。

综上,对于热端承力框架结构,在温度场下热变形不协调导致局部应力集中,不同状态循环工作中会产生热应力交变,进一步考虑振动所引起的交变应力后,可造成结构严重的疲劳损伤失效。

| 6.2　支承结构减振设计 |

支承结构是转子和机匣之间的连接结构,为了减少结构之间的动力耦合,在支承结构系统设计中,要求结构在工作频率范围内具有一定的振动隔离、衰减能力。在轴承外的支承结构上设置阻尼器是典型的减振方案,能够提高阻尼、抑制转子临界转速点振动响应,并衰减外传振动水平。

其中,挤压油膜阻尼器(squeezed film damper,SFD)是具有航空燃气轮机结构特色的阻尼结构,被广泛用于减少转子通过共振时的振幅和支承外传力。根据其轴颈中心与轴承中心在转子未旋转时是否同心,挤压油膜阻尼器可分为带定心弹性支承和不带定心弹性支承的两类挤压油膜阻尼器。

6.2.1 鼠笼挤压油膜阻尼结构

图 6-22 所示为典型鼠笼挤压油膜阻尼结构,包括调节支承刚度的鼠笼结构和挤压油膜阻尼器组件。其利用连接于弹性支承右端的高精度加工圆柱面作为阻尼器的轴颈,转子静止时,阻尼器轴颈与装于支承结构的阻尼器轴承(油膜环)同心。滑油从支座上的供油孔流入油膜环与油膜轴颈的间隙中形成油膜,油可自阻尼器两端流出,也可用封油圈封油,以减少泄漏量。

挤压油膜阻尼器可以产生阻尼效果的必要条件为:① 油膜轴颈产生一定径向偏移并发生进动;② 油膜被挤压并产生相应的油压分布。转子运动过程中,通过轴承外环带动弹性支承产生径向位移,阻尼器轴颈与转子轴颈做同步进动,在油膜环和油膜轴颈之间挤压油膜,油膜的流动会消耗一定的振动能量,从而达到减振的效果。稳态转速下,轴颈中心的轨迹是与轴承同心的进动圆,转子自转不会通过滚动轴承外传,弹性支承、油膜轴颈等无自转运动。

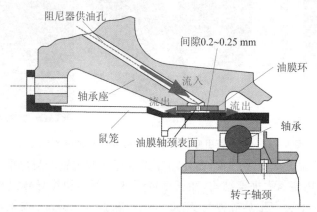

图 6-22 典型鼠笼弹支挤压油膜阻尼结构

挤压油膜阻尼器因结构简单、体积小、重量轻、成本低廉、减振效果显著等优点,已被广泛应用于航空燃气轮机中。为了保证挤压油膜阻尼器具有良好的减振作用,需要降低支承刚度,使轴承支承位置产生一定的横向位移,并需要控制转子在支点处的运动状态和幅值范围。当转子系统支点处的位移过大或产生偏斜时,油膜阻尼效果会变差,油膜刚度随轴颈偏心率呈高度非线性,可能会使转子系统出现双稳态、非协调涡动失稳、卡滞锁死等现象,给整机和转子结构带来严重危害。

1. 鼠笼弹支刚度设计

鼠笼式弹性支承结构通过笼条结构几何尺寸和数量调整支承刚度。如图 6 – 23 所示,笼条的径向刚度和周向刚度不等,在轴承传递的径向力 F 作用下,各笼条分配的载荷不同。

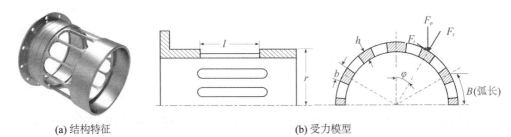

(a) 结构特征　　　　　　　　　　　　　　(b) 受力模型

图 6 – 23　鼠笼式弹性支承结构及其受力模型

取位于 φ 角处的任一笼条进行分析。当笼条一端受到载荷 F 分配来的力 F_φ 时,因该端不能转动,相当于该端为自由端而附加了弯曲,等效弯矩值为

$$M_\varphi = F_\varphi l/2 \tag{6-6}$$

求出笼条该端位移为

$$Y = \frac{F_\varphi l^3}{12EJ} \tag{6-7}$$

因笼条为矩形截面,力的方向不是截面主轴方向,应按主轴方向计算分位移。按径向和周向计算笼条位移 Y 与载荷 F 分别为

$$Y_\tau = Y\cos\varphi, \quad F_\tau = F_\varphi\cos\varphi\,(径向) \tag{6-8}$$

$$Y_t = Y\sin\varphi, \quad F_t = F_\varphi\sin\varphi\,(周向) \tag{6-9}$$

径向和周向的界面惯性矩分别为

$$J_\tau = \frac{bh^3}{12}, \quad J_t = \frac{hb^3}{12} \tag{6-10}$$

因此,得到笼条在受力方向的总位移为

$$Y = Y_t\sin\varphi + Y_\tau\cos\varphi = \frac{F_\varphi l^3}{E}\left(\frac{\cos^2\varphi}{h^3 b} + \frac{\sin^2\varphi}{hb^3}\right) \tag{6-11}$$

在笼条 $\mathrm{d}\varphi$ 微元上作用的力为 $\mathrm{d}f$,则

$$\mathrm{d}f = F_\varphi\frac{r\mathrm{d}\varphi}{B} \tag{6-12}$$

式中,r 为鼠笼半径;B 为两笼条间的弧长。

由式(6 – 11)求出 F_φ 代入式(6 – 12)得

$$\mathrm{d}f = E\frac{b^3 h^3}{l^3 B}rY\frac{\mathrm{d}\varphi}{b^2\cos^2\varphi + h^2\sin^2\varphi} \tag{6-13}$$

因

$$\int_0^\pi \frac{\mathrm{d}\varphi}{b^2\cos^2\varphi + h^2\sin^2\varphi} = \frac{2}{bh}(\pi + i2\pi) \quad (i \text{ 为 } 0 \text{ 和正数}) \qquad (6-14)$$

取 $i=0$ 得

$$\int_0^\pi \frac{\mathrm{d}\varphi}{b^2\cos^2\varphi + h^2\sin^2\varphi} = \frac{2\pi}{bh} \qquad (6-15)$$

整个弹性支承上作用的总载荷 F 为

$$F = \int_0^{2\pi} \mathrm{d}f = \frac{2\pi r b^2 h^2 YE}{l^3 B} \qquad (6-16)$$

整个弹性支承的刚度系数为

$$k = \frac{F}{Y} = \frac{2\pi r b^2 h^2 E}{l^3 B} \qquad (6-17)$$

可用上述鼠笼式弹性支承刚度计算式设计所需刚度的鼠笼结构,当笼条取正方向截面 $b=h=3$ mm,鼠笼半径 $r=40$ mm 时,计算不同笼条长度、不同笼条数下的鼠笼刚度,并与试验值比较,如表 6-1 所列。可以看出,当支承刚度很低时,计算值与试验值很接近;而当支承刚度较高时,计算值偏高,支承刚度越高,计算值偏高越多。这是因为支承刚度高时,仅将笼条视为弹性体,而将两端的套筒假设为绝对刚性是不合理的,因此带来更大误差。对于实际发动机采用的鼠笼式弹性支承,可根据具体结构,计算时予以修正。

表 6-1　鼠笼式弹性支承刚度值

编　号	1	2	3	4	5	6	7	8	9
笼条长度/mm	35	50	55	55	65	75	72.5	72.5	72.5
笼条数/个	24	24	24	16	16	12	6	4	3
计算值/($\times 10^3$ N·m^{-1})	9 720	3 264	2 450	1 638	993	484	268	179	134
实验值/($\times 10^3$ N·m^{-1})	6 555	2 480	1 824	1 376	820	518	275	172	136

2. 油膜刚度/阻尼特性

采用挤压油膜阻尼结构,需要对油膜刚度和油膜阻尼进行设计。在进行转子-支承结构系统动力学特性计算分析时,也需要考虑在特殊状态下油膜刚度变化的影响。油膜阻尼远大于结构系统其他阻尼,因此需要准确获得挤压油膜的刚度系数、阻尼系数。

通常采用的鼠笼挤压油膜阻尼结构的油膜设计可采用短轴承近似理论。当阻尼器长度 L 与直径 D 之比小于或等于 0.25,两端不封严时,可采用短轴承近似。设轴颈在轴承内运动时始终保持轴心线平行,将坐标轴取在阻尼器中央截面,如图 6-24 所示。油膜压力记为 p,在边界 $z=-L/2$ 位置,油膜压力值为 p_1;在边界 $z=L/2$ 位置,油膜压力值为 p_2。进动角度 θ、偏心率 ε 及其变化率 $\dot{\varepsilon}$ 等均不随 z 变化。

基于广义雷诺方程,按照挤压油膜阻尼器特征及短轴承假设,可得到油膜压力分布为

$$p(\theta,z) = -\frac{6\mu}{c^2(1+\varepsilon\cos\theta)^3}(\varepsilon\Omega\sin\theta + \dot{\varepsilon}\cos\theta)\left(\frac{L^2}{4}-z^2\right) + (p_2-p_1)\frac{z}{L} + \frac{1}{2}(p_2-p_1) \tag{6-18}$$

在无端封情况下,假设两端油压等于环境大气压力,并取表压,即以大气压力为计算起点,则 $p_1 = p_1 = 0$,则短轴承近似油膜压力分布为

$$p(\theta,z) = -\frac{6\mu}{c^2(1+\varepsilon\cos\theta)^3}(\varepsilon\Omega\sin\theta + \dot{\varepsilon}\cos\theta)\left(\frac{L^2}{4}-z^2\right) \tag{6-19}$$

如图 6-25 所示,阻尼器油膜压力作用于轴颈上的径向分力和周向分力可由下式求得:

$$\begin{Bmatrix} F_\tau \\ F_t \end{Bmatrix} = \int_{-L/2}^{L/2}\int_{\theta_1}^{\theta_2} -p(\theta,z)\begin{Bmatrix} \cos\theta \\ \sin\theta \end{Bmatrix} R\,\mathrm{d}\theta\,\mathrm{d}z \tag{6-20}$$

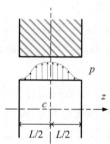
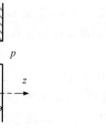
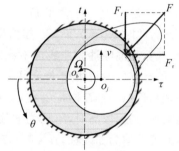

图 6-24　短轴承近似特征　　　　　图 6-25　阻尼器轴颈油膜力计算示意

积分限 θ_1、θ_2 取决于阻尼器中正压力区范围,当有端压且 $\dot{\varepsilon}$ 不为零,有径向压力时,在 $\theta < \pi$ 的一部分区域也将产生正压,此时 $\theta_1 \neq \pi$。θ_1 可由式(6-19)为零求出,$\tan\theta_1 = -\dot{\varepsilon}/(\varepsilon\Omega)$。$\theta = \theta_2$ 处油压也为零,故 $\theta_2 = \theta_1 + \pi$。

将式(6-18)代入式(6-20)得

$$\begin{Bmatrix} F_\tau \\ F_t \end{Bmatrix} = \frac{\mu R L^3 \Omega}{c^2}\int_{\theta_1}^{\theta_2}\frac{\varepsilon\sin\theta}{(1+\varepsilon\cos\theta)^3}\begin{Bmatrix} \cos\theta \\ \sin\theta \end{Bmatrix}\mathrm{d}\theta + \frac{\mu R L^3}{c^2}\int_{\theta_1}^{\theta_2}\frac{\dot{\varepsilon}\cos\theta}{(1+\varepsilon\cos\theta)^3}\begin{Bmatrix} \cos\theta \\ \sin\theta \end{Bmatrix}\mathrm{d}\theta - \frac{p_1+p_2}{2}LR\int_{\theta_1}^{\theta_2}\begin{Bmatrix} \cos\theta \\ \sin\theta \end{Bmatrix}\mathrm{d}\theta \tag{6-21}$$

式中,等号右边三项分别为轴颈做圆进动、径向运动和两端部压力所引起的油膜力。

油膜刚度系数 K_0 和油膜阻尼系数 C_0 分别定义为

$$K_0 = -\frac{F_\tau}{e}, \quad C_0 = -\frac{F_t}{e\Omega} \tag{6-22}$$

式(6-22)中,等号右端的负号表示油膜径向弹性恢复力 F_τ、周向阻尼力 F_t 分别与偏心距 e、进动速度 $e\Omega$ 的方向相反。

当轴颈中心绕轴承中心做稳态同步圆进动($\Omega = \omega, \dot{\varepsilon} = 0$)时,可按短轴承近似理论求得油膜的等效刚度系数和等效阻尼系数。

对于半油膜情况:

$$K_0 = \frac{\mu R L^3}{c^3} \cdot \frac{2\Omega\varepsilon}{(1-\varepsilon^2)^2}, \quad C_0 = \frac{\mu R L^3}{c^3} \cdot \frac{\pi}{2(1-\varepsilon^2)^{3/2}} \quad (6-23)$$

对于全油膜情况:

$$K_0 = 0, \quad C_0 = \frac{\mu R L^3}{c^3} \cdot \frac{\pi}{(1-\varepsilon^2)^{3/2}} \quad (6-24)$$

由式(6-23)可知,当 ε 增大时,K_0 增长得比 C_0 快,这表明转子-支承结构系统在大的不平衡响应下,由于油膜刚度非线性地过分增大,导致系统的响应在较大转速范围内一直很大而不降,从而使转子不能很快通过临界状态,较长时间处于大振动状态,还可能导致振动的不稳定现象。

当供油压力足够高,消除了负压、不产生气穴等,实现全油膜工作时,由式(6-24)可知,此时 $K_0 = 0$,而 C_0 却倍增。可见,阻尼器的供油压力足够高,对通过临界转速、减振和消除油膜非线性不稳定现象都是有益的。但这需要额外的高压供油装置,在航空燃气轮机中很少采用。

由于短轴承近似半油膜阻尼器在 $\varepsilon \leqslant 0.4$ 的情况下阻尼系数变化不大,故可近似认为是线性阻尼;当 ε 较高时,阻尼为非线性,且 ε 越大非线性程度越高。油膜刚度则不论 ε 为何范围均为非线性,在 $\varepsilon \geqslant 0.75$ 以后为高度非线性,在 $\varepsilon \leqslant 0.4$ 时近似为直线。因此,挤压油膜阻尼器是一种非线性阻尼器,ε 较大时可产生明显的非线性特征。

对于两端有很好封严的阻尼器,如图 6-26 所示,轴承座上带有涨圈封油,可保持油膜压力稳定,沿轴向油膜压力梯度很小,可近似认为 $\partial p / \partial z = 0$,看作无限长轴承。

则在 $\omega_b = \omega_j = 0$ 的不可压缩流体阻尼器中,挤压油膜雷诺方程为

$$\frac{\partial}{\partial\theta}\left[(1+\varepsilon\cos\theta)^3\frac{\partial p}{\partial\theta}\right] = \frac{12\mu R^2}{c^2}(\varepsilon\Omega\sin\theta + \dot{\varepsilon}\cos\theta) \quad (6-25)$$

积分后得到长轴承的一般油膜压力分布式为

$$p(\theta) = \frac{-6\mu R^2}{c^2(2+\varepsilon^2)(1+\varepsilon\cos\theta)^2}(4\varepsilon\Omega\sin\theta + \varepsilon^2\Omega\sin 2\theta + 4\dot{\varepsilon}\cos\theta + \varepsilon\dot{\varepsilon}\cos 2\theta)$$

$$(6-26)$$

由式(6-26)可见,油膜压力含有阻尼器轴颈做圆进动时引起的压力部分,其中含有进动频率 Ω;还含有轴颈做径向运动时引起的压力部分,其中含有轴颈径向运动速度 $\dot{\varepsilon}$。这两部分压力各自独立不相互耦合。如缺少其中某一部分,只需令其为零

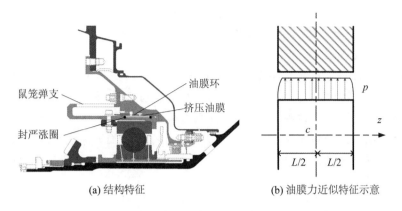

(a) 结构特征   (b) 油膜力近似特征示意

图 6 - 26 两端封严挤压油膜阻尼器长轴承的近似示意图

即可。

阻尼器总的油膜径向分力和周向分力为

$$F_\tau = -LR\int_{\theta_1}^{\theta_2} p(\theta)\cos\theta\,\mathrm{d}\theta, \quad F_t = -LR\int_{\theta_1}^{\theta_2} p(\theta)\sin\theta\,\mathrm{d}\theta \qquad (6-27)$$

对于半油膜阻尼器，$\theta_1 = \pi, \theta_2 = 2\pi$，两油膜分力为

$$\begin{cases} F_\tau = \dfrac{6\mu R^3 L}{c^2}\left[\dfrac{4\Omega\varepsilon^2}{(2+\varepsilon^2)(1-\varepsilon^2)} + \dfrac{\pi\dot\varepsilon}{(1-\varepsilon^2)^{3/2}}\right] \\[4mm] F_t = \dfrac{12\mu R^3 L}{c^2}\left[\dfrac{\pi\Omega\varepsilon}{(2+\varepsilon^2)(1-\varepsilon^2)^{1/2}} + \dfrac{2\dot\varepsilon}{(1+\varepsilon)(1-\varepsilon^2)}\right] \end{cases} \qquad (6-28)$$

对于全油膜阻尼器，$\theta_1 = 0, \theta_2 = 2\pi$，两油膜分力为

$$F_\tau = \frac{12\mu R^3 L}{c^2}\cdot\frac{\pi\dot\varepsilon}{(1-\varepsilon^2)^{3/2}}, \quad F_t = \frac{24\mu R^3 L}{c^2}\cdot\frac{\pi\Omega\varepsilon}{(2+\varepsilon^2)(1-\varepsilon^2)^{1/2}}$$

$$(6-29)$$

当轴颈绕轴承中心做稳态同步圆进动（$\Omega = \omega, \dot\varepsilon = 0$）时，将式（6 - 28）和式（6 - 29）中油膜力代入式（6 - 22），可求得长轴承近似理论下的油膜等效刚度系数和等效阻尼系数。

对于半油膜情况：

$$K_0 = 6\mu L\left(\frac{R}{c}\right)^3\cdot\frac{4\Omega\varepsilon}{(2+\varepsilon^2)(1-\varepsilon^2)}, \quad C_0 = 12\mu L\left(\frac{R}{c}\right)^3\cdot\frac{\pi}{(2+\varepsilon^2)(1-\varepsilon^2)^{1/2}}$$

$$(6-30)$$

对于全油膜情况：

$$K_0 = 0, \quad C_0 = 24\mu L\left(\frac{R}{c}\right)^3\cdot\frac{\pi}{(2+\varepsilon^2)(1-\varepsilon^2)^{1/2}} \qquad (6-31)$$

6.2.2 弹性环阻尼结构

对于鼠笼式或拉杆式弹性支承，往往需要长辐条实现低刚度设计，但是会导致轴

向、径向尺寸较大;且对于采用传统挤压油膜阻尼器的转子系统,当轴颈偏心或阻尼器偏心较大时,其油膜刚度和油膜阻尼特性呈现高度非线性,甚至出现振动幅值跳跃及谐波等非线性现象,不利于正常、稳定运转。

在轴承外环与轴承座之间设计一个弹性环(具有波纹特征),并在间隙中注入滑油,从而形成弹性环阻尼弹支结构。该结构具有结构简单、便于拆卸等优点,既可在不增加轴向尺寸情况下调整支承刚度,又具有较稳定的阻尼减振作用,因此,广泛应用于俄罗斯航空燃气轮机转子系统中,如 RD‐33、AL‐31F 等俄系发动机中均专门设置油路给弹性环供给充分的滑油,转子进动对油膜形成挤压,产生周向剪切流动,从而产生油膜阻尼。

在航空燃气轮机转子-支承系统中,弹性环在使用中主要有两种设计方案,如图 6‐27 所示,其在不同类型支承结构中所起到的力学效果不同。

① 鼠笼弹支+弹性环阻尼结构:如图 6‐27(a)所示,支承刚度主要取决于鼠笼结构,弹性环应用于挤压油膜阻尼器中,主要起到改善挤压油膜阻尼的作用。

② 弹性环支承-阻尼结构:如图 6‐27(b)所示,弹性环使用在刚性轴承座中,同时起到阻尼和调节支承刚度的作用。此时弹性环需要承受并传递全部的支点载荷,因此对其强度等提出了较高的要求。

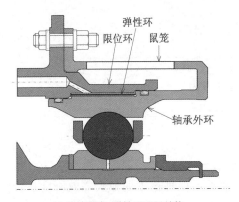

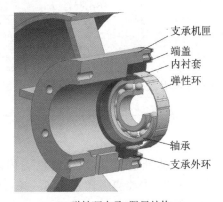

(a) 鼠笼弹支+弹性环阻尼结构　　　　　　　(b) 弹性环支承-阻尼结构

图 6‐27　典型弹性支承结构设计方案

良好的支承刚度与稳定的阻尼耗能特性始终是弹性环结构的核心设计要求。

典型弹性环结构形式为带凸台的薄壁环,如图 6‐28 所示,早期 Viper 发动机后支点、苏联制 AИ20 发动机和国产 WJ5 发动机压气机前支点均采用了单环式弹性环支承。单环式弹性环内外具有凸台,其周向均匀、内外交错分布有环;内圆面有沿圆周均布的若干个径向向内的内凸台,用以支承轴承外环;环外圆面有数目相同、沿周向均布,但位置与内凸台错开的外凸台,用以支承轴承座内壁。凸台数目、宽度和壁厚等是影响刚度的结构设计特征参数。弹性环薄壁面上开有通油孔,利用滑油的流动等产生阻尼耗能。

当要求支承刚度较低,而支点载荷过大时,单层弹性环易发生破坏失效,这种情况下可使用多环式弹性环共同承载,如图 6 - 28 所示。其中,最内层弹性环与具有内、外凸台的传统弹性环无异,其他层弹性环仅具有外凸台,并且相邻层的凸台交错分布。通过修改弹性环层数、每层弹性环厚度以及凸台数目等参数,可以实现弹性支承的低刚度设计。不过,多层式弹性环占用的空间显著提高,并且零件数目增加将导致结构可靠性下降。

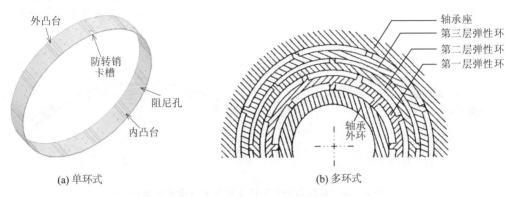

(a) 单环式　　　　　　　　　　(b) 多环式

图 6 - 28　典型弹性环结构示意图

1. 阻尼减振机理

弹性环式挤压油膜阻尼器位于轴承外环和轴承座之间,弹性环通过内、外凸台与二者形成油腔,弹性环上打有通油孔,如图 6 - 29(a)所示。当转子轴颈带动弹性环发生横向位移时,滑油通过弹性环上的渗油孔在内外腔间快速流动,形成油膜压力场起到阻尼效果,如图 6 - 29(b)所示。弹性环为径向弹性支承结构,可改善油膜刚度非线性的影响。

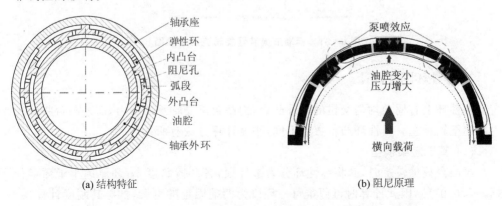

(a) 结构特征　　　　　　　　　(b) 阻尼原理

图 6 - 29　弹性环式挤压油膜阻尼器结构及其阻尼原理示意图

弹性环阻尼耗能原理主要有两个方面:一是油膜自身黏性阻尼。由于滑油存在黏性,油膜受压时产生的油膜力具有滞后特征,从而形成黏性阻尼和减振效果。在其中加入弹性环主要起到避免油膜振荡、提高油膜阻尼稳定性的作用。二是小孔节流(orifice throttling)阻尼产生的涡流能量损失。如图 6 - 30 所示,弹性环一般安装在轴承外环衬套与轴承座之间的间隙内,弹性环上内凸台和外凸台将油膜层分隔为多个油腔,相邻油腔通过阻尼孔连通;在支点动载荷作用下轴承外环发生进动,挤压弹性环与油膜层,造成弹性环变形与滑油在各油腔间流动。此时,滑油通过弹性环上小孔时将产生泵喷效应并引发旋涡流动,造成涡流能量损失,进而会形成较大的阻滞作用,实现减振功能。

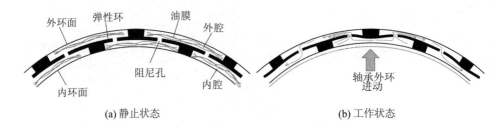

图 6 - 30　弹性环径向受压变形与滑油流动示意图

图 6 - 31 给出了通过阻尼孔时产生动能损失的漩涡流动示意图。由于弹性环结构径向尺寸小、油膜厚度较薄,油膜自身黏性阻尼消耗的能量远低于滑油通过阻尼孔产生的涡流耗能。因此,弹性环阻尼特性设计的关键在于对其受力变形及滑油通过阻尼孔时的涡动状态进行准确的预测与控制,这是复杂的流固耦合问题,并且存在复杂的接触、磨损等力学过程。

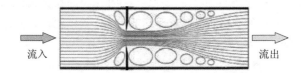

图 6 - 31　标准节流装置旋涡流动示意图

2. 弹性环刚度设计

弹性环上有周向均匀交错的内外凸台,内凸台承受轴承的压力,而外凸台将此压力传递至轴承座。弹性环凸台数量不同,刚度计算方法有所差异。

(1) 基于短梁模型

当凸台数量较多时,其将弹性环分为多环段,各环段跨度小,环厚远小于环半径($h/r < 0.011$),因此计算时可假定每一环段为两端固定的直梁,推导其刚度计算式。假设支点轴承所传递的总作用力为 F,各环段分力为 F_i,如图 6 - 32 所示。

图 6 - 32(a)表示支点载荷 F 作用线通过顶部的环段中点,弹性环在 F 方向位移

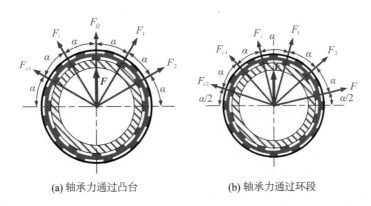

(a) 轴承力通过凸台　　　　　　　(b) 轴承力通过环段

图 6-32　弹性环支承结构受力示意图

为 y。设弹性环可分成 m 个环段,其中只有 $(m/2-1)$ 个环段受力的作用,每个环段受力为 $F_0,F_1,\cdots,F_i$。力 F 可写为

$$F=F_0+2\sum_{i=1}^{\frac{m}{4}-1}F_i\cos i\alpha \tag{6-32}$$

环段的径向位移 y_{ri} 为

$$y_{ri}=F_i\delta_0\left(i=0,1,2,\cdots,\frac{m}{4}-1\right),\quad \delta_0=\frac{L^3}{192EI} \tag{6-33}$$

式中,δ_0 为两端固支等截面梁中央截面处的柔度;L 为环段长;I 为环段截面惯性矩;E 为环段材料弹性模量。

可得弹性环刚度为

$$K_{\text{II}}=\frac{F}{y}=\frac{F}{\sum_{i=0}^{m/4-1}y_{ri}}=\frac{1+2\sum_{i=1}^{m/4-1}\cos^2 i\alpha}{\delta_0},\quad \delta_0=\frac{L^3}{192EI} \tag{6-34}$$

图 6-32(b)表示支点载荷 F 作用线通过顶部环段的端点,与上面推导类似,可得到弹性环沿 F 作用方向的刚度为

$$K_{\text{II}}=\frac{F}{y}=\frac{2\sum_{i=1}^{m/4}\cos^2(i-1/2)\alpha}{\delta_0} \tag{6-35}$$

如果弹性环的凸台数较少,凸台间跨距较大时,在建立力学模型时不能将凸台间环段简化为两端固支的直梁,需要考虑曲率的影响。

如图 6-33 所示为具有 3 个外凸台和 3 个内凸台的弹性环,其力学模型是固定在外凸台上的整体环元件,通过建立轴的平衡方程及轴与环的共同平衡方程求解。在实际工程中,3 个外凸台可能有时只有下面 2 个凸台(B、F)接触传力,也可能只有 1 个凸台(A)接触传力,传力方式不同,弹性环刚度计算式也不同,简化估算公式为

当 6 个凸台全部接触时：$\qquad K = 6.772\,4\,\dfrac{EI}{(\lambda r)^3}$ $\qquad\qquad$ (6-36)

当外凸台 D 有间隙时：$\qquad K = 6.583\,0\,\dfrac{EI}{(\lambda r)^3}$ $\qquad\qquad$ (6-37)

当凸台 C、D、E 有间隙时：$\qquad K = 5.175\,1\,\dfrac{EI}{(\lambda r)^3}$ $\qquad\qquad$ (6-38)

式中，λ 为修正系数，$\lambda = (120° - \alpha)/120°$；$L$ 为弹性环平均半径；α 为由凸台宽度确定的中心角；I 为环的截面惯性矩（由环厚 h 及环宽 b 确定）；E 为环材料弹性模量。

应当指出，对于工程上某些特殊的弹性环来说，例如直径很大的弹性环，仅根据凸台数目决定刚度计算方法是不妥当的。当直径很大时，尽管凸台数目较多，但凸台间跨距依然很大，凸台间环段不宜采用直梁模拟。随着有限元技术的发展，弹性环刚度仿真更多采用有限元的方法进行计算。

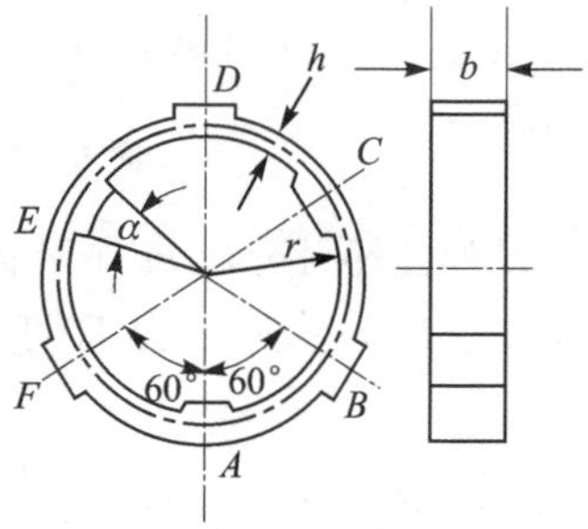

（2）有限元仿真方法

采用有限元方法可数值求解弹性环在径向载荷作用下的变形，进而由力与位移之比得到弹

图 6-33 具有三个外凸台和三个内凸台的弹性环

性环的刚度特性。并且采用有限元方法可考虑凸台高度、凸台宽度、过渡圆角等细节结构，适用于复杂边界条件和接触状态下的受力变形及应力分布特征问题。

图 6-34 所示为某型发动机用弹性环结构有限元模型与刚度特性分析实例，关键结构特征参数如表 6-2 所列。仿真中，在弹性环模型的一排节点上施加径向力及轴向＋周向位移约束，同时在弹性环的外凸台施加径向位移约束；在径向力作用下，弹性环的一侧与轴承外环之间将会出现间隙，因此，只在弹性环的单侧外凸台处施加径向位移约束。计算得到弹性环的径向刚度值为 9.4×10^6 N/m，与试验测试结果（8.5×10^6 N/m）之间的误差为 10.6%。

表 6-2　弹性环关键参数值

内/外凸台数目(m)	8	圆角半径(R)/mm	10
弹性环宽度(b)/mm	15.7	壁厚(h)/mm	0.95
内径(D_1)/mm	65	外径(D_2)/mm	68
凸台长度(b_1)/mm	5	密度/(kg·m^{-3})	7 850
弹性模量(E)/MPa	1.95×10^{11}	泊松比	0.3

结构设计参数对弹性环刚度的影响规律如图 6-35 所示。可以看出，凸台数目、宽度和壁厚均对弹性环的刚度影响较大，其值增加，弹性环刚度明显提高，可将其作为弹性环刚度特性设计的关键参数；而圆角半径变化对弹性环的刚度影响较小，不应

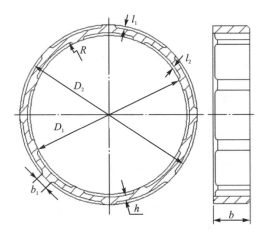

(a) 弹性环关键设计参数示意图

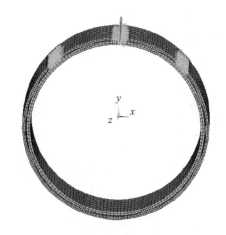

(b) 弹性环实体有限元模型图

图 6 - 34　弹性环关键设计参数和有限元模型示意图

作为弹性环刚度设计的主要参数。

6.2.3　弹支阻尼结构设计要求

航空燃气轮机转子结构及动力学设计中,通过对转子共振转速、不平衡激励动力响应的仿真计算和评估,确定转子-支承系统中是否需要采用弹性支承和阻尼结构设计。根据转子共振转速分布及其随支承刚度变化的曲线,以及模态特征,最终确定满足转子动力学特性设计要求的支承刚度。

1. 弹支结构及刚度确定

通常在航空燃气轮机转子系统中或整个发动机(双转子或三转子)转子系统中设置一个弹性支承,即可满足临界转速和应变能分布设计准则要求。但对于一些结构及其动力学特性复杂的转子系统,或者工作转速变化范围较大的转子系统,则需要在多个支点设置弹性支承和相应的阻尼结构。

弹性支承的具体结构类型需要根据设计、生产、使用经验及应用条件、转子-支承结构特点等来选定。目前,英、美所设计的航空燃气轮机转子系统多采用笼条式(包括鼠笼式和拉杆式)弹性支承,而苏联/俄罗斯所设计的航空燃气轮机多采用弹性环式。笼条式弹性支承结构较复杂,所占空间相对较大,重量也更大,但设计生产和使用经验较为丰富。从发动机总体结构考虑,为使采用弹性支承后不增加发动机长度,可采用折返式弹性支承。

鼠笼式弹性支承:结构简单,加工与装配更方便,主要问题是鼠笼条疲劳强度和弯曲刚度均匀性。由于两端笼条间转接处圆弧半径较小,更容易产生应力集中,当笼条数目过少时,弹性支承沿圆周各向刚度不均,尤其是对于径向尺寸较小的鼠笼结

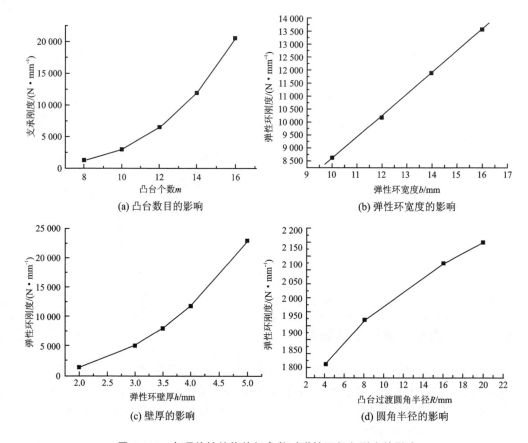

(a) 凸台数目的影响

(b) 弹性环宽度的影响

(c) 壁厚的影响

(d) 圆角半径的影响

图 6-35　各项关键结构特征参数对弹性环径向刚度的影响

构,在开展刚度和疲劳寿命设计时,需要在几何构形上进行优化和创新。其刚度设计参数主要为笼条长度、横截面尺寸(宽度、厚度)、笼条数目等,通常,各笼条按宽度和厚度相等设计,主要通过改变笼条结构形状、长度和数目调整结构刚度。

　　拉杆式弹性支承:由多根单独的拉杆组成,两端不易发生应力集中,适用于大直径尺寸结构设计。但对结构加工等有一些特殊要求,如拉杆两端插入前后安装边孔内用钎焊连为一体时,则要保证高的焊接质量,使其工作时不至松动,并不影响焊接区域强度特征;而如果采用螺栓连接,则需要保证界面接触损伤及连接结构稳健性。拉杆式支承结构刚度设计主要影响因素为拉杆长度、数目以及拉杆直径等,拉杆直径选取需考虑本身的强度、加工等要求,通常通过调整拉杆长度、数目调整支承刚度。

　　弹性环结构:简单、重量轻、占用空间小,只需要在轴承外环与轴承座之间有一定径向空间。然而,在薄环上加工内、外凸台,保证加工精度和圆度,其难度相对较大。弹性环结构设计中,由于可调整参数较少,为保证分布均匀的低刚度、大阻尼的设计要求,在结构设计上需要对凸台形状、刚度和弹性环厚度、宽度等参数进行综合优化,以保证疲劳强度和阻尼特性。

转子弹性支承结构的可靠性与使用经验积累有关,各设计集团在结构设计上具有继承性,以保证其工程可实现性。

2. 变形限制设计要求

航空燃气轮机转子-支承系统采用弹性支承,除要保证通过临界转速时转子振动小和支承结构本身强度足够外,还要考虑到飞机做机动飞行、惯性过载时转子上可能出现的大惯性力和陀螺力矩。这种载荷作用在支承上,可能超出弹性支承的承载极限,造成弹性支承的损伤、破坏,或者使转子系统产生过大位移,导致转静件碰摩故障。因此,必须采取措施限制弹性支承的过度变形。

限制弹性支承变形最简单的方法就是设置限幅环。图 6-36 所示为 GE90-115B 高压转子前支点,其为滚珠与滚子轴承并用支点,采用鼠笼弹支结构,并设计限幅结构。其中,滚珠轴承采用折返式鼠笼结构,其与滚棒轴承鼠笼弹支安装边间设计有限幅间隙;滚子轴承外环与鼠笼弹支为一体结构,其外侧设计有限幅环结构,并设计有专门油路通入滑油,从而形成挤压油膜阻尼器。

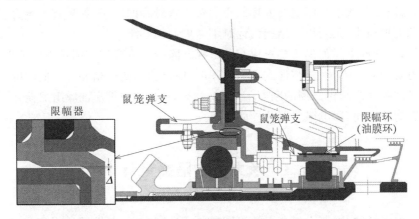

图 6-36　弹性支承限幅器结构特征

限幅环与支承间的间隙选取既要保证弹性支承有足够的强度裕度(间隙不能太大),又要保证在正常情况下转子系统通过临界转速时,限幅环不起作用(间隙不要太小)。对于强度安全裕度,可根据支承结构稳态应力和最大动应力幅值进行评估确定;对于支点最大振动幅值和阻尼效果保证,则需要通过转子系统动力响应仿真计算分析确定,主要取决于转子结构及不平衡分布。

在进行限幅环结构设计时,还应特别注意保证限幅环与弹性支承间的间隙沿圆周均匀。通常将限幅环与弹性支承设计成在弹性支承受到转子重力作用时两者同心,而在发动机装配时两者是不同心的。这一点对于重量较大的转子尤为重要。

3. 弹性支承工作定心

航空燃气轮机中,常采用笼条式弹性支承和挤压油膜阻尼器并联方式,弹性支承通常作为阻尼器的轴颈。挤压油膜阻尼器的间隙按照同心型挤压油膜阻尼器的减振机理和要求来设计,通常控制其工作时的偏心率 $\varepsilon = e/c < 0.4$。此时,弹性支承自由端的位移即为 $e < 0.4c$,极端情况下,弹性支承的最大位移为阻尼器油膜半径间隙 c。在进行同心型挤压油膜阻尼器结构设计时,阻尼器外环和弹性支承轴颈应被设计成在重力作用下保持同心,以保证转子系统工作时,阻尼器油膜间隙沿圆周均匀。

在工作时,需保证弹性支承与限幅环或油膜阻尼器外环同心。如果间隙不均,则可能因为某一方向间隙过小而在工作时发生支承与限幅环的碰摩,或因为某一方向间隙过大而导致工作时弹性支承应力过大,乃致发生疲劳损伤。对于弹性阻尼支承,则可能因为间隙不均而导致阻尼器在非设计状态下工作,影响减振效果。因此,在结构设计时应考虑弹性支承在转子重力作用下引起的变形,使弹性支承的中心线相对其安装定位面有一向上的偏心距,以保证弹性支承在受到转子重力作用,即在发动机工作时,与限幅环或油膜阻尼器外环同心。对于重量轻的转子,如果转子重力引起的弹性支承变形很小,则可以在结构设计时不考虑此偏心距。

此外,对弹性支承的加工要求应充分重视。除应注意各连接圆弧不能过小,避免产生应力集中外,还应注意弹性支承的椭圆度、壁厚均匀的严格要求。椭圆度和壁厚不均会导致弹性支承沿圆周的刚度不均、应力不均匀,如与挤压油膜阻尼器并用还会造成油膜间隙不均,影响阻尼器的性能。

| 6.3 承力结构隔振设计 |

高功重比涡轴/涡桨发动机(如 MTR390、PW150A)、高推重比涡扇发动机(如 EJ200),以及大涵道比涡扇发动机(如 LEAP - 1B)等,为了减少承力框架数量、降低重量,并避免中介支承双转子间振动耦合,常在涡轮转子支承结构设计中采用涡轮级间共用承力框架结构。随着转子转速范围的扩大及共用支承-双转子结构系统模态振动的密集,存在双转子间或转子与支承结构系统间的振动耦合,可造成转子非协调涡动、动力响应突增等振动问题。

在不同激励频率下,不同承力框架结构的振动传递与衰减特征不同,其受承力结构动力学特性影响显著,其实质是由于不同承力框架具有不同的刚度/质量分布特征,故不同激励频率下产生的机械阻抗特征不同。通过合理的结构设计,可在工作转速激励频率范围内使得承力框架具有大机械阻抗,实现对转子旋转激励下振动响应的高效隔离,或者通过增加结构阻尼(如干摩擦)将振动能量耗散。

6.3.1　振动耦合机理

对于多转子结构系统的动力学设计,转子支承结构的隔振特性设计是重要内容之一。转子间的振动耦合会使转子系统发生非协调涡动,即转子自转速度与进动速度不同,这时,转子动力学特性会发生改变,非协调涡动中转子组合频率振动对轴承-支承结构系统会产生较大的激励,如果发生共振将引起结构疲劳损伤失效。非协调涡动可造成结构自激振动,使转子的转动能量注入到转子进动中,在一定条件下会产生失稳、结构损伤失效。

1. 共用支承转子模型

图 6 - 37 所示为高功重比双转子涡轴发动机结构示意图,其燃气发生器转子采用 1 - 0 - 1 支承方案,动力涡轮转子采用 2 - 2 - 0 支承方案,采用的涡轮级间共用承力框架结构同时对燃气涡轮转子与动力涡轮转子进行支承。

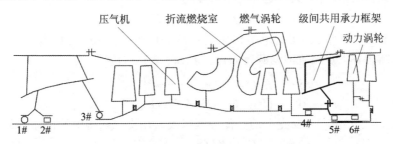

图 6 - 37　高功重比涡轴发动机总体结构简图

对于带有涡轮级间共用承力框架的转子结构系统,建立其动力学模型如图 6 - 38 所示。使用子结构传递矩阵法分别建立两转子的状态参量方程,并建立共用承力框架在支点动载荷作用下的强迫振动动力学方程,再在支点位置使用力平衡方程和位移协调方程组集转/静子动力学方程,获得共用承力-转子结构系统动力学方程。

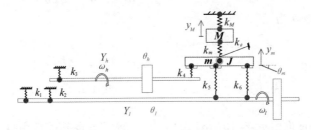

图 6 - 38　共用承力框架-双转子结构系统等效动力学模型

对于任意双转子结构系统,转子的动力学方程均可写为以下形式:

$$\begin{cases} \boldsymbol{M}_h\ddot{\boldsymbol{q}}_h - \mathrm{i}\omega_h\boldsymbol{J}_h\dot{\boldsymbol{q}}_h + \boldsymbol{K}_h(\boldsymbol{q}_h - \boldsymbol{q}_{bh}) = \boldsymbol{q}_h\boldsymbol{\Omega}_h^2 \\ \boldsymbol{M}_l\ddot{\boldsymbol{q}}_l - \mathrm{i}\omega_l\boldsymbol{J}_l\dot{\boldsymbol{q}}_l + \boldsymbol{K}_l(\boldsymbol{q}_l - \boldsymbol{q}_{bl}) = \boldsymbol{q}_l\boldsymbol{\Omega}_l^2 \end{cases} \tag{6-39}$$

其中，$\boldsymbol{M}$、$\boldsymbol{J}$ 和 $\boldsymbol{K}$ 分别为转子质量矩阵、陀螺力矩矩阵和刚度矩阵；ω 为转子转速；$\boldsymbol{q}$ 为转子状态向量；$\boldsymbol{q}\boldsymbol{\Omega}^2$ 为转子不平衡激励向量；$\boldsymbol{q}_b$ 为转子自由度的基础振动（下标 h 代表燃气发生器转子参数，l 代表动力涡轮转子参数）。

假设其各转子前支点均无基础振动，后支点 4#、5#、6# 上存在基础振动 $x_{4s}(t)$、$y_{4s}(t)$、$x_{5s}(t)$、$y_{5s}(t)$、$x_{6s}(t)$、$y_{6s}(t)$。则有

$$\begin{cases} \boldsymbol{q}_h = [x_H, y_H, \theta_{xH}, \theta_{yH}, x_{dh}, y_{dh}, \theta_{xdh}, \theta_{ydh}, x_4, y_4, \theta_{x4}, \theta_{y4}, 0, 0, 0, 0]^T \\ \boldsymbol{q}_l = [x_L, y_L, \theta_{xL}, \theta_{yL}, x_{dl}, y_{dl}, \theta_{xdl}, \theta_{ydl}, x_5, y_5, \theta_{x5}, \theta_{y5}, x_6, y_6, \theta_{x6}, \theta_{y6}]^T \\ \boldsymbol{q}_{bh} = [0, 0, 0, 0, 0, 0, 0, 0, x_{4s}, y_{4s}, 0, 0, 0, 0, 0, 0]^T \\ \boldsymbol{q}_{bl} = [0, 0, 0, 0, 0, 0, 0, 0, x_{5s}, y_{5s}, 0, 0, x_{6s}, y_{6s}, 0, 0]^T \end{cases} \tag{6-40}$$

对于共用支承结构，其强迫振动响应动力学方程为

$$\boldsymbol{M}^s\ddot{\boldsymbol{q}}_s + \boldsymbol{K}^s\boldsymbol{q}_s = \boldsymbol{F}_s \tag{6-41}$$

式中，$\boldsymbol{M}^s$ 和 $\boldsymbol{K}^s$ 分别为共用支承结构质量矩阵和刚度矩阵；$\boldsymbol{q}_s$ 为自由度向量；$\boldsymbol{F}_s$ 为共用支承结构各支点位置的动载荷向量。$\boldsymbol{q}_s$、$\boldsymbol{F}_s$ 表达式为

$$\begin{cases} \boldsymbol{q}_s = [x_M, y_M, x_m, y_m, \theta_{xm}, \theta_{ym}]^T \\ \boldsymbol{F}_s = [F_{4x}, F_{4y}, F_{5x}, F_{5y}, F_{6x}, F_{6y}]^T \end{cases} \tag{6-42}$$

根据 4#、5# 和 6# 支点上的平衡方程以及共用支承结构中的位移协调方程：

$$\boldsymbol{F}_s = \boldsymbol{K}^b(\boldsymbol{q}_{bs} - \boldsymbol{q}_{br}) \tag{6-43}$$

$$\boldsymbol{q}_{bs} = \boldsymbol{A}^{qs}\boldsymbol{q}_s \tag{6-44}$$

其中，$\boldsymbol{q}_{bs}$ 和 $\boldsymbol{q}_{br}$ 分别为共用支承结构和转子结构在 4#、5#、6# 支点位置的 x 向、y 向自由度。组集结构系统振动耦合动力学方程为

$$\boldsymbol{K}^a\boldsymbol{q}_a - \boldsymbol{C}^a\dot{\boldsymbol{q}}_a + \boldsymbol{M}^a\ddot{\boldsymbol{q}}_a = \begin{bmatrix} \boldsymbol{q}_h\boldsymbol{\Omega}_h^2 + \boldsymbol{K}^h\boldsymbol{q}_{bh} \\ \boldsymbol{q}_l\boldsymbol{\Omega}_l^2 + \boldsymbol{K}^l\boldsymbol{q}_{bl} \\ \boldsymbol{K}^b(\boldsymbol{A}^{qs}\boldsymbol{q}_s - \boldsymbol{q}_{br}) \end{bmatrix} \tag{6-45}$$

式中，各项系数矩阵为

$$\boldsymbol{K}^a = \begin{bmatrix} \boldsymbol{K}^h & & \\ & \boldsymbol{K}^l & \\ & & \boldsymbol{K}^s \end{bmatrix}, \quad \boldsymbol{C}^a = \begin{bmatrix} \omega_h\boldsymbol{J}^h & & \\ & \omega_l\boldsymbol{J}^l & \\ & & \boldsymbol{0} \end{bmatrix}, \quad \boldsymbol{M}^a = \begin{bmatrix} \boldsymbol{M}^h & & \\ & \boldsymbol{M}^l & \\ & & \boldsymbol{M}^s \end{bmatrix} \tag{6-46}$$

系统总自由度向量 $\boldsymbol{q}_a = [\boldsymbol{q}_h^T, \boldsymbol{q}_l^T, \boldsymbol{q}_s^T]^T$。将转子支点基础自由度 $\boldsymbol{q}_{bh}$、$\boldsymbol{q}_{bl}$ 向承力框架自由度转化，即

$$\begin{cases} \boldsymbol{q}_{bh} = \boldsymbol{A}_{bhs}\boldsymbol{q}_s \\ \boldsymbol{q}_{bl} = \boldsymbol{A}_{bls}\boldsymbol{q}_s \end{cases} \tag{6-47}$$

式中，$\boldsymbol{A}^{qs}$、$\boldsymbol{A}_{bhs}$、$\boldsymbol{A}_{bls}$ 均为变换矩阵，可得共用支承-转子结构系统振动耦合动力学方程为

$$\begin{bmatrix} \boldsymbol{M}^h & & \\ & \boldsymbol{M}^l & \\ & & \boldsymbol{M}^s \end{bmatrix} \ddot{\boldsymbol{q}}_a - \begin{bmatrix} \omega_h \boldsymbol{J}^h & & \\ & \omega_l \boldsymbol{J}^l & \\ & & \boldsymbol{0} \end{bmatrix} \dot{\boldsymbol{q}}_a + \begin{bmatrix} \boldsymbol{K}^h & & -\boldsymbol{K}^h \boldsymbol{A}_{bhs} \\ & \boldsymbol{K}^l & -\boldsymbol{K}^l \boldsymbol{A}_{bls} \\ -\boldsymbol{K}^h \boldsymbol{A}_{bhs} & -\boldsymbol{K}^l \boldsymbol{A}_{bls} & \boldsymbol{K}^s - \boldsymbol{K}^b \boldsymbol{A}^{qs} \end{bmatrix} \boldsymbol{q}_a = \begin{bmatrix} \boldsymbol{Q}^h \Omega_h^2 \\ \boldsymbol{Q}^l \Omega_l^2 \\ 0 \end{bmatrix}$$

$$(6-48)$$

由上述动力学方程及推导过程可知，共用支承-双转子系统中，转子分别通过交叉刚度项与共用支承径/角向自由度发生耦合，转子支点动载荷作用于共用支承时会引起其振动响应，该振动响应又作为基础激励影响转子运动状态。

总之，共用支承-双转子系统振动耦合可以根据其力学过程分为两类：① 转子间交互激励下的振动耦合，即在工作过程中，转子 1 的旋转激励通过共用承力框架对转子 2 的进动产生影响，使得被激励转子 2 发生非协调涡动，当转子 1 激励频率与转子 2 的模态频率相近时，被激励转子处于共振状态，可引起转子结构疲劳损伤失效；② 共用支承基础激励振动耦合，即当转子在工作状态下，双转子及其谐波频率与共用支承结构模态频率接近时，共用支承会产生较大的强迫振动响应，影响转子运动状态，使转子处于非协调涡动状态，在一定条件下可引起转子-轴承-支承结构系统疲劳损伤失效。

2. 转子间交互激励

图 6-39 所示为典型共用支承-双转子系统共振转速分布的 Campbell 图，其横坐标为高压转子转速，但与单转子系统有所不同，该图除高压转子等转速线及各阶共振频率线外（图中紫线），同时考虑低压转子振动特性，增添了低压转子系统共同工作线及其各阶共振频率线（图中蓝线）；考虑共用支承结构共振特性，增添了其共振频率线（图中橙线）。HP、LP 代表高低压转子，Frm 代表共用支承结构。

通过转速线与共振频率线交点并结合模态振型，可开展潜在振动耦合频率的快速判断。高压转速线与共用支承结构共振频率线交点为潜在基础激励振动耦合频率点；高压转速线与低压转子模态频率线交点为潜在高压转子激起的转子间交互激励振动耦合点。对于低压转子也有相似的判断方法。图 6-39 中 HPX-i 与 LPX-i 分别代表高、低压转子激起的潜在共振点，当表示临界转速点与共用支承共振点时，$i=1$ 阶，2 阶，3 阶…；当表示转子间交互激励振动耦合点时，$i=A$ 点，B 点，C 点 …… 灰色阴影区为高、低压转子共同工作转速范围。

实际振动数据表明，高压俯仰振型下易产生较大支点动载荷，共用支承振动响应大，可能引起共用支承基础激励振动耦合。高压等转速线与共用支承角向摆动共振频率线存在交点，且恰好位于高压最大工作转速附近，即存在潜在的高压转子激起的基础激励振动耦合风险。在工作转速范围附近，高压等转速线与低压转子第 3 阶共振频率线（低压弯曲振型）交于 B 点，与工作转速区裕度仅为 9%，存在高压转子激起

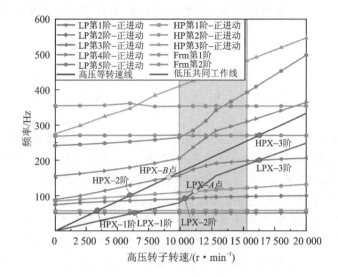

图 6-39　共用支承-双转子系统 Campbell 图（彩图见彩插）

的低压转子弯曲振动，可能会引起转子间交互激励下的振动耦合。

同理，通过低压转子共同工作线与低压共振频率线交点，可以得到低压转子临界转速。工作转速范围内，与高压转子第 2 阶共振频率线（高压俯仰振型）交于 A 点，即可能存在低压转子激起的高压转子俯仰模态，引起转子间交互激励下的振动耦合。分析转速范围内，低压转子共同工作线与共用支承结构共振频率线无交点，即可知此系统基本无低压转子激起的基础激励耦合振动风险。

综上所述，可初步判断出共用支承-双转子系统在工作转速附近的潜在基础激励振动耦合频率点为 HPX-2 阶与 HPX-3 阶共振点，转子间交互激励振动耦合点为 LPX-A 点与 HPX-B 点。

（1）低压转子激起高压转子模态振动（LPX-A）

图 6-40 所示为转子系统在 LPX-A 点的动力响应弹性线。对时域响应进行快速傅里叶变换，得到支点处频率成分如图 6-41 所示。计算结果表明，在 LPX-A 点处转子系统存在振动耦合，高压转子在进行共振状态下的非协调涡动。高压 4 号支

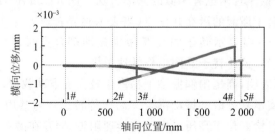

图 6-40　A 点弹性线

点频域响应中低压成分高,高、低压转子耦合程度高,高压转子运动状态受低压不平衡激励显著影响。

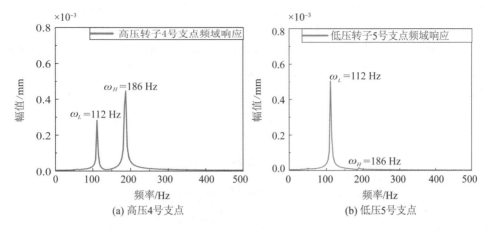

(a) 高压4号支点　　　　　　　　　　(b) 低压5号支点

图 6-41　A 点频域位移响应

图 6-42 所示为高、低压转子支点处的轴心轨迹及支点动载荷。低压转子通过共用支承激起高压俯仰共振,高压转子进行自转速度为 11 166 r·min⁻¹,进动速度为 6 737 r·min⁻¹ 的非协调涡动,如图 6-42(a)中高压轴心轨迹特征所示,此状态下转子内部存在交变应力。高压 4 号支点动载荷波动幅度较大,频域响应中低压成分高,高、低压转子振动耦合程度高,转子运动状态不稳定。低压转子主要频率成分为自身转速频率,轴心轨迹表明其在做同步正向涡动。

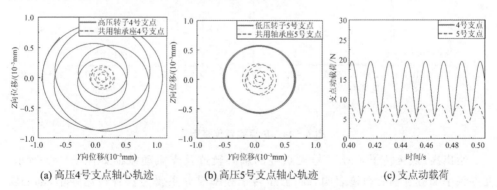

(a) 高压4号支点轴心轨迹　　(b) 高压5号支点轴心轨迹　　(c) 支点动载荷

图 6-42　A 点轴心轨迹及支点动载荷

值得注意的是,尽管此时 5 号至 4 号支点间位移传递率约为 0.6,共用支承 4 号支点处基础振动响应有递减,但由于高压转子俯仰属于支承振动为主的刚体模态,对支点基础振动较敏感,高压转子运动状态受基础振动影响较大,共用支承-双转子系统发生了振动耦合。

(2) 高压转子激起低压转子模态振动(HPX‑B)

计算转子系统在 HPX‑B 点的动力响应,绘出稳态响应振型及弹性线如图 6‑43 所示。对时域响应进行快速傅里叶变换,得到支点处频率成分如图 6‑44 所示。计算结果表明,在 HPX‑B 点处高压转子通过共用支承基础振动,未激起低压 1 阶弯曲共振。尽管 4 号至 5 号支点基础振动响应有所放大,但由于潜在被激起的低压整体 1 阶弯曲模态节点位于共用支承 5 号支点附近,低压转子对共用支承基础振动敏感度低,故未发生振动耦合。

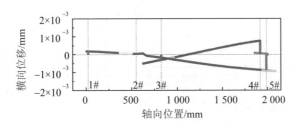

图 6‑43 B 点弹性线

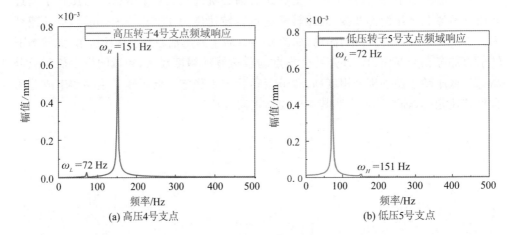

(a) 高压4号支点　　　　　　　　(b) 低压5号支点

图 6‑44 B 点频域位移响应

绘出高、低压转子 4 号、5 号支点处的轴心轨迹及支点动载荷如图 6‑45 所示。支点频率响应及轴心轨迹表明,高、低压转子频率成分主要为自身转速频率,轴心轨迹表明两转子近似做同步正向涡动。这说明,在 HPX‑B 点共用支承‑双转子系统不存在转子间交互激励下的振动耦合。

对于共用支承结构基础激励振动耦合的分析,同样可以依照转子共振转速分布图,对可能的旋转激励载荷进行分析,确定可能出现的振动耦合并进行动力响应仿真计算,最终确定其损伤危害影响。

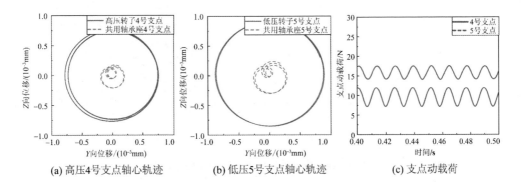

(a) 高压4号支点轴心轨迹　　　(b) 低压5号支点轴心轨迹　　　(c) 支点动载荷

图 6 - 45　*B* 点轴心轨迹及支点动载荷

6.3.2　几何构形突变设计

相关理论及试验表明,结构中材料物理性质的突变、截面的突变、弯折、加强肋条等结构非连续特征,都会反射或抑制一部分弹性波,起到隔离一部分弹性波的作用,从而提高结构的振动隔离特性。

1. 振动波传递机理

结构振动产生应力波的传播,可从波动的观点分析几何构形突变截面对振动响应传递特征的影响。图 6 - 46(a)所示为带有构形突变界面的弯折板结构,其内存在不同类型的振动波传播,在折返截面处产生反射与透射现象。由于板的弯折,沿板 1 纵向(y 方向)的振动位移及广义力作用于板 2 后会分解为横向(x 方向)和纵向(y 方向)两个方向;同理,沿板 1 横向的振动同样也会作用于板 2 纵向。这表明,在经弯折边界后,某一类型的振动波可导致另一板中其他类型的振动波场,即产生振型的转换,复杂转换关系如图 6 - 46(b)所示。随着振动波在耦合边界位置的反射、透射及波型转换,振动能量也随之重新传播与分配。

以弯曲波的传递为例进一步揭示振动波在构形突变截面的传递特征,单独考虑由远处沿板 1 向弯折边界法向入射的弯曲波,入射波横向振动速度可以表示为

$$w_{1,B} = \bar{w}_{IB} e^{-ik_{B1}x_1} \cdot e^{i\omega t} \tag{6-49}$$

其中,$\bar{w}_{IB}$ 是入射弯曲波振动速度幅值;k_{B1} 为板 1 中弯曲波波数。

振动波在传向折返截面后会发生透射及反射,产生传播波及近场波,为简化分析暂不考虑除两板耦合边界外其他边界的影响,则板 2 中的振动波为经过转角的透射波,板 1 中的振动波为入射波和反射波的叠加。因此,在两板中合成的横向振动速度可表示为

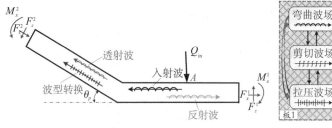

(a) 振动波传播特征示意   (b) 振动波场的相互作用关系

图 6 - 46　振动波在折返截面的传播与转换

$$\begin{cases} w_1(x_1) = \bar{w}_{IB}(\mathrm{e}^{-ik_{B1}x_1} + r_{BB}\mathrm{e}^{+ik_{B1}x_1} + r_{BJ}\mathrm{e}^{+ik_{B1}x_1}) \cdot \mathrm{e}^{i\omega t} \\ w_2(x_2) = \bar{w}_{IB}(t_{BB}\mathrm{e}^{-ik_{B2}x_2} + t_{BJ}\mathrm{e}^{-ik_{B1}x_2}) \cdot \mathrm{e}^{i\omega t} \end{cases} \tag{6-50}$$

式中，r_{BB}、t_{BB} 分别为弯曲波-弯曲波反射系数、透射系数；r_{BJ}、t_{BJ} 分别为弯曲波-近场波反射系数、透射系数；$k_{Bj} = \sqrt[4]{\omega^2 \cdot \rho_j h_j / B_j}$ 为板 j 中弯曲波波数。

可定义如下能量透射与反射效率，以分析各类透射、反射波所携带的振动能量占入射波总能量的比例：

弯曲波-弯曲波反射效率：

$$\xi_{BB} = \frac{P_{RB}}{P_{IB}} = \frac{2c_{B1}m_1'|r_{BB}w_{IB}|^2}{2c_{B1}m_1'|w_{IB}|^2} = |r_{BB}|^2$$

弯曲波-纵波反射效率：

$$\xi_{BL} = \frac{P_{RL}}{P_{IB}} = \frac{c_{L1}m_1'|r_{BL}w_{IB}|^2}{2c_{B1}m_1'|w_{IB}|^2} = \frac{c_{L1}}{2c_{B1}}|r_{BL}|^2$$

弯曲波-弯曲波透射效率：

$$\tau_{BB} = \frac{P_{TB}}{P_{IB}} = \frac{2c_{B2}m_2'|t_{BB}w_{IB}|^2}{2c_{B1}m_1'|w_{IB}|^2} = \frac{c_{B2}}{c_{B1}} \cdot \frac{m_2'}{m_1'} \cdot |t_{BB}|^2$$

弯曲波-纵波透射效率：

$$\tau_{BL} = \frac{P_{TL}}{P_{IB}} = \frac{c_{L2}m_2'|t_{BL}w_{IB}|^2}{2c_{B1}m_1'|w_{IB}|^2} = \frac{c_{L2}}{2c_{B1}} \cdot \frac{m_2'}{m_1'} \cdot |t_{BL}|^2$$

式中，P 表示功率流；τ 表示能量透射效率；ξ 表示能量反射效率，下标 B、L 分别代表弯曲波与纵波，下标 I、R、T 分别表示入射、反射、透射。以上能量透射、反射效率满足如下关系：

$$\xi_{BB} + \xi_{BL} + \tau_{BB} + \tau_{BL} + \eta_{\mathrm{loss}} = 1 \tag{6-51}$$

其中，η_{loss} 表示在弯折截面储存或阻尼耗散的振动能量，仅考虑自身结构阻尼时，通常可忽略局部材料阻尼等耗散能量，即 $\eta_{\mathrm{loss}} \approx 0$。

选定弯折角 $\theta = 30°$，得到弯折结构的能量分布计算结果如图 6 - 47 所示。可见，结构内的能量分布以弯折截面为界分为左右两部分，左右两部分内的能量分布比较均匀,而在弯折截面处存在能量阶跃。弯曲波的能量分布呈现左高右低的特征,这是因为结构输入的是弯曲波功率流,弯曲波传播到弯折截面时,发生反射、透射和波形转换,导致透射的弯曲波显著减少,即弯折结构对于输入的弯曲波具有良好的隔离效果。

拉压波(纵波)分布规律与弯曲波相反,即左侧结构的拉压波能量密度略小于右侧,但差别很小。这是因为结构输入的是弯曲波功率,弯曲波传播到弯折结构处发生波形转换,产生反射和透射的拉压波。弯曲波向拉压波转换的反射系数 $\xi_{BL} = 0.090\,0$,透射系数 $\tau_{BL} = 0.107\,8$,反射系数略小于透射系数,即反射的拉压波略少于透射拉压波,因此,左侧的拉压波能量密度略低于右侧。

结构内弯曲波的能量密度和功率流远大于拉压波的能量密度和功率流,结构以弯曲振动为主。

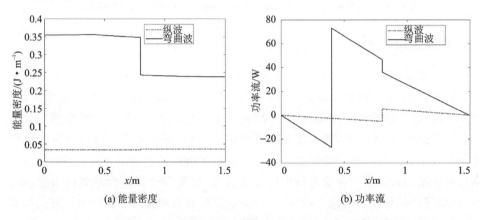

(a) 能量密度　　　　　　　　　　　　　　(b) 功率流

图 6 - 47 弯折梁能量分布计算结果($\theta = 30°$,10 000 Hz,$\eta = 0.003$)

选定弯折角 $\theta = 60°$,其他参数不变,得到弯折梁的能量分布计算结果如图 6 - 48 所示。对比弯折角度 $\theta = 30°$ 和 60° 的能量分布可见,两者能量密度和功率流分布规律基本一致,数值也相差很小,即弯折角度对结构能量分布影响并不显著。弯折角度增大后,结构内弯曲波能量密度略有增大,而拉压波能量密度明显下降。这是因为,弯折角度增大后,截面的弯曲波反射系数 ξ_{BB} 和透射系数 τ_{BB} 均增大,截面弯曲波到拉压波的转换反射系数 ξ_{BL} 和透射系数 τ_{BL} 均下降,即当弯曲波入射到弯折截面后,转换产生更少的拉压波,因此结构内的弯曲波能量密度上升,拉压波能量密度下降。

综上所述,对于构形突变结构,振动波(如弯曲波等)入射到突变截面时,一方面存在振动波的反射、透射;另一方面,由于突变截面处内力的平衡、振动位移的连续关系,单一形式振动波也可引起其他类型振动,即产生振动波形的转换。振动波所携带的振动能量与振动波类型、波速、振动速度等相关,其中波速、振动速度等又受弯折角度等几何特征及材料特征参数影响。受结构弯折边界影响,振动波的反射、折射以及振型的转换都会导致振动能量重新分配。

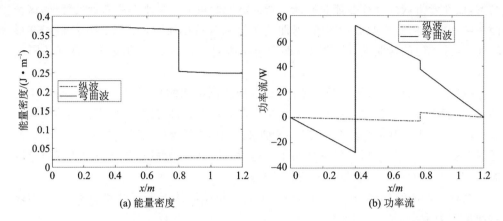

(a) 能量密度   (b) 功率流

图 6-48　弯折梁能量分布计算结果($\theta=60°, 10\ 000\ \text{Hz}, \eta=0.003$)

2. 隔振结构设计

在先进支承结构设计中,折返式结构等非连续结构应用广泛,可实现对振动能量(尤其是中高频振动)的有效衰减与隔离。以 PW150A 涡轮级间支承结构为例,如图 6-49 所示,在刚性轴承座设计中,其后支点采用后伸支座,与轴承座后伸安装臂构成折返式结构,除此之外,轴承座安装臂与承力鼓筒、弹性鼠笼与承力辐板内环也构成折返式结构;同样,承力辐板组件外环也采用了折返式安装边结构。多处的折返式结构可在振动传播中对振动能量进行有效衰减,避免转子振动激励载荷引起承力辐板、机匣等静子件较大的动力响应,防止支承结构的振动损伤;同时,也可避免气动激励对转子振动产生影响,保证转子动力学特性的稳定。

图 6-49 所示为支承结构系统,引入折返式弱刚度结构后,各相邻部件间的刚度/质量特征均具有较大差异和突变,整体刚度/质量特征表现为非连续及离散化分布,如表 6-3 所列。刚度/质量分布特征的突变是结构产生高振动隔离特性的重要因素。

表 6-3　级间支承结构各部件离散刚度-质量特征

编　号	部　件	质量/kg	刚度/($N \cdot m^{-1}$)	刚度/质量/ ($N \cdot m^{-1} \cdot kg^{-1}$)
1	级间机匣	21.1	6.22×10^8	2.95×10^7
2	导流器	13.0	1.28×10^8	9.85×10^6
3	鼠笼弹支	2.0	8.13×10^7	4.06×10^7
4	承力鼓筒	0.9	2.32×10^8	2.58×10^8
5	共用轴承座	8.0	7.76×10^8	9.70×10^7

根据各部件刚度-质量特征,令激振力 F 的频率为 ω,则质量单元阻抗为 $Z_i =$

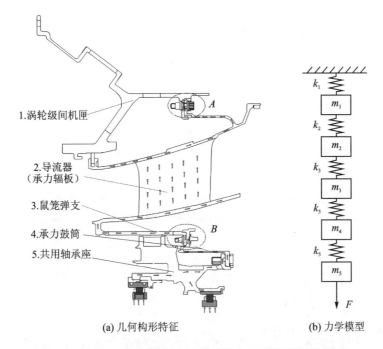

1.涡轮级间机匣

2.导流器
（承力辐板）

3.鼠笼弹支

4.承力鼓筒

5.共用轴承座

(a) 几何构形特征　　　　　　(b) 力学模型

图 6 - 49　PW150A 涡轮级间支承结构几何构形突变隔振设计

$-m_i\omega^2$，弹簧单元阻抗为 $Z'_i = k_i$，X_1 至 X_5 分别表示 m_1 至 m_5 处的位移响应。得到简化阻抗图如图 6 - 50 所示，可知：

$$R_1 = Z_1 + Z'_1, \quad R_2 = Z_2 + \frac{Z'_2 R_1}{Z'_2 + R_1}, \quad R_3 = Z_3 + \frac{Z'_3 R_2}{Z'_3 + R_2}, \quad R_4 = Z_4 + \frac{Z'_4 R_3}{Z'_4 + R_3}$$

$$(6 - 52)$$

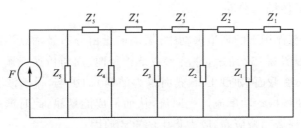

图 6 - 50　PW150A 涡轮级间机械阻抗特征图

根据简化阻抗图中各元件间关系可得

$$X_5 \cdot \frac{Z'_5 R_4}{Z'_5 + R_4} = X_4 R_4, \quad X_4 \cdot \frac{Z'_4 R_3}{Z'_4 + R_3} = X_3 R_3, \quad X_3 \cdot \frac{Z'_3 R_2}{Z'_3 + R_2}$$

$$= X_2 R_2, \quad X_2 \cdot \frac{Z'_2 R_1}{Z'_2 + R_1} = X_1 R_1$$

$$(6 - 53)$$

假设 A_m、A_n 分别为测点 m、n 位置的位移响应,定义 A_m/A_n 为测点 m、n 间的振动传递系数,以此表征两测点间结构的振动隔离特性。可求得级间机匣与共用轴承座间的振动传递系数为

$$\frac{X_1}{X_5} = \frac{Z_2' Z_3' Z_4' Z_5'}{(Z_2' + R_1)(Z_3' + R_2)(Z_4' + R_3)(Z_5' + R_4)} \quad (6-54)$$

当激振力 F 频率为 1 000 Hz 时,根据各部件的刚度质量值,计算得到级间机匣至共用轴承座的振动传递系数约为 0.07,即振动传递过程中超过 90% 的振动响应被衰减,结构刚度/质量分布的非连续性设计具有良好的隔振效果。一定频率范围内支点至级间机匣的振动传递系数如图 6-51 所示,由图可知,相比于支点位置,导流器外安装边处响应幅值大幅减小,振动传递系数在 0.1 左右,即结构的构形突变及刚度/质量分布非连续性设计可在宽频率范围内达到优异的振动隔离特性。

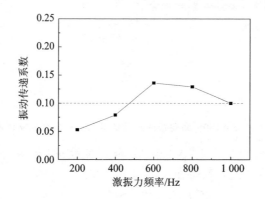

图 6-51　支点至涡轮机匣的振动传递系数

3. 振动能量传播与分布

在支点动载荷作用下的强迫振动中,振动能量由分布激励点沿载荷作用方向输入轴承座结构,如图 6-52 所示,并沿承载结构径向、周向传递。振动能量传递过程中,受结构几何突变截面(如倒 L 形截面承力鼓筒)的影响,振动波在折返边界的反射、波型转换等使得振动功率流产生回流,从而形成能量涡,此时振动能量局部聚集与耗散是造成局部振动响应高、应力集中的重要原因。

振动能量的传递特征受振动频率等影响,随频率提升,振动波长缩短,折返截面影响将逐步凸显。高频激励下,局部振动特征更为凸显,板内局部振动能量聚集形成复杂能量涡流,而经折返截面传输振动能量大幅降低,表明结构折返产生了显著的隔振效果。

图 6-53 所示为振动能量在典型承力框架内的传递特征。振动能量在承力框架各辐板内并非均匀分布传递,而主要经载荷作用方向对应辐板外传。值得注意的是,考虑到轴向位置分布特征,支点径向载荷在导流器承力辐板位置产生附加弯矩作用,受此弯矩载荷及外部机匣约束边界影响,振动能量并非直接沿辐板外传,而是表现为

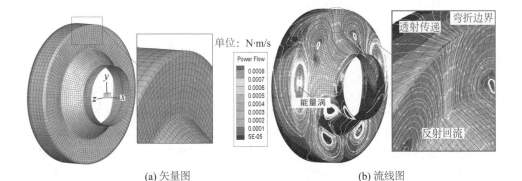

(a) 矢量图　　　　　　　　　　　　　(b) 流线图

图 6 - 52　轴承座与承力鼓筒内振动功率流特征

沿辐板与内环机匣后侧过渡边角输入,沿辐板外传中的大部分振动能量回流至前侧过渡边角,在辐板与内环机匣耦合边角位置产生振动能量聚集。

随着激励频率逐步提高,振动波长缩短,辐板局部振动特征凸显,并可能在辐板内产生能量涡,虽然其导致了局部能量聚集,但也加速了能量在辐板内的耗散,起到更强的振动隔离效果。经板-壳组合截面传播后,在壳体内能量涡特征同样显著,组合截面附近振动能量局部集中是造成板-壳组合结构在此位置出现裂纹损伤问题的重要原因。

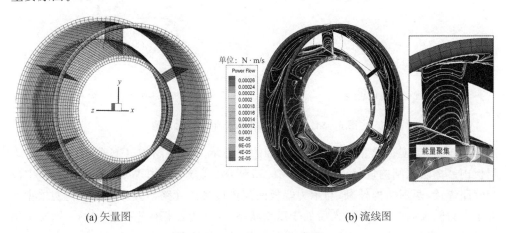

(a) 矢量图　　　　　　　　　　　　　(b) 流线图

图 6 - 53　导流器内振动功率流特征

综上所述,几何构形突变结构内存在质量、刚度等力学特征参数的非连续,在突变界面处,振动波会产生反射、折射及波型转换现象,造成局部振动能量的集中与耗散。通过结构几何特征的设计,可有效降低振动能量向结构的输入与传播,提升其振动隔离特性。例如,结构折返可有效降低高频振动能量向其他结构的传递,合理设计辐板与承力机匣连接特征(如倾斜角设计等)可显著降低能量输入。在共用支承结构设计中,可通过合理选取与设计几何构形突变截面来缓解结构间振动耦合,增强结构隔振特性。

6.3.3 干摩擦耗能结构

1. 耗能减振结构

干摩擦阻尼结构是航空燃气轮机上广泛应用的阻尼耗能技术,摩擦作用最明显的后果之一是使物体振动的机械能转变为热能扩散于周围介质中,即产生能量转换,从而达到减振的目的。干摩擦减振主要应用于复杂频率激励下的振动响应控制,在多年的发展中已演变出各式各样的结构形式,典型代表如转子叶盘结构中的锯齿形叶冠、圆弧形榫头、各式缘板阻尼器等。静子结构,尤其是受宽频激励的薄壁板壳结构(如封严件)中同样设计有多类型的干摩擦阻尼耗能结构,如图 6-54 所示,包括线型阻尼环、T 形阻尼环以及爪形干摩擦弹片阻尼结构等。

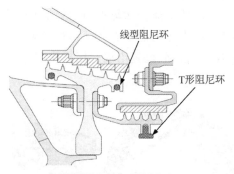

(a) 封严附件线型和T形阻尼环

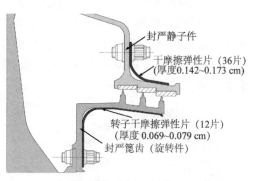

(b) 爪形干摩擦弹片阻尼结构

图 6-54 不同类型干摩擦阻尼耗能结构

近年来,针对内有滑油、空气导管等的空心承力辐板结构,GE 公司提出了承力辐板内摩擦阻尼结构设计方案,如图 6-55 所示,该方案采用 W 形弹性片结构,中段与管路焊接,两翅结构外翻,与承力辐板两侧壁接触。管路与弹片组合结构初始宽度大于承力辐板内部空隙,装入后处于压紧状态,与承力辐板侧壁线性接触。当支承结构振动时,弹片与承力辐板壁面相对滑动,提供摩擦阻尼。

产生干摩擦阻尼耗能的关键在于存在摩擦接触界面的两个物体产生相对运动或相对运动趋势,且通常高频率下阻尼耗能特征显著。摩擦接触界面相对运动特征分两类:其一,主结构(被减振结构)显著振动,从而相对于阻尼环相对运动,如叶片榫头、叶冠及缘板阻尼器等,均是由于流体激励下叶片产生复杂振动响应,从而相对阻尼器运动,产生摩擦耗能;其二,减振结构产生大振动幅值,相对主结构产生运动趋势,进而产生干摩擦耗能,当主结构自身振动位移不显著时多需采用此类形式。

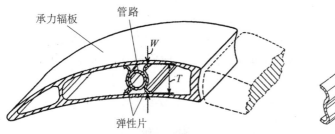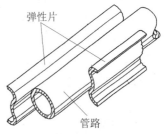

图 6-55　应用于空心承力辐板结构的弹性片阻尼结构

　　对于支承约束转子、传递载荷的支承结构,通常要求保证其抗变形能力,应避免其产生过大振动响应幅值。因此,支承结构振动能量的耗散应采用减振结构自身振动从而产生干摩擦耗能的形式。当减振结构处于共振状态时,其响应幅值最大,干摩擦界面能量耗散最显著。同时,处于共振状态的减振结构构成吸振系统,可实现主结构振动能量的转移,形成动力吸振-干摩擦耗能系统,实现对振动能量的转移与耗散。

　　图 6-56 所示为干摩擦弹片式吸振-耗能结构。波纹弹片自身具有丰富模态,且可针对激励载荷特征等进行质量/刚度分布设计,以在敏感激励频段内利用弹片自身共振实现动力吸振。利用摩擦接触面引入非线性刚度、阻尼特征,特点如下:① 在局部搭接处,存在分离-接触-拍击等复杂接触行为,产生非线性特征显著的局部约束刚度,为振子带来超谐/亚谐共振、组合内共振等丰富的非线性振动特征,可有效拓展其共振带宽,实现对宽频振动能量的高效转移;② 振子结构振动时,界面处黏滞-滑移摩擦行为可产生非线性干摩擦阻尼,使转移至振子结构内的振动能量有效耗散。

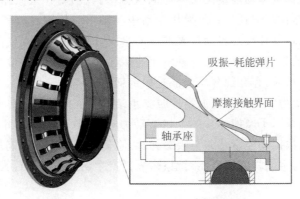

图 6-56　干摩擦弹片式吸振-耗能结构

　　图 6-57 所示为基于金属橡胶(metal rubber,MR)材料的非线性减振结构。金属橡胶材料是将金属丝卷成螺旋形,经过拉伸、编织、加压成型而成的弹性多孔功能性阻尼材料,具有高弹性、高阻尼、重量轻、环境适应性强等优点。其内部弹簧丝螺旋卷结构特征决定了其独特性能,一方面,挤压变形中螺旋卷相互摩擦接触产生能量耗

散;另一方面,弹簧丝螺旋卷结构也决定了其刚度、阻尼特性随载荷变化的非线性变化特征,并且受其材料参数、成型参数及装配预压等多方面的影响。金属橡胶与质量环/块等相配合,实现非线性吸振器结构设计,并通过对金属橡胶材料参数进行设计,使非线性力学参数满足要求,实现振动能量从主结构向所设计的非线性吸振结构高效定向转移与耗散。

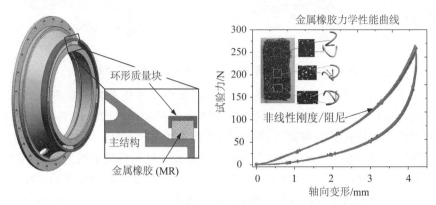

图 6 – 57　基于金属橡胶(MR)材料的吸振-耗能结构

2. 吸振-耗能动力学特性

在动力吸振设计频段,减振弹片通过其自身共振实现对振动能量的转移,由图 6 – 58 所示功率流仿真结果可见:① 振动能量在输入轴承座外传过程中,由于弹片动力吸振效应,大量振动能量向所设计的吸振结构转移;在减振弹片结构内,部分振动能量由自身结构阻尼耗散;② 弹片振动中与轴承座接触界面间相对运动,产生干摩擦阻尼耗能,在弹片接触界面位置形成能量涡,即表现为振动能量局部的聚集与耗散。值得关注的是,在弹片根部与轴承座连接区域,几何特征突变也会影响振动能量的传递,诱发能量涡,存在部分振动能量局部耗散。

图 6 – 59 所示为应用不同减振结构时支承结构系统振动响应对比。在吸振设计频段(二阶模态频率),干摩擦弹片产生显著动力吸振-耗能特征。此时,弹片结构产生共振,可将主结构振动能量转移至吸振弹片,降低主结构内振动能量;同时,弹片大振动响应使得其与主结构间产生相对滑移,界面产生明显干摩擦行为,实现迟滞阻尼耗能。

引入干摩擦界面后可一定程度避免设计点相邻频段共振峰值问题。考虑界面摩擦后可在更宽频率范围取得更小振动响应值,综合性能更优。干摩擦界面提高了能量耗散效率,有效避免了振动峰值的产生。值得关注的是,在非动力吸振设计频段(如图 6 – 59 中一阶模态),经典动力吸振结构无减振效果,但引入干摩擦接触界面后,在某些激励频率下,当主结构振动幅值较大时,摩擦接触界面产生周期性滑移,形成干摩擦迟滞阻尼,可更高效耗散振动能量,降低结构系统振动响应幅值。

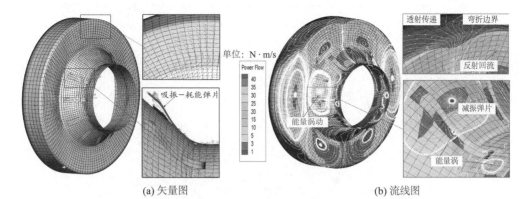

(a) 矢量图　　　　　　　　　　　　(b) 流线图

图 6 - 58　振动能量向吸振-耗能弹片转移、耗散的特性(功率流仿真)

图 6 - 59(a)所示,不同激励载荷下界面状态变化有所差异,表现出不同的减振效果:① 激励载荷极小时(如 $F_0 = 1$ N),界面处于黏滞状态,干摩擦迟滞耗能极少,此时等效于设计接触点固定的线性吸振器(吸振频率更高);② 随着激励载荷的逐步提高,界面逐步出现滑移摩擦,产生迟滞耗能,振动响应峰值逐步降低。存在最优激励载荷范围(如图中 $F_0 = 50 \sim 100$ N),使得动力吸振-耗能作用频率范围最宽,同时有效消减吸振设计频段两侧相邻振动响应峰值,对于吸振设计频率(对应图中二阶共振),在最优条件下峰值响应降低幅度可达 86%;③ 当激励载荷增大到一定程度后(如图中 $F_0 \geqslant 1\,000$ N),界面产生完全滑移,摩擦约束作用减弱,系统振动频率逐步降低直至接近于无摩擦状态。

接触界面法向初始压紧力是影响特定激励载荷减振效果的关键参数,如图 6 - 59(b)所示,存在最优界面初始法向压力使振动控制效果最佳。从界面法向压力的影响规律中可以看出:① 当初始压紧力较小时(如图中 $N_0 = 1$ N),界面处于滑移状态,附加约束较弱,同时摩擦力较小,摩擦耗能能力相对较弱,此时与无摩擦线性吸振结构相近;② 当初始压力过大时(如图中 $N_0 = 50$ N),界面完全黏滞,附加约束较强,导致动力吸振频率提高,但能量耗散能力弱;③ 在适当初始压力下(图中 $N_0 = 10 \sim 20$ N),可取得最优吸振-耗能效果,有效地避免了传统动力吸振设计频段两侧的响应峰值,振动响应幅值降低达 90%。

干摩擦耗能界面还有效扩展了动力吸振结构减振频率范围,无摩擦界面时,设计点相邻频段产生响应峰值,有效频段较窄(约 25 Hz,图 6 - 59 中 Interval - 1);引入干摩擦界面后,有效削弱了响应峰值,有效吸振-耗能区间增加至约 66 Hz(图 6 - 59 中 Interval - 2),有效范围增长了超过 160%。

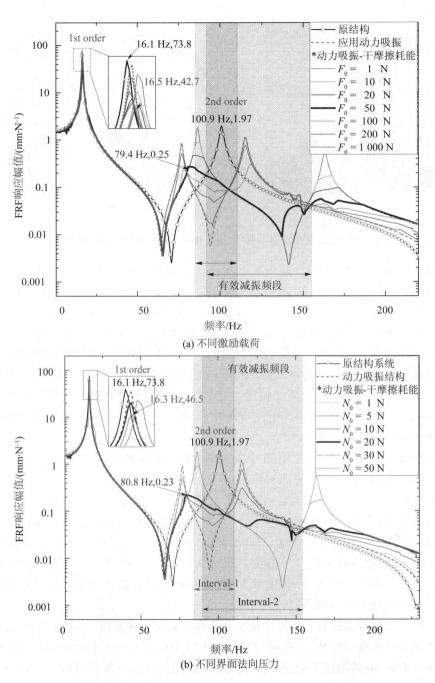

(a) 不同激励载荷

(b) 不同界面法向压力

图 6-59 应用不同减振结构时结构系统响应特征(彩图见彩插)

|6.4　支承结构安全性设计|

　　航空燃气轮机转子支承结构安全性设计是指在正常工作状态下,保证转子正常运转,并通过转子支承结构设计优化载荷分配、调节转子系统动力学特性,保证极限载荷状态下轴承及支承结构完整性的设计。风扇叶片等飞失后,可在瞬时对其支点轴承、支承结构施加巨大的冲击载荷,而当转子减速停车通过临界转速时,风扇转子质量不对称及其所产生的旋转惯性激励会对转子-支承结构系统产生巨大的交变载荷以致于系统失稳。

6.4.1　叶片飞失载荷特征

　　5.1 节已详细阐明叶片飞失激励特征及其对转子运动状态的影响,这里不再赘述。图 6-60 所示为高涵道比涡扇发动机风扇叶片飞失激励示意图,叶片飞失后质心从形心 O_c 处瞬时移至 O_r 处,产生质量偏心距 e,使转子系统产生阶跃旋转惯性载荷 F_r 及叶片飞失所引起的转子角动量突变。叶片飞失时,转子一般处于超连接状态下,大质量偏心转子会产生质心转向以维持稳定运转,但是在减速过程中通过共振转速时,引起的转子系统动力响应突增可造成结构损伤失效。

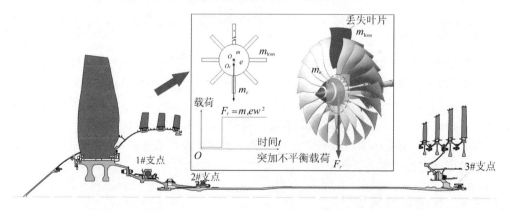

图 6-60　风扇叶片飞失过程中轮盘质量分布及旋转惯性分析模型

　　突加不平衡瞬时冲击可激起转子系统模态振动,改变转子旋转运动状态,最终可能导致约束转子运动的轴承-支承结构产生过载和破坏。图 6-61 所示为风扇叶片飞失后转子各支点处动载荷响应。可以看出,在突加不平衡瞬时冲击下,支点动载荷迅速增大,达到峰值之后逐渐振荡衰减至稳定值,即在稳定的大不平衡激励下产生的稳态支点动载荷。

　　对于典型的高涵道比涡扇发动机,低压转子通常采取三支点的 0-2-1 支承方

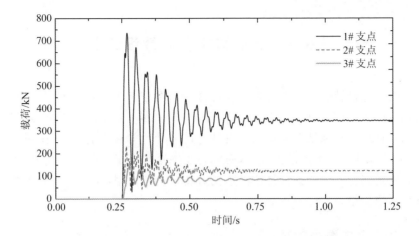

图 6 - 61　最大转速下突加不平衡时低压转子支点动载荷响应

案,风扇后支承有两个支点,最靠近风扇的 1♯支点轴承承受的风扇叶片飞失引起的
动载荷最大,也最可能产生破坏。靠近风扇的 1♯支点载荷峰值是涡轮支点载荷峰
值的 2～4 倍,是安装节点(2♯支点)上的载荷峰值的 2～3 倍。一些发动机支承结构
设计中,规定了 1♯支点轴承的临界载荷,当承受的载荷超过临界时,轴承将与支承
结构脱离(断开),不再传递载荷,这时发动机的载荷传递路线和转子的动力学特性也
发生改变。受冲击后,各支点峰值点出现时间顺序和频率成分也有一定差异,靠近飞
失叶片的 1♯支点最先产生峰值,而位于最后侧的 3♯支点最晚产生峰值,表明叶片
飞失冲击激励具有传播特征。

　　对于风扇叶片飞失的转子系统,进行结构安全性设计的主要目的如下:一是降低
突加不平衡瞬时风扇后支承结构的冲击响应,避免轴承及承力结构过载破坏;二是降
低转子通过临界转速时的支点动载荷幅值。由于风扇位置突加不平衡,转子系统振
动以弯曲振型为主,风扇轴的质量/刚度分布和风扇后支点支承刚度对动力响应的影
响大,结构设计主要应围绕风扇转子构形和支点约束控制效果开展,并根据安全设计
策略确定结构设计方案。

6.4.2　抗冲击结构设计

　　风扇叶片飞失瞬时对轴承-支承结构产生显著横向冲击,这种冲击载荷势必会对
轴承-支承结构产生一定破坏,需要从结构设计上降低轴承及支承结构对转子的约
束,以控制极限载荷下传递到轴承及支承结构的载荷,降低其损伤,保持结构完整性,
维持叶片飞失后转子的风车状态。

　　工程实践中,风扇叶片飞失对低压转子的 1♯支点产生的冲击和旋转激励载荷
最大,当该支点采用滚珠轴承设计时,由于该支点还要承受转子的轴向载荷,该支承
结构是最危险的支承结构,因此,在支承结构安全性设计中,核心问题是提高风扇转

子支承结构的抗冲击能力。

1. 约束释放结构设计

支承约束释放结构有两种设计方案：轴向约束释放方案与径向约束释放方案。图 6-62 所示为典型大涵道比涡扇发动机风扇后 1 号和 2 号支点，在叶片飞失瞬时冲击的激励下，支承 1 号支点轴承的承力锥壳薄弱环节断开，使 1 号支点支承刚度迅速下降，而 2 号支点支承约束释放结构的设计目的则是为了避免 1 号支点径向约束释放后，过大支点动载荷使 2 号滚珠轴承产生损伤。

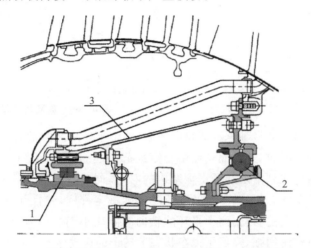

1—1 号支点滚子轴承；2—2 号支点滚珠轴承；3—承力锥壳。

图 6-62　风扇转子轴承-支承结构布局示意图（轴向约束释放方案）

2 号支点的滚珠轴承为止推轴承，对转子具有轴向、径向约束作用，由外环、内环、滚子和保持架组成。轴承外环固定在支承结构上，轴承内环向前伸出形成锥壳，并通过螺栓连接固定在转子安装凸边上。在正常情况下，轴承内环的两个半环彼此连接，滚动体在轴承内环滚动。当发生极限载荷情况时，例如风扇叶片断裂、丢失，将会产生巨大的横向冲击载荷。在这种情况下，假设 1 号支点处支承约束已经释放，转子系统在减速停车过程中会通过弯曲共振转速，转轴发生弯曲变形，2 号轴承会承受较大的径向、轴向载荷以及内外环角向位移不协调。

当 2 号轴承内外环产生严重变形时，如图 6-63 所示，连接环 3 在拉力作用下断开，两个半环彼此分离。前半环被固定在旋转轴上，后半环沿轴向向后移动，同时由防护环壳 5 提供支承。这种轴向位移是有限的，轴向约束凸缘能够对后半环进行轴向限位。轴承内环端面的弹性构件 6 用于阻碍后半环向轴向约束法兰移动。而当施加在轴承上的载荷降低时，弹性构件推动后半环向前移动（图 6-63 中弹性构件由两个弹簧垫圈组成），从而可以确保风车阶段转子能够稳定运转。

2 号轴承内环处设置有防旋转结构，如图 6-64 所示，在前后半环分离后，后半环 2 不会相对于防护环壳 5 自由旋转。该防旋转结构包括位于防护环壳 5 径向向外的凹槽 8 和后半环 2 的突齿 7。凹槽与突齿相啮合,凹槽的尺寸设计应允许在两个半环 1、2 分离之后,后半环 2 能够轴向移动。

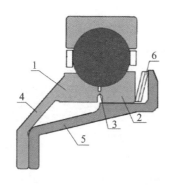

1—轴承内环(前);2—轴承内环(后);3—连接环;
4—连接支臂;5—防护环壳;6—弹簧垫圈。

图 6-63 刚度时变支承结构

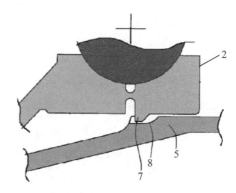

2—轴承内环(后);5—防护环壳;7—突齿;8—凹槽。

图 6-64 旋转约束结构

两个半环分离使 2 号轴承释放角向约束,两个半环之间的轴向间隙增大,进而增加 2 号轴承的径向间隙,并因此补偿由弯矩载荷引起的严重不协调变形。径向间隙的增加可以限制传递到附近静子支承结构的弯矩,同时降低高低压转子碰摩事故发生的可能性。风车状态下,轴承上的载荷降低到一定程度,弹性元件 6 发挥作用,弹性元件推动后半环向前移动,两个半环的轴向间隙减小,轴承径向间隙随之减小,轴承对转子的约束作用增强,降低了风车状态下转子的振动水平。

2. 缓冲阻尼结构设计

径向约束释放结构通常与缓冲减振结构配合,共同保证叶片飞失等极端载荷条件下轴承外支承框架的安全性,如图 6-65 所示。用于安装轴承的外环衬套采用分半结构,并通过轴向延伸法兰边安装在承力框架上,法兰边被设计为薄弱环节,当支点径向载荷超过设计阈值时,法兰边自动切断,实现径向约束释放。在转子振动载荷作用下,外环衬套会在承力框架上由同心球面 AA' 和 BB' 围成的轨道内滑动,从而释放风扇前支点对转子的部分径向约束,避免较大的转子径向力传递到静子上。同心球面中心的位置取决于转子的陀螺效应、转子刚度以及其他在径向约束转子的支承位置。其中轨道曲面的形状是根据叶片飞失后风扇后支点运动轨迹而设计的三维曲面,保证了外环衬套在轨道内的滑动。

如图 6-65 所示,外环衬套外设计有滑动环,其内侧与充满滑油的阻尼腔配合工作,实现缓冲阻尼减振。当叶片飞失产生大旋转惯性载荷时,支点动载荷加大,滑油腔内滑油同弹簧会起阻尼减振作用。为保证滑动环可沿环腔轴向移动,其上设计有沿周向均匀分布的凹槽,使其具备弹性变形能力,即使外环衬套对滑动环的作用力沿周向分布不均,滑动环也可自由滑动,不会发生卡滞。滑动环上下表面的周向密封槽

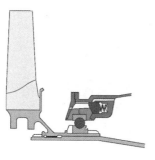

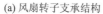

(a) 风扇转子支承结构

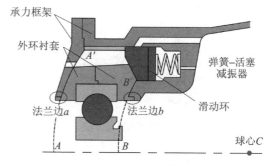

(b) 阻尼减振结构

图 6-65　风扇转子阻尼支承结构

保证了滑油腔的密封性;与滑动环配合工作的阻尼腔内充满了滑油,滑油通过滑油管注入阻尼腔,并且可从阻尼腔内的通孔流出,起到阻尼减振作用。

外环支承的约束释放及缓冲减振工作过程为:① 当叶片飞失时,在突加旋转惯性载荷作用下,轴承承受的径向载荷超过设计阈值时法兰边会被切断,释放径向约束;② 由于外环衬套始终嵌在轨道内,所以仍保持对转子的轴向约束;③ 转子剧烈振动迫使外环衬套绕球心 C 沿着轨道产生偏转,进而推动滑动环沿轴向滑向环腔内部,从而挤压阻尼腔内滑油,并压缩弹簧,使转子阻尼减振;④ 当转速降低到靠近风车转速时,由于支点动载荷减小,故可向阻尼腔内注入滑油,使滑动环与外环衬套重新接触,既可使转子重新定心,又能保证在转子再次出现不平衡时阻尼减振结构能立即起作用,更重要的是可使转子刚性增强,令转子固有频率远离风车转速,避免转子在风车转速下产生共振。

对于支承结构中的缓冲阻尼设计,可利用特殊高阻尼弹性介质实现。如图 6-66 所示,具有弹性恢复、阻尼能力的弹性介质被置于轴承内环与安装衬套之间,当 2# 支点所承受的径向载荷不超过阈值时,内环和安装衬套之间通过内环前端的限位环进行定位,通过内环后端的传扭耳片和安装衬套上的齿结构配合传递风扇转子扭矩;弹性介质环未被压缩,滚珠、内环、安装衬套、弹性介质环之间在径向无相对运动。当 2# 支点所承受的径向载荷超过阈值时,限位环被切断,内环相对安装衬套可径向运动,从而压缩弹性介质环,介质环起到阻尼减振作用,降低轴承所受载荷。同时,一旦载荷低于阈值,弹性介质环可自动恢复原体积,使转子恢复到原来的位置,转子重新定心,避免转子在风车转速下产生共振。

支承结构系统内环阻尼支承的工作过程为:① 当风扇叶片飞失时,在突加旋转惯性载荷作用下,风扇后 1# 支点的滚棒轴承支承结构被切断,当 2# 支点的轴承承受的径向载荷超过设计阈值时,限位环会被切断,释放径向约束;② 由于 2# 支点的滚珠轴承内环始终嵌在安装衬套内,所以仍保持对转子的轴向约束;③ 转子剧烈振动会压缩弹性介质环,起到缓冲、阻尼减振作用,降低轴承承受的径向载荷;④ 当径

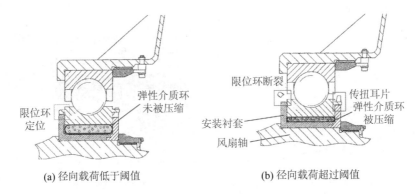

(a) 径向载荷低于阈值　　　　　　　(b) 径向载荷超过阈值

图 6 - 66　内环阻尼支承结构

向载荷低于阈值时,弹性介质环可自动恢复原体积,既可使转子重新定心,又能保证在转子再次出现不平衡时阻尼减振结构能立即起作用,降低风车转速下风扇转子的振动水平。

3. 抗冲击系统动力学设计

考虑大涵道比航空燃气轮机风扇叶片飞失瞬时的冲击载荷,通常需要针对其低压转子 2♯ 支点滚珠轴承开展抗冲击结构系统设计。由前文分析可知,抗冲击结构系统主要包括约束释放结构与缓冲阻尼结构,二者作用效果受所设计的载荷阈值、约束释放及缓冲阻尼结构特征等影响,需开展其动力学设计。

图 6 - 67 所示为典型的内环缓冲的低压转子轴承-支承结构设计方案动力学模型,将轴承的力学特性简化为线性弹簧 k_2 和阻尼 c_2,将弹性介质材料(如金属橡胶等)的力学特性简化为非线性弹簧 k_{mr} 和阻尼 c_{mr}。正常工作状态下,轴承与轴承座通过定位结构和瞬断结构相互固定,保证轴承可以支承转子正常运转并承受一定的转子负荷,仅线性弹簧 k_2 和阻尼 c_2 生效。叶片飞失等极限载荷状态下,巨大的冲击载荷超过瞬断结构设定的阈值,瞬断结构剪切破坏,轴承内环和转轴之间失去定位约束,在径向产生相对位移,挤压弹性介质,弹簧 k_{mr} 和阻尼 c_{mr} 发挥作用,起到缓冲、隔振、抗冲击和吸收振动能量的作用,降低了极限载荷状态下转子剧烈振动对支承结构安全性的影响。

仅在瞬断结构破坏失效释放位移约束后,弹性介质起内环缓冲作用,力学原理如下:

① 正常工作状态,瞬断结构起到转子定心作用,如图 6 - 68(a)所示,转子的径向载荷通过瞬断结构传递到轴承,再由轴承传递到承力框架,转子的轴向力则由环腔结构传递到轴承内环,再由轴承外环传递到承力框架;

② 在突加不平衡激励下,瞬断结构断裂,支点传力方式改变,如图 6 - 68(b)所示,转子的径向力通过弹性介质传递到轴承内环,再由轴承外环传递到承力框架。轴

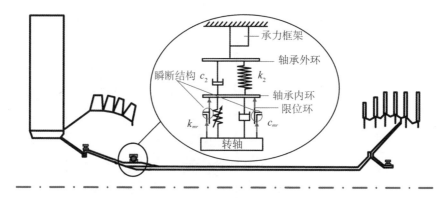

图 6 - 67　内环缓冲轴承-支承结构设计方案

承内环在环腔中径向移动挤压金属橡胶,起到缓冲隔振的作用。金属橡胶等弹性介质在初始状态刚度较小,2#支点支承系统的刚度主要由金属橡胶起主导作用,随金属橡胶挤压变形,刚度逐渐增加,H 表示金属橡胶的挤压极限。

③ 当金属橡胶等弹性介质达到挤压极限 H 时,轴承-支承结构的传力方式再次改变,金属橡胶无法再被压缩,如图 6 - 68(c)所示,转子的径向力一部分通过金属橡胶传到轴承内环,另一部分通过限位环结构传到轴承内环,再由轴承外环传到承力框架。此时 2#支点支承系统的刚度由轴承-承力框架刚度 k_2 起主导作用。

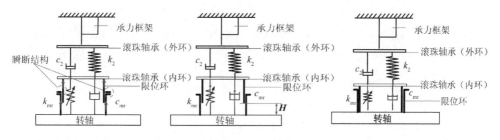

(a) 轴承-支承结构力学等效模型　(b) 瞬断结构断裂后工作情况　　(c) 达到挤压极限工作情况

图 6 - 68　缓冲阻尼结构力学过程

基于上述缓冲阻尼支承结构力学模型,得到支承刚度随转子幅值的变化规律如图 6 - 69 所示。可见:① 在线性低刚度 k_1 区,主要由弹性介质构件提供转子的径向约束,弹性介质内部相互作用产生阻尼隔振作用,有利于降低支点动载荷,达到缓冲隔振目的;② 当转子支点幅值超过线性低刚度极限位移 a 时,金属橡胶等弹性介质构件的径向刚度非线性变化,此时转子该支点处的径向约束强度随挠度增加而逐渐增大,有利于限制转子振幅,避免转静子碰摩等情况的发生;③ 转子支点幅值超过线性高刚度 k_2 的极限位移 b 时,弹性介质被完全压缩,金属丝之间无法产生相对运动,失去了阻尼效果,由轴承-承力框架为转子支点处提供较大的径向约束强度,防止转子振幅进一步增大。

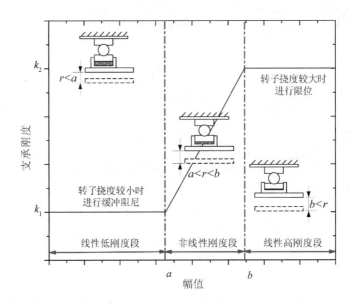

图 6 - 69 缓冲阻尼力学模型中支承刚度随转子幅值的变化规律

根据上述缓冲阻尼支承结构刚度随支点幅值变化的过程,得到支点动载荷在 x 方向的数学表达式为

$$f(x,\dot{x},r) = \eta(\tilde{k}(x,r) + \tilde{c}(\dot{x})) \tag{6-55}$$

其中,r 为支点幅值,$r = x^2 + y^2$,x、y 表示支点在 x 方向、y 方向的位移;$\tilde{c}(x)$ 为支点载荷阻尼成分,$\tilde{c}(\dot{x}) = c_{mr}\dot{x}$,$c_{mr}$ 为弹性介质阻尼;η 为阶跃函数,$\eta = \begin{cases} 0, & k_2 r \leqslant \alpha \\ 1, & k_2 r > \alpha \end{cases}$,$\alpha$ 表示瞬断阀值;k_2 表示 2♯支点支承刚度。

$\tilde{k}(x,r)$ 为支点载荷刚度成分,可表示为

$$\tilde{k}(x,r) = \begin{cases} k_{low}x, & 0 \leqslant r \leqslant a \\ \dfrac{x}{r}\left[k_{low}r + (k_2 - k_{low})\dfrac{(r-a)^2}{2(b-a)}\right], & a < r < b \\ \dfrac{x}{r}\left[k_{low}r + (k_2 - k_{low})\dfrac{(b-a)}{2} + (k_2 - k_{low})(r-b)\right], & b \leqslant r \end{cases}$$

式中,a 表示线性低刚度位移极限;b 表示线性高刚度位移极限。

设定支承结构关键参数为 $a = 0.1$ mm,$b = 1$ mm,k_2 为原系统支承刚度,$k_1 = k_2 \times 0.1$,$c_{mr} = 2.1 \times 10^4$ Ns/m。叶片飞失时,转子系统的响应特性(不考虑转静子碰摩)如图 6 - 70 所示,图(a)为采用支承结构缓冲设计的支点动载荷随时间的变化规律,图(b)为风扇轮盘幅值随时间的变化规律。

仿真结果表明,当 2♯支点采用支承结构缓冲设计时,临界转速点处的支点动载荷明显减小,临界转速点处的风扇幅值明显减小。原因在于:一方面,2♯支点整体刚

度较低,转子系统的临界转速降低,临界转速点处的支点动载荷降低;另一方面,支承结构的阻尼特性有助于吸收转子振动所产生的能量,进一步减小经过临界转速时的支点动载荷。

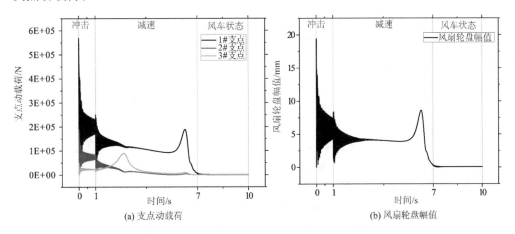

图 6 – 70　支承结构缓冲设计转子系统响应特性

　　通过上述计算分析可知:① 对于具有定位功能的滚珠轴承-支承结构的安全设计,需要考虑其定位功能不能被破坏;② 采用轴承内环缓冲阻尼结构,可以通过支点径向约束释放,利用转轴的变形将振动能量分别转换为其他支点变形和转轴的弯曲应变能,从而减小滚珠轴承动载荷。③ 滚珠轴承的载荷变化涉及转子质量分布和模态振动等多方面的交互影响,在工程设计中需要根据具体结构进行多参数优化。

6.4.3　角向变形协调设计

　　接触角是滚珠轴承重要的结构参数之一,对轴承组件的载荷分布、运动关系、润滑、摩擦等都有重要的影响。风扇叶片飞失使转子产生质量偏心,转子在运转过程中产生的惯性力对支承轴承产生弯矩,进而使轴承内环产生偏转角。内环偏转角会使同一个滚动体的内、外接触角同时增大或减小(当内环产生 $0.028°$ 的偏转角时,接触角的最大变化量约达 $3°$)。滚珠接触角循环变化将导致滚动轴承因表面损伤失效产生突变的冲击脉冲力,引起系统谐振,导致振动和噪声增大。因此,为了保证轴承接触角变化不超过允许值,需要通过控制支承结构变形以减小弯矩作用下轴承内环的偏转角。

　　滚珠轴承采用了转轴与轴承-支承结构刚度协调性设计,如图 6 – 71 所示,滚珠轴承内外环支承均采用前倾的锥壳结构,锥形支座(内锥壳)、支承锥壳(外锥壳)与轴线的夹角分别为 θ_1 和 θ_2,称为锥壳的半锥角。为了减小弯矩作用下轴承内、外环的偏转,应使内锥壳与转轴连接位置发生角向相对变形,以减小锥壳 1 和锥壳 2 的变形。此外,由于该支点采用主要承受轴向载荷的滚珠轴承,故还应当保证滚珠轴承的内外支承结构具有足够大的轴向承载能力。

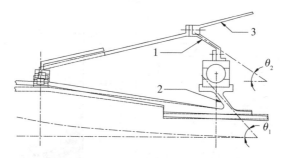

1—支承锥壳(外锥壳);2—锥形支座(内锥壳);3—中介机匣前锥壳。

图 6 - 71　转轴与轴承-支承结构刚度协调性设计

为达到以上变形及承载要求,在结构设计上需要满足:① 轴承支承内锥壳与转轴连接结构应具有较大的轴向刚度、较小的角向刚度,提高轴向承载能力,减少轴承内环的偏转;② 轴承支承外锥壳与中介机匣前锥壳连接结构应具有较大的轴向刚度、较大的角向刚度,减少轴承外环偏转,同时提高轴向承载能力。

1. 支承结构锥角优化

图 6 - 71 所示为航空燃气轮机低压转子止推轴承支点的锥壳连接结构,其角向和轴向刚度受锥角等结构参数及材料参数的影响。当不改变材料参数并且锥壳结构上下端的尺寸确定时,锥壳的角向和轴向刚度主要由锥角决定,实际中可以通过支承结构锥角的优化设计来获得较为理想的角向和轴向刚度。通过数值仿真研究锥壳锥角对支承结构角向、轴向刚度以及轴承内环偏转角的影响,结果如图 6 - 72 和图 6 - 73 所示。需要说明,计算结果中均采用半锥角来表示锥角。

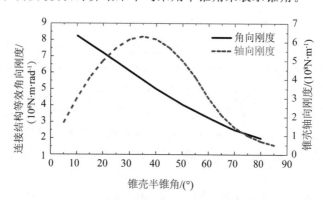

图 6 - 72　锥壳连接结构角向、轴向刚度与锥壳半锥角关系

从图 6 - 72 中可以看出,锥壳半锥角 θ_1、θ_2 对连接结构的角向刚度和支承结构的轴向刚度影响明显。伴随半锥角不断增大,连接结构角向刚度不断减小;支承的轴

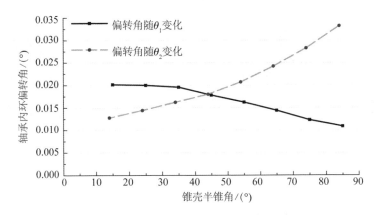

图 6-73　轴承内环偏转角与锥壳半锥角关系

向刚度则随半锥角增大先增大,并在 35°左右达到最大后再减小。而如图 6-73 所示,内、外锥壳的半锥角 θ_1、θ_2 对轴承内环偏转角的影响规律相反,内环偏转角随 θ_1 增大不断减小,随 θ_2 增大不断增大。

由此可得,在实际设计过程中,通过减小轴承内环偏转角,可以降低支承与转轴连接结构角向刚度,提高支承与中介机匣连接结构角向刚度,同时又保证了支承的轴向刚度,提高了其承受轴向载荷的能力。外锥壳半锥角 θ_2 选取在 35°左右,内锥壳半锥角 θ_1 则需要平衡其对轴向承载能力及内环偏转角的影响选取合适的值。

2. 鼓形配合面位置优化

在发动机运转过程中,当弯矩过大时,若转轴与轴承内锥壳角向刚度难以降低到削弱轴承内环变形的程度时,可以采用图 6-74 所示的轴承座连接鼓形配合界面设计,通过轴承座底部内凹的鼓面与转轴上外凸的鼓面配合来连接转轴和支承结构,发动机正常工作时通过限位环、销钉、挡环等限制鼓形配合面的相对滑移,大不平衡载荷作用下切断限位结构释放连接结构角向刚度,可以有效解除弯矩对轴承支座及内环偏转角的影响。

当轴承内环与轴段之间采用鼓形配合界面设计时,叶片飞失载荷下 1♯支点失效后,必须保证作用在 2♯支点鼓形配合界面两端限位环上的力能够迅速切断限位环,通过界面间相对滑移释放连接结构角向刚度。在结构尺寸确定的情况下,配合界面设计位置对限位环受力影响重大。

对支承结构进行受力分析,如图 6-75 所示,R 为叶片飞失位置到轴承支座底部的轴向距离;b 为转轴半径;r 为鼓形配合面到支座底部的轴向距离;θ 为支座半锥角。

假设不平衡载荷为 F,O'' 位置所受弯矩为 M,配合面后端限位环受力为 f,则根据力矩平衡方程可得

航空燃气轮机结构系统动力学设计

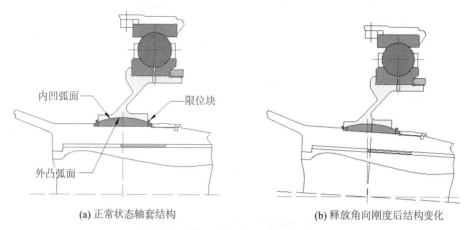

(a) 正常状态轴套结构　　　　　　　(b) 释放角向刚度后结构变化

图 6 - 74　轴承座鼓形配合面设计

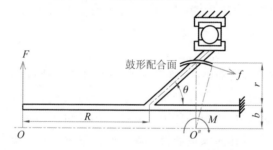

图 6 - 75　采用鼓形配合面设计的支承结构受力示意图

$$M = F \times (R + r \times \cot\theta) = f \times (r + b) \qquad (6-56)$$

$$f = \frac{F \times (R + r \times \cot\theta)}{r + b} \qquad (6-57)$$

计算得到的 f 理论解可为限位环的设计提供依据。

以图 6 - 75 所示的发动机转子结构为例,其结构尺寸参数如表 6 - 1 所列。在 $2\,830\ \mathrm{r \cdot min^{-1}}$ 转速下,叶片飞失产生的不平衡载荷可计算求得,并基于上述理论公式计算得到 f - r 变化关系曲线如图 6 - 76 所示。

表 6 - 1　支承结构尺寸参数

R/mm	$\theta/(°)$	b/mm
538.9	47	119.7

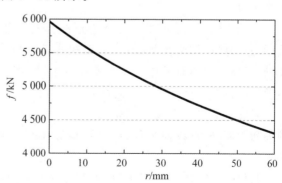

图 6 - 76　限位环受力 f 随鼓形配合面位置 r 的变化关系

从图 6-76 中可以看出,将鼓形配合面设计在支座底部($r=0$ mm)相比设计在轴承内圈($r=60$ mm),限位环受力增大 38.7%,更易被切断,从而有效释放支承结构角向刚度。故在工程设计时,应当将鼓形配合面设置于支座底部。

综上,针对滚珠轴承-支承结构的安全性设计,通过对结构特征参数的影响规律进行研究,可知:① 当风扇叶片飞失造成大不平衡载荷时,紧靠风扇后的支点采用滚棒轴承可提高径向承载能力,避免滚动体过载损坏造成转子抱轴;② 降低风扇后支点的支承刚度可以有效降低风扇俯仰振动临界转速,减小减速停车过程中风扇的振幅与支点负载,保证转子能够安全停车;③ 对于采用两支点悬臂支承的风扇转子,在风扇后滚棒轴承失效后,需要保证滚珠轴承内外环相对转角变化,以减小轴承损伤;④ 通过合理设计半锥角减小轴承内环偏转角,从而降低转子弯曲变形产生的弯矩对轴承接触角的影响,保证轴承-支承结构在恶劣载荷环境下的安全运转;⑤ 若弯矩过大,可在安装座底部设计鼓形配合面,通过两鼓形配合面间的相对滑移释放轴承角向刚度。

第 7 章

整机结构布局及变形协调性设计

现代航空发动机的研制可划分为四个阶段,即概念设计/论证阶段、方案设计阶段、详细/技术设计阶段、工程设计/验证阶段。在方案设计阶段,在发动机的基本性能参数,如推力、流量等已初步确定后,整机结构布局设计需要平衡各种限定条件和设计要求,确定支承方案、传力路线、转子构形等总体结构形式和外廓尺寸,使其能够兼顾性能、成本、可靠性和安全性等需求。在航空发动机设计中,结构布局方案的确定需要付出很高的时间和人力成本进行反复迭代,自主正向设计全新航空发动机更需要相应的设计理论和不同专业新技术的融合和平衡。

航空发动机整机结构布局是从整体上对转子及承力结构系统的构形、尺寸、材料、连接以及功能和受力状态进行系统筹划。整机结构布局重点考虑结构系统变形协调性、整机动力学特性以及安全性、可靠性等,主要内容包括转子和承力结构系统几何构形、关键尺寸以及支承/安装结构特征的确定。

航空发动机整机结构变形协调性,是指在过载、机动飞行及硬着陆状态下,受转静件几何构形、刚度质量分布及受力状态等因素影响,发动机产生的转静件变形特征及其相互关系。航空发动机各部件材料不同、构形各异,结构质量与刚度沿轴线分布极不均匀,在惯性载荷作用下,各结构组件产生的变形量不同,导致转静件变形不协调,可能会引起气动性能下降、封严失效以及转静件碰摩等,为保证发动机性能及安全性,在整机结构设计中应保证转静件在极限载荷环境下变形的协调性。

7.1　整机结构布局设计

航空发动机整机结构布局设计包括转子-支承结构系统设计和承力传力路径的确定。不同类型航空发动机在结构布局上具有各自的特点,在总体结构布局上,各设计集团既有一些共同的设计规律,也有其各自鲜明的特点。

7.1.1 高推重比涡扇发动机

1. 设计要求及布局特征

用于战斗机的高推重比涡扇发动机需满足超声速巡航、短距起降、隐身性、超长航程、高机动性等性能要求。纵观时代发展,高推重比发动机的设计特点包括:① 小直径设计,减小迎风面积并放置在战机腹部,以降低阻力和提高飞机隐身性;② 长度限制,以控制整机重量、提高推重比;③ 高结构效率,提高结构承载能力、抗变形能力和动力学环境适应能力;④ 高单位推力,在全包线内设计更优的热力循环,充分发挥气动性能潜力;⑤ 高循环效率,将燃油内能充分转化为推进功。

高推重比涡扇发动机整机结构布局阶段的需求表现为对整机外廓尺寸、重量和间隙的控制要求。为实现上述要求,各设计集团在结构布局设计和局部结构设计方案上不断探索创新,发展了多种典型高推重比涡扇发动机结构布局方案。根据转子数目,可将这些结构布局方案分为双转子布局方案和三转子布局方案。

对于典型的双转子结构布局方案,由于气流通道限制,导致高压转子较短粗、刚度较高,因此一般采用两个支点支承,如 1-1-0 或 1-0-1 支承方案;低压涡轮轴因需要穿过高压转子而细长,低压转子质量主要集中在转轴两端,质量/刚度分布极不均匀,通常需采用三个或者更多支点支承,如 1-1-1、1-2-0 等支承方案。

图 7-1 所示为 5 种双转子典型结构布局方案,根据热端涡轮转子的支承方式可分为悬臂支承、中介支承和共用支承三类,具有各自的特点。

采用燃烧室扩压器承力框架的悬臂支承高压转子方案如图 7-1(a)所示。此方案中,高压转子采用 1-1-0 支承方案,后支点设计在涡轮前连接轴上,缩短了支点跨度,可有效提高压气机转子刚度、减小压气机部件变形和控制叶尖间隙。高压涡轮处于悬臂状态,在横向过载等载荷下,压气机转子与高压涡轮转子产生的惯性载荷使得转轴具有相反的变形趋势,变形相互抑制,有利于提高惯性刚度。不过,1-1-0支承方案后支点处有燃烧室环绕,环境温度高,对支点的冷却、封严和润滑提出了极高要求,轴承环境恶劣,不利于其长寿命工作,增大了滚动轴承的设计难度。此外,采用 1-1-0 支承方案时,需使用燃烧室扩压器承力框架,给此部分结构设计带来了挑战,局部冷却结构及对承载结构的加强,不利于发动机结构质量控制。

采用中介轴承支承高压涡轮转子的方案如图 7-1(b)和(d)所示。高压转子采用 1-0-1 支承方案,后支点轴承为滚棒轴承,支承于低压涡轮轴上,可减少承力框架数目,使发动机长度缩短,重量减轻,推重比提高。这种布局方案带来的设计问题如下:① 高、低压转子在涡轮端产生力和位移耦合,使两转子运动状态相互影响,双转子系统振动特性变得十分复杂,增大了整机振动控制难度,需要更先进的转子动力学设计理论与方法作为指导,详见第 3.3 节;② 中介轴承内、外环都处于旋转状态,滚子和保持架磨损加剧,且由于环境温度较高、轴承腔相对狭小,故冷却润滑面临一

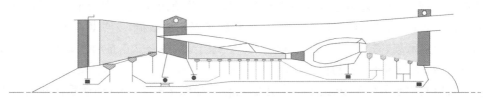

(a) 四承力框架布局（HP1-1-0，LP1-1-1）

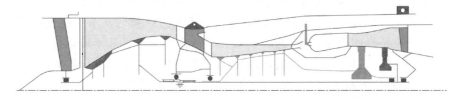

(b) 三承力框架布局（HP1-0-1，LP1-1-1）

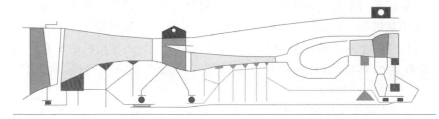

(c) 三承力框架布局（HP1-0-1，LP1-2-0）

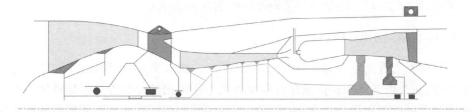

(d) 两承力框架布局（HP1-0-1，LP0-2-1）

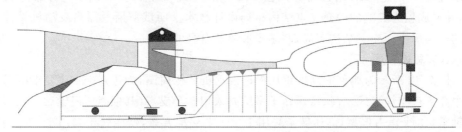

(e) 两承力框架布局（HP1-0-1，LP0-3-0）

图 7-1　高推重比涡扇发动机典型双转子结构布局方案

定挑战,需要更加关注其运动状态和动载荷控制,并使用高效可靠的轴承冷却、封严和润滑技术;③ 低压转子后支点同时传递双转子涡轮端载荷,支点载荷很大,为保证轴承的稳定承载,需采用大 DN 值轴承设计。综上,在中介支点布局方案中应尤其关注涡轮端支点局部结构设计。

采用共用承力框架支承的高、低压涡轮转子如图 7-1(c)和(e)所示。共用承力框架方案设计初衷与中介支点相同,即减少承力框架数量,降低整机结构质量。这种布局方案带来的设计问题如下:① 涡轮级间共用承力框架同时支承高、低压转子,支点载荷很大;② 高温环境下材料性能的退化会使承力框架的支承刚度发生变化,导致对转子约束特性的变化,可引起转子动力学特性的分散性和不确定性;③ 共用承力框架可能与高、低压转子产生耦合共振,导致转子运动状态改变,乃至产生非协调涡动失稳。因此,涡轮级间共用承力框架设计要求大承载能力、大支承刚度,对温度低敏感性以及高隔振性。

中介机匣承力框架通常为共用支承,即同时支承高、低压转子滚珠轴承,如果风扇转子采用悬臂设计,如图 7-1(d)和(e)所示,则还需要支承第三个轴承。此时,承力系统仅使用两个承力框架支承双转子 5 个支点,对提高发动机的推重比有利,不过,受承载能力限制,这种布局设计多适用于小推力量级发动机,如 EJ200 发动机等。

总之,对于高推重比涡扇发动机双转子结构布局方案,为降低整机质量,需控制整机外形尺寸、减少承力框架使用数目和提高结构效率,进而采取先进设计措施降低流道半径、缩短轴向尺寸、提高转子刚性同时削弱振动耦合。

2. 典型布局示例(F119)

采用中介支点支承方案是减少承力框架数目、提高发动机结构效率和推重比的重要措施,是当前各国在高推重比涡扇发动机中常采用的设计方案。最早使用中介支点布局方案的是通用公司 F110 发动机,在后续推重比 10 一级军用涡扇发动机的研制过程中,普惠和通用公司分别在 F119 和 F136 发动机上对该布局方案进行发展,并形成较为成熟的中介支点结构布局设计技术。而俄罗斯及国内发动机设计集团同样采用中介支点结构布局,并逐步形成了自身的特点。

(1) 总体布局

图 7-2 所示为典型的高推重比涡扇发动机结构简图,为达到推重比要求所以采用中介支点布局形式。高、低压转子系统共采用 5 个支点(其中高压涡轮后支点为中介轴承)、3 个承力框架,高压转子采用 1-0-1 支承方案,低压转子采用 1-1-1 支承方案。

如图 7-3 所示,高、低压转子止推轴承分别为高压压气机前 3 号支点和风扇后 2 号支点,轴承载荷通过中介机匣承力框架传递到主安装节。1 号滚棒轴承载荷通过风扇前承力框架和风扇机匣传递到安装节上;4 号、5 号滚棒轴承载荷通过涡轮后承

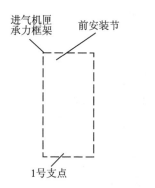
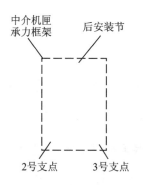
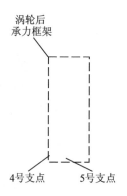

图 7 - 2　F119 涡扇发动机总体结构布局简图

力框架、核心机机匣与外涵道机匣等传递到主安装节上。此外,作用于静子叶片和机匣上的轴向气动载荷也通过承力机匣传递到中介机匣和主安装节处。

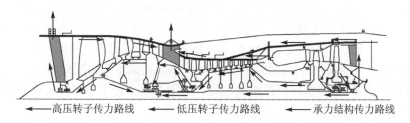

图 7 - 3　F119 涡扇发动机承力结构与传力路线(彩图见彩插)

F119 采用单元体设计,可分为风扇、中介机匣及附件、高压压气机、主燃烧室、高压涡轮、低压涡轮及轴、加力燃烧室等单元。整机装配顺序及关键连接结构如下: ① 高压压气机、主燃烧室、高压涡轮单元独自装配完毕后,通过高压涡轮前螺栓连接为核心机单元;② 将 2 号、3 号支点滚珠轴承座安装至装配完毕的中介机匣及附件单元,再通过风扇后轴颈两个套齿连接独自装配完毕的风扇和低压涡轮及轴单元;③ 安装整机外机匣,再通过法兰边安装加力燃烧室单元。

(2) 转子构形

F119 为典型的双转子中介支点布局方案,高压转子采用 1 - 0 - 1 支承方案,支承跨度较大,为控制叶轮机部件变形、保证核心机转子气动效率,高压转子采用大直径鼓筒轴刚性转子设计,并适当利用陀螺力矩控制转子系统在高速下的弯曲变形。

图 7 - 4 所示为发动机高压转子结构简图,包括 6 级高压压气机和 1 级高压涡轮,转子构形为大跨度的拱形环壳结构,这种构形能够显著提高转子静刚度。拱形环壳结构的最高点位于压气机轮缘处,轮缘半径为 240 mm;结构的最低点位于前后支点处,轴承内环半径为 74 mm;高压转子质心位于压气机与高压涡轮间的连接鼓筒上,鼓筒半径为 117 mm;转子支承跨度约为 1 123 mm。若以支承跨度与最大直径比计算转子的长径比,则长径比约为 2.34。

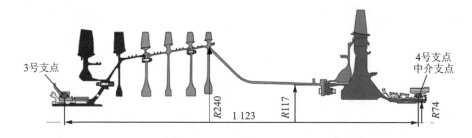

图 7 - 4　F119 高压转子结构构形及主要几何参数

高压压气机采用盘鼓混合式盘轴连接,长径比约为 1,局部刚性高,相对变形小,多级轮盘局部可视为刚体,可简化为典型的厚盘转子。压气机前轴颈从 2 级盘处伸出,以缩短支点跨度,提高转子弯曲刚度。前轴颈锥壳锥角为 55°,后轴颈锥壳锥角为 44°,以保证转子结构具有较高的弯曲刚度。

压气机后轴颈与鼓筒轴为一体结构,鼓筒轴跨度为 300 mm,平均半径为 117 mm,鼓筒轴半径受燃烧室及鼓筒轴切线速度等限制,压气机与鼓筒半径比约为 2,弯曲刚度相比压气机鼓筒较低,为转子弯曲变形中应变能集中区域之一。高压涡轮后轴颈的锥壳角为 27°,轴向长度为 122 mm,局部弯曲刚度较小,目的是降低对高压涡轮盘的角向约束,以使得涡轮盘陀螺力矩主要作用于前侧鼓筒轴,而减小作用于中介支点的动载荷。

综上,对于采用中介支点双转子结构布局的高推重比发动机,为优化高压转子力学特性可采取的转子构形措施如下:① 高压转子整体采用拱形几何构形,同时优化前后轴颈锥壳结构的锥角以提高整体抗弯曲和轴向变形能力;② 对于悬臂支承的第 1 级轮盘,可采用高刚度或自动定心结构设计以减小局部结构对转子系统动力学特性的影响敏感度;③ 转子前轴颈从 2 级或 3 级压气机轮盘伸出,缩短支点跨度,提高转子整体弯曲刚度;④ 合理选择鼓筒轴刚度与高压涡轮后轴颈刚度,以充分利用高压涡轮盘的陀螺力矩效应提高转子弯曲临界转速;⑤ 对于高压涡轮后轴颈锥壳,可适当降低角度和增加长度,以削弱其对高压涡轮盘的角向约束,降低中介支点的动载荷。

由于双转子结构布局方案的限制,低压转子质量单元位于转子两端,低压轴需要穿过高压转子,故只能采用细长轴,转子整体弯曲刚度较差,通常为柔性转子设计。为保证压气机和涡轮的气动效率,需通过构形设计提高局部刚度,控制气动部件转子局部变形。

图 7 - 5 所示为典型发动机低压转子结构简图,包括 3 级风扇和 1 级低压涡轮,其主体构形为杠铃结构。风扇转子前后支点跨度 682 mm,1 级风扇后伸鼓筒半径 149 mm。低压涡轮轴细长,前后支点跨度为 1 404 mm,半径为 53 mm,长径比约为 12。低压转子整体结构质量/刚度分布极不均匀,为刚度较弱的细长转子,在动力学设计中一般采用柔性转子设计,同时加强风扇和低压涡轮部件的局部刚度。

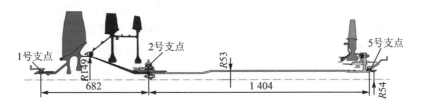

图 7 - 5　F119 低压转子构形及主要几何参数

　　高推重比发动机风扇转子为多级长轴向尺寸结构,为控制局部变形,风扇转子整体成两支点拱形几何构形,风扇前轴颈锥壳从 1 级风扇前侧轮盘向前伸出,锥角为 40°;后轴颈从 1、2 级风扇盘间伸出,锥角为 21°;第 2～3 级轮盘采用的是悬臂支承的分叉结构布局方案,如图 7 - 6 所示。后两级轮盘悬臂及 1 级风扇盘后接后轴颈,可有效缩短风扇转子支点跨度,优化风扇转子局部刚度,以控制风扇局部振型、降低支点动载荷。2、3 级风扇之间采用大直径连接鼓筒,保证了两级悬臂风扇具有足够的刚度而形成整体,避免局部振动。将 2 号支点滚珠轴承放置在风扇转子与低压涡轮轴的套齿联轴器处,可控制套齿局部变形,避免套齿连接变形不协调导致的端面分离与圆柱定心面滑移,控制套齿连接弯曲刚度损失,提高连接结构和低压转子系统稳健性。

　　如图 7 - 7 所示,F119 采用单级低压涡轮,通过鼓筒与低压涡轮轴连接,低压涡轮轴颈呈反"匚"形结构,轴颈末端与低压涡轮轴垂直,采用局部加厚的结构设计,一方面是由于该过渡轴颈有两处螺栓连接,加厚结构既可增强承载能力,也能增强连接结构稳健性;另一方面是为了提高涡轮盘与轴连接的角向刚度,以利用涡轮盘的陀螺力矩效应抑制低压涡轮轴的弯曲变形。涡轮后支点位置应尽量靠近中介支点和低压涡轮质心,以降低双转子振动耦合,并控制低压涡轮横向变形。

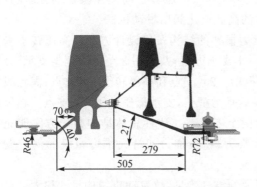

图 7 - 6　F119 风扇转子构形及几何参数

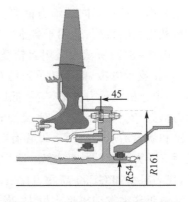

图 7 - 7　F119 低压涡轮构形特征

　　综上,对于高推重比发动机中介支点双转子结构布局方案,为优化低压转子力学特性可采取的转子构形措施如下:① 风扇转子采用拱形几何构形结构设计,前后两支点支承,以控制整体变形,避免显著的局部俯仰等;② 将风扇后支点轴承放置在套齿联轴器结构处,以抑制套齿连接局部变形,提高连接结构和低压转子系统稳健性;③ 低压涡轮盘轴连接结构采用反"匚"形等构形,提高盘-轴连接角向刚度,以充分利用低压涡轮陀螺力矩效应控制低压转子变形;④ 将低压涡轮后支点放置在中介支点和低压涡轮质心附近,以抑制双转子交互激励下耦合振动和低压涡轮横向变形。

7.1.2　高涵道比涡扇发动机

高涵道比涡扇发动机凭借其大推力、低耗油率优势,广泛应用于运输机和民航客机,成为促进经济社会发展的重要机械装置。随着发动机设计及制造技术的提升,为进一步提高高涵道比涡扇发动机经济性,减少污染排放,提高结构可靠性和安全性,各设计集团在整机结构布局设计和局部结构设计方案上不断探索创新。

1. 设计要求及布局特征

在高涵道比涡扇发动机双转子布局方案中,承力结构系统主要是三承力框架布局。美国通用公司通过采用涡轮级间共用承力框架,发展了两承力框架双转子结构布局设计,并大量采用复合材料,进一步提高发动机涵道比,降低发动机质量,提高推力和减小耗油率。近年来,美国普惠公司发展了齿轮驱动风扇发动机(GTF 发动机),在风扇和低压转子之间设计了减速齿轮箱,使得风扇和低压涡轮分别工作在最佳转速下,提高了风扇和涡轮的效率。

图 7-8 所示为典型的采用三承力框架双转子布局的高涵道比发动机。高压转子常采用拱形环壳构形,两支点支承,如 1-0-1 或 1-1-0 支承方案。低压转子常采用杠铃构形,两端风扇和涡轮的质量大,转子质量/刚度分布极不均匀,为典型的柔性转子,一般需采用三个支点支承,如 0-2-1、0-3-0 等支承方案。高、低压转子热端分别支承在不同的承力框架上,能够减小高、低压转子间交互激励耦合影响,且能承载更大的载荷,适用于各推力量级的高涵道比涡扇发动机。

图 7-8(a)所示为采用涡轮级间承力框架的结构布局设计方案。高压转子采用 1-0-1 支承方案,低压转子采用 0-2-1 支承方案,共采用 3 个承力框架支承,分别如下:中介机匣承力框架,支承低压转子 1♯、2♯支点和高压转子 3♯支点;涡轮级间承力框架,支承高压转子 4♯支点;涡轮后承力框架,支承低压转子 5♯支点。在风扇机匣和涡轮后承力机匣上设置有前、后两个安装节。这种总体结构布局方案能充分发挥三承力框架的承载优势,适用于大推力、超大推力和特大推力量级的涡扇发动机,代表机型如 GE90 高涵道比发动机。

由于这类发动机推力巨大,需要更大的空气流量,故发动机结构尺寸很大。对于大尺寸、大重量的转子结构系统,刚度相对较低,转子的变形控制更加困难。此外,大推力级高涵道比涡扇发动机的支点载荷很大,而尺寸的增大会导致承力框架的刚度降低,保证大支点载荷下承力框架具有高的承载能力和抗变形能力是承力框架结构

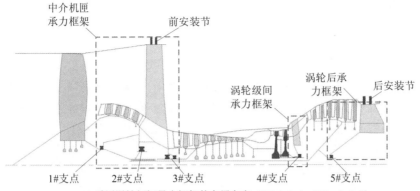

(a) 采用涡轮级间承力框架的布局方案（HP:1-0-1, LP: 0-2-1）

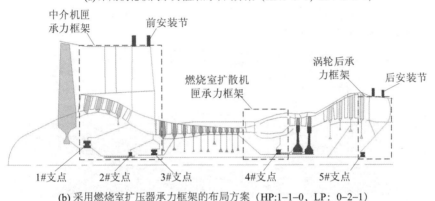

(b) 采用燃烧室扩压器承力框架的布局方案（HP:1-1-0, LP: 0-2-1）

图 7-8　典型三承力框架双转子总体结构布局方案

设计的难点。

　　图 7-8(b)所示为采用扩压器承力框架的结构布局设计方案。该方案同样采用 3 个承力框架、5 个支点以及 2 个安装节，但转子动力学特性和承力结构传力路径同图 7-8(a)所示方案具有很大差异。高压转子采用 1-1-0 支承方案，后支点位于高压涡轮前鼓筒轴上，涡轮盘处于悬臂状态。低压转子采用 0-2-1 支承方案。三个承力框架分别如下：中介机匣承力框架，支承低压转子 1♯、2♯ 支点和高压转子 3♯ 支点；燃烧室扩压器承力框架，支承高压转子 4♯ 支点；涡轮后承力框架，支承低压转子 5♯ 支点。两个安装节分别位于风扇机匣和涡轮后承力机匣上。

　　采用扩压器承力框架支承高压转子的结构布局方案，高压转子支承跨度小，同时能充分利用涡轮盘高速旋转产生的陀螺力矩抑制转子的变形，有效控制转子叶尖间隙，提高涡轮和压气机效率。此外，由于高压转子轴向长度短，低压转子轴向尺寸也相应减小，故有利于提高低压转子刚度，控制转子变形。但是，由于高压转子 4♯ 支点设计在燃烧室内部，环境温度高，故对支点的冷却、封严和润滑均提出了极高的要求。轴承的工作环境恶劣且支点动载荷大，极大地提高了轴承的设计难度，很难保证轴承的长寿命工作。目前,普·惠公司在轴承冷却、润滑等方面具有系统的技术支撑,可以很好地克服难点并发挥优势,研制出了 PW4000 系列高涵道比发动机。

2. 典型布局示例

在高涵道比涡扇发动机双转子结构布局方案中,三承力框架布局是典型设计方案。近年来,高涵道比涡扇发动机在总体结构布局上有了进一步的创新发展,其中具有代表性的是通用公司 LEAP 系列发动机的双承力框架布局设计和普惠公司的齿轮驱动风扇发动机(GTF 发动机)PW1000G 的布局设计。

(1) LEAP 系列发动机

在高涵道比涡扇发动机总体结构布局设计中,为提高结构效率、降低整机重量,通用公司发展了两承力框架结构布局设计方案,应用于现代先进高涵道比涡扇发动机 LEAP 系列中,如图 7-9 所示。

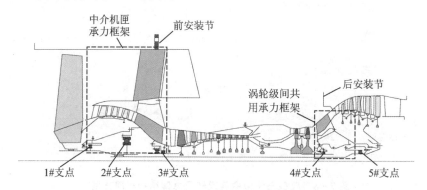

图 7-9 LEAP 发动机两承力框架总体结构布局方案

发动机共采用 2 个承力框架、5 个支点和 2 个安装节。高压转子采用 1-0-1 支承方案,低压转子采用 0-3-0 支承方案,两个承力框架分别如下:中介机匣承力框架,支承低压转子 1♯、2♯ 支点和高压转子 3♯ 支点;涡轮级间共用承力框架,支承高压转子 4♯ 支点和低压转子 5♯ 支点。两个安装节分别位于风扇机匣和涡轮级间承力机匣上。这种总体结构布局方案能有效缩短发动机轴向尺寸、减小发动机质量,适用于推力为 100~200 kN 的中等推力量级高涵道比发动机。

高涵道比发动机采用涡轮级间共用承力框架布局方案,在结构设计上非常具有挑战性:① 涡轮级间共用承力框架需同时支承高、低压转子后支点,支点动载荷很大,同时承力框架尺寸较大,且位于高温环境中,需保证其具有高的承载能力和抗变形能力;② 高、低压转子可能通过涡轮级间共用承力框架产生耦合振动,需保证承力框架具有良好的隔振能力;③ 低压涡轮转子为悬臂式结构,会在 5♯ 支点处产生很大的支点动载荷,而传统的轴承受 DN 值限制,承载能力有限,难以支承悬臂状态下的低压涡轮转子,需发展新型轴承,提高轴承 DN 值,以适应这种转子的布局形式。

(2) GTF 发动机

高涵道比涡扇发动机设计中要求提高涵道比以增大外涵流量占比,提高整机推进效率。风扇转子要求加大风扇直径、降低转速,以减少噪声和提高气动性能;低压涡轮为提高气动和结构效率,则需要提高工作转速。对转速的不同要求是风扇与低压涡轮设计中需要解决的关键矛盾。对此,普·惠公司发展了齿轮驱动风扇发动机(GTF 发动机)的结构布局方案,如图 7 - 10 所示,代表机型有 PW8000、PW1000G 发动机。

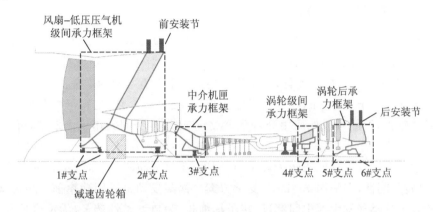

图 7 - 10　GTF 发动机总体结构布局方案

齿轮驱动风扇发动机的结构布局设计方案在风扇和低压转子之间引入了减速齿轮箱,使得风扇转速低于低压涡轮转速,风扇和低压涡轮分别工作在各自合适的工作转速范围,能够有效提高风扇和低压涡轮的效率。此外,风扇转速的降低可以进一步增大风扇径向尺寸,提高涵道比,降低发动机的耗油率;低压涡轮转速的提高可使涡轮功率增大,可以减少低压涡轮的级数,减轻发动机质量。因此,这种结构布局方案能进一步提高发动机的经济性和环保性。

高压转子采用 1 - 0 - 1 支承方案,低压转子由风扇转子、传动装置、低压压气机和涡轮多段转子组成,采用多支点支承方案。发动机共采用 4 个承力框架,实现对风扇、齿轮箱、压气机与高/低压涡轮等的支承。由于发动机推力较大,齿轮箱需要传递很大的功率,负载很大;由于齿轮间啮合等问题可能成为转子系统新的激励来源,故会产生新的振动问题。因此,齿轮箱的设计非常困难。此外,低压转子与风扇转子分段设计,采用联轴器联接,需解决轴系传动不同心的问题。低压转子支点较多,支点位置、同心度和支承刚度设计对高速柔性转子动力学特性的影响敏感度较高。齿轮驱动风扇发动机在总体结构布局和转子动力学特性设计上具有较高的挑战性。

总之,对于高涵道比涡扇发动机的总体结构布局,均需要解决结构尺寸增大带来的转、静子刚度下降问题,需采取措施提高大跨度转子的整体刚度和高温环境中承力框架的承载能力。

7.1.3 大功率涡桨发动机

大功率涡桨发动机常采用多转子设计,使发动机各转动部件工作于最佳转速,其结构十分复杂,但效率高、喘振裕度大,相较于单转子涡桨能够达到更高的压比、更大的空气流量,输出功率大、耗油率低,通常用于对运力和经济性要求较高的军用战术运输机或民用支线客机等。

1. 设计要求及布局特征

三转子涡桨发动机转子数量多,结构复杂,为了减轻结构质量,可使用中介轴承、涡轮级间共用承力框架或借助燃烧室扩压器传力。对于不同功率等级的三转子涡桨,由于径向尺寸存在较大差异,在结构布局设计上会有不同的取舍。

对于功率大于 6 000 kW(空气流量在 26.5 kg/s 以上)的三转子涡桨发动机,其径向尺寸较大,因此可以使用中介轴承,配合使用涡轮级间共用承力框架,可以大幅减少支承数量。由于采用三转子结构布局,燃气发生器高压转子较短,多采用 1 - 0 - 1 支承方案。燃气发生器低压转子较长,且刚度/质量分布不均匀,为配合使用中介轴承、提高转子刚性,多采用 1 - 1 - 1 支承方案。涡桨发动机采用功率前输出方案,动力涡轮转子从燃气发生器中间穿过,转子轴细长,为典型柔性转子,为配合使用涡轮级间共用承力框架、提升转子刚性,可采用 0 - 3 - 0 或 0 - 4 - 0 支承方案;而为了减少支承数量、提高功重比,也可令动力涡轮转子采用 0 - 2 - 0 的两支点支承方案,同时增强动力涡轮盘轴连接的角向刚度,利用动力涡轮盘组件的陀螺力矩效应加强转子抗弯刚度。

因此使用中介支点时,典型涡桨发动机总体结构布局如图 7 - 11 所示,共使用 7 个支点、3 个承力框架,承力框架均为共用承力框架。使用中介支点并配合使用低压涡轮、动力涡轮间共用承力框架时,发动机结构紧凑、承力框架数量少,结构质量轻,有利于提高功重比。但是,中介轴承支承在低压转子上,需解决安装、冷却、润滑等难题,且燃气发生器高、低压转子间存在严重的交互激励和振动耦合,可能引起转子的自激振动,造成转子损伤。

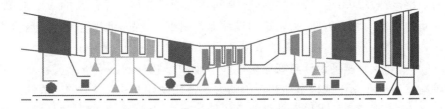

图 7 - 11 三转子涡桨发动机总体结构布局方案

对于输出功率小于 4 000 kW(空气流量在 20 kg/s 以下)的三转子涡桨发动机,径向尺寸相对较小,难以使用中介轴承,多令高压涡轮悬臂,并借助燃烧室机匣传力,故燃气发生器高压转子采用 1－1－0 支承方案。为避免在燃气发生器高、低压涡轮间使用承力框架,降低支承结构设计难度,燃气发生器低压转子采用 1－1－1 支承方案。为减少支承数量,令动力涡轮悬臂,在低压涡轮与动力涡轮间使用共用承力框架。为实现高功重比,动力涡轮转子常采用 0－2－0 支承方案。因此采取高压涡轮、动力涡轮悬臂设计时,发动机共使用 7 个支点、4 个承力框架,如图 7－12(a)所示。

采用燃烧室扩压器机匣承力框架时,由于未使用中介支点,故燃气发生器高、低压转子间交互激励与振动耦合有所缓解;且燃气发生器高压涡轮悬臂,可利用其陀螺力矩效应控制转子的弯曲变形,保证较好的转子动力特性。但由于发动机承力框架数量增加,导致结构质量增大,造成功重比的损失,且在燃烧室与转子间狭小空间内设置支承结构,对于结构强度、寿命十分不利,设计难度较大。

小功率三转子涡桨发动机质量较小,有时会以牺牲发动机结构质量为代价,通过增加转子支点数量来提高转子抗变形能力与转静件变形协调性,该措施主要针对细长的动力涡轮转子,常令动力涡轮两端支承,如图 7－12(b)所示。虽然在动力涡轮转子系统中采用前后两支点支承方案使整机重量增加,但其在性能保持和结构可靠性方面的受益是十分可观的。

(a) 多级动力涡轮悬臂支承

(b) 多级动力涡轮两端支承

图 7－12　中小功率三转子涡桨发动机结构布局方案

可见,不同流量的三转子涡桨发动机为减轻结构质量或控制转子变形均需使用涡轮级间共用承力框架。其存在一些相似的设计难点,例如:涡轮级间共用承力框架是发动机热端部件的组成部分,处于高温环境中,热负荷大,可产生较大热变形、热应力,对其结构强度、刚度、使用寿命等产生极大影响,需进行冷却设计、热变形协调设计;涡轮级间承力框架是支承转子与传递载荷的承力件,要求其具有高的承载与抗变形能力,保证整体变形协调,避免出现过大角向变形;涡轮级间共用承力框架同时支承多个转子系统,振动环境复杂,需具有较强振动隔离特性,避免支点间交互激励与振动耦合等。

2. 典型布局示例

D-27 发动机是当今世界上唯一批量生产使用的三转子桨扇发动机,PW150 系列发动机是中等功率三转子涡桨发动机,在总体结构布局设计上具有独特性。

(1) D-27 发动机

如图 7-13 所示,D-27 燃气发生器高压转子轴向跨度较小,采用 1-0-1 支承方案,其中 4 号滚珠轴承支承于中介机匣承力框架,5 号轴承为中介轴承,支承于低压涡轮后轴颈。由于高压涡轮后轴承所承受的载荷通过低压涡轮后轴颈和涡轮级间承力框架传递,故该方案节省了一个承力框架,从而减轻了发动机的重量。燃气发生器低压转子为配合使用中介轴承,采用 1-1-1 支承方案。动力涡轮转子为减少支承数量,采用 0-2-0 支承方案。

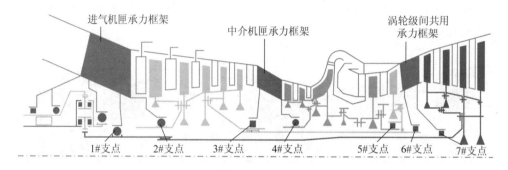

图 7-13 D-27 发动机转子系统结构布局示意图

如图 7-14 所示,D-27 发动机承力结构系统中包括三个承力框架:进气机匣承力框架、中介机匣承力框架以及涡轮级间承力框架,均为共用承力框架,以提高结构效率、减轻结构重量。发动机前安装节位于进气机匣承力框架左右位置,以靠近发动机桨扇,缩短轴向拉力的传力路径;发动机后安装节位于涡轮级间承力框架一侧,以缩短机匣悬臂长度,提高机匣刚度。

(2) PW150A 发动机

PW150A 是加拿大普惠公司在 20 世纪 90 年代研发的三转子涡桨发动机,用于 70~80 座支线飞机,兼备高推进效率、低排放与实用经济性。其装备的飞机已在超过 100 个国家使用,运行时间总数超过 100 万小时。发动机基本参数如下:长 2.42 m,宽 0.77 m,高 1.10 m,总有效动力输出 4 557 kW,轴输出功率 4 410 kW,螺旋桨最大转速 1 020 r·min^{-1}。

如图 7-15 所示,PW150A 由 3 级轴流低压压气机、1 级离心高压压气机、1 级高压涡轮、1 级低压涡轮以及 2 级动力涡轮等组成。其空气流量较小,整体尺寸小,因

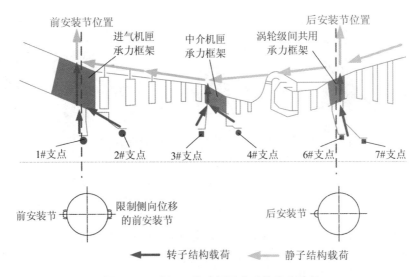

图 7 - 14　D - 27 发动机承力系统传力路径

此未使用中介支点。为了简化转子结构、提高转子抗变形能力,其动力涡轮采用两端支承,前支承与燃气发生器低压转子涡轮后支承共用级间承力框架;为与之适应,燃气发生器高压转子采用了 1 - 1 - 0 的悬臂支承方案。最终,该发动机共使用 9 个支点、5 个承力框架,实现三转子支承。与高压转子相连的传动装置驱动发动机附件,动力涡轮通过减速齿轮箱减至 1 020 r·min^{-1} 以下用于驱动螺旋桨。

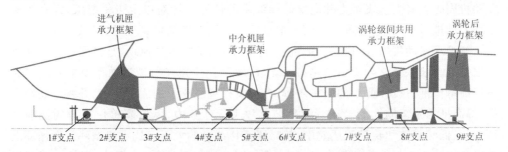

图 7 - 15　PW150A 发动机结构布局示意图

如图 7 - 16 所示,PW150A 发动机承力系统主要由 5 个承力框架和若干承力机匣构成。发动机前安装节位于进气机匣上方及左右两侧,以靠近发动机螺旋桨,缩短轴向拉力的传递路径;发动机后安装节位于中介机匣左右两侧,这是由于该部位直径最小、刚度最弱,将后安装节置于该部位能够在缩短径向力、扭矩传递路径的同时提高机匣刚度。

综上可见,对于三转子涡桨发动机,为减少承力框架数量、降低结构重量,涡轮级间共用承力框架的应用成为必然,但是需突破高温环境下的共用支承结构高抗变形能力、高承载能力与强环境适应能力设计技术。同时,需结合所设计发动机结构特征

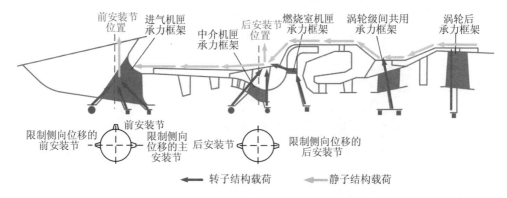

图 7 - 16　PW150A 承力系统传力路径

及相关技术积累,合理选择高压转子支承方案,确定采用中介支承方案或燃烧室机匣承力框架方案,以实现对三转子系统的高效支承。

7.1.4　变循环涡扇发动机

随着时代的发展,未来战斗机应具备快速作战响应、远程纵深打击及激光/电磁等高能武器投放能力,这要求发动机在具备高单位推力、大功率提取能力的同时,还具备低耗油率、长航程能力,应能够根据飞行及作战任务需求实现自身性能的自适应匹配。当下民用航空正向着大载客量、高空超声速巡航、洁静舒适方向发展,也要求发动机同时具有大起飞推力和高空低耗油率的性能。针对以上飞机要求,现有常规循环发动机无法实现,在可预见的未来自适应变循环发动机是重要的发展方向。

变循环发动机(variable cycle engine,VCE)的基本工作原理,是在同一台发动机上根据飞行状态变化采用不同热力循环,以解决亚声速飞行低耗油率要求和超声速飞行高单位推力设计要求的固有矛盾,克服飞行包线狭窄的固有缺陷,并减小安装损失、提高推进系统的性能。在持续高马赫数飞行任务中,需要高单位推力的涡喷循环;而在低马赫数和长航程巡航中,就需要低耗油率的大涵道比涡扇循环。变循环发动机可通过改变部件的几何形状、尺寸或位置来调整涵道比、增压比、涡轮前温度以及空气流量等循环参数,以在不同飞行工作状态下都获得良好的性能。

变循环发动机热力循环模式可调节、切换的特征,对发动机的总体结构布局设计提出了新的挑战,在流道可调结构,以及多模式工作等方面,将对总体结构系统带来复杂的动力学设计与控制难题。其多涵道、多调节机构和转速负荷变化范围大等特点,需在结构布局阶段控制发动机外廓尺寸和质量,并在多工作模式下保证结构系统避开共振和减小振动水平。

当前国内外变循环发动机总体结构布局方案主要分为三转子和双转子两类。

1. 三转子结构布局方案

图 7-17 所示为三转子变循环涡扇发动机结构布局设计方案。该方案通过调制涵道(modulating bypass,MOBY)的方式实现变循环,通过第一与第二外涵的打开与关闭调节涵道比,在超声速与亚声速工作模式间转换。在超声速模式下:第一外涵关闭,调节第二外涵,以低涵道比涡扇模式工作,同时打开涵道加力燃烧室,实现高单位推力。在亚声速模式下:第一外涵和第二外涵同时开启,调节涡轮降低中压和高压转子转速,同时调节喷管面积,实现较高涵道比涡扇模式,增大空气流量,提高总推力并降低耗油率。

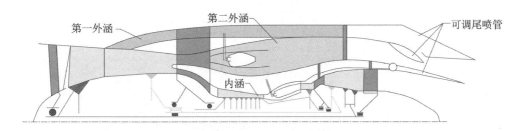

图 7-17　三转子变循环涡扇发动机总体结构布局设计方案

三转子变循环发动机结构复杂,其基本结构特征主要体现为转子数目多、转子构形与支承方案多变、调节与附加机构复杂。对于结构布局设计而言,三转子变循环发动机需重点考虑转子支承方案及传力路径优化。同时,工作模式转换与热力循环调节都需要简洁轻质、高可靠性的调节机构,这必然导致整机长度、质量和结构复杂性增加。

在整机结构布局设计中,三转子发动机为减轻承力结构质量,减少承力框架数量是技术途径之一,因此大多三转子发动机采用中介支点与级间共用承力框架,甚至中介支点与级间共用承力框架组合设计,但这会带来潜在的转子间振动耦合的结构动力学问题。

三转子变循环发动机在总体结构布局设计中涉及的核心问题是复杂转子结构共振转速分布及支点动载荷控制问题,以及整机变形协调性设计问题,可概括为以下三个层面:① 转子结构多载荷环境下变形控制问题;② 转子间振动耦合及隔振优化问题;③ 多工作模式下整机变形协调性问题。

2. 双转子结构布局方案

图 7-18(a)所示为双转子双外涵级间引气方案。该方案主要通过改变外涵流量和调节风扇负荷来实现变循环。其总体设计思路是采用小尺寸、小流量的核心机;将风扇分为前后两段,二者均有单独的涵道,两段风扇均由低压涡轮驱动,故低压涡轮负荷相对较大。

图 7-18(b)所示为双转子双外涵核心机驱动风扇结构布局设计方案。该方案总体设计思路是采用高压转子驱动后段风扇,即核心机驱动风扇(CDFS),高压涡轮负荷相对较大。核心机驱动风扇能增加风扇压比,降低高压压气机压比,进一步提高亚声速模式涵道比。下面以核心机驱动风扇方案介绍变循环发动机工作模式与调节机构。

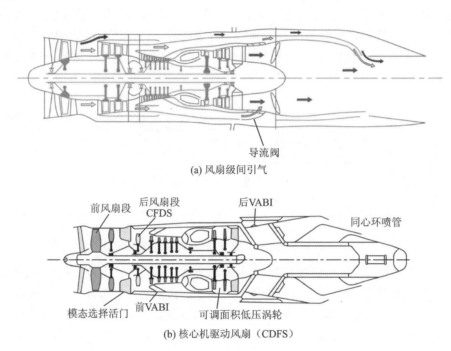

(a) 风扇级间引气

(b) 核心机驱动风扇(CDFS)

图 7-18 双转子变循环涡扇发动机结构布局设计方案

模式一:在起飞和亚声速循环时,采用涡扇发动机工作模式。通过提高低压转子转速、打开前后可变面积涵道引射器(VABI),使前风扇通过最大流量并增加涵道比,以改善推进效率,进而改进循环性能和降低耗油率。当核心机不能吞入全部气流时,多余的气流将通过前 VABI 进入外涵道气流,使发动机在亚声巡航节流过程中可以维持最大空气流量至巡航功率状态,大大减小溢流阻力和后体阻力,使安装耗油率大幅降低。

模式二:在爬升/加速和超声速飞行时,采用涡喷发动机工作模式。通过关闭模式选择活门,使 CDFS 和高压压气机尽量通过全部前风扇的流量,产生高单位推力以满足飞行需要,这时可适当打开前 VABI,以保证压缩部件的稳定工作。

核心机驱动风扇方案新增加的主要调节机构包括:① 工作模式选择活门,用于变循环发动机在涡喷与涡扇工作模式间切换;② 前 VABI,用于控制核心涵道流量与放气量,并起到调节低压风扇和 CDFS 喘振裕度的作用;③ 后 VABI,调节外涵气流马赫数,实现外涵与核心机气流掺混的静压平衡;④ 可变面积低压涡轮导向器,能够独立控制高压转速,增加调节灵活性,提高发动机在宽工作范围内的循环匹配能力。

双转子变循环发动机结构相对简单,其基本结构特征主要体现为双转子构形与支承方案接近传统高推重比发动机、调节与附加机构少。对于结构布局设计而言,双转子发动机传力路线相对固定,多通过中介机匣承力框架将推力外传。为降低发动机质量,多延续传统双转子高推重比发动机布局。采用中介支点时,需考虑多状态工作的双转子间的振动耦合影响,且低压后支点同时承受双转子载荷,需增大低压后支点轴承承载能力。采用涡轮级间共用承力框架时,双转子可能通过承力框架产生转子-支承系统耦合振动,需关注承力框架的隔振特性设计。

7.2　整机质量预估与分布

结构质量分布是结构设计的结果,一切结构设计目标的实现最终都以付出质量为代价。航空发动机不同于地面燃气轮机,是要与飞机一同开展非惯性运动的动力装置,质量大小直接影响飞机机动性、经济性等,直观反映结构设计水平高低。因此,了解典型航空发动机质量分布,掌握总体结构布局阶段质量预估方法,对控制航空发动机结构质量和开展高结构效率布局设计十分必要。

在航空发动机结构布局设计阶段,已知其总体性能和结构轮廓尺寸,如空气流量、流道形状/面积、截面性能参数、转子数与外廓尺寸等参数,需据此初步估计整机质量与各部件分布,初步评估总体性能参数及流道尺寸、转速选取等的合理性。

7.2.1　质量分布特征

对于发动机质量应包括哪些项目,各国的规定不完全相同。中国国军标对发动机的净质量定义为"为保证发动机的性能指标所需要的发动机全部结构件和发动机工作所必需的系统、附件的总质量,不包括各种不可排放的液体和发动机上的飞机附件质量"。

随着设计水平、材料性能、加工工艺等不断进步,发动机结构效率不断提高,整机结构质量分布也在不断变化。不过,对于采用相似工作原理、处于同一技术水平的航空燃气轮机,在其总体性能与流道参数确定后,整机结构质量分布也基本分布于一定范围内。下面以典型发动机为例,分别介绍整机、部件与转子质量分布特征。

1. 整机质量分布

整机质量分布主要描述转子系统与静子结构质量在整机中的占比。航空燃气轮机转子质量主要由总体流道、转速等确定,转子结构组成相对简单,质量易于评估;而静子结构组成复杂、构形多样并与飞机设计相耦合,质量评估准确性相对较低。不过,在转子几何尺寸与载荷特征确定后,用于对转子进行支承、封严及各类辅助功能的静子结构也便基本确定,各类型航空燃气轮机各发展阶段,二者存在较为确定的比例关系。因此,可在对转子结构系统质量较准确评估后,基于整机质量分布特征,预估静子和整机结构质量。

不同年代典型航空燃气轮机整机及转/静子质量如图 7-1 所列。可以看出:① 高涵道比涡扇发动机静子与转子质量比约为 1.5,且随推力量级变化较小;② 高推重比涡扇发动机静子与转子质量比约为 2.6,且随推力变化较小;③ 涡轴与涡桨发动机静子与转子质量比随功率变化较大,当功率较小时转子质量占比小,当功率较大时静子与转子质量比接近高涵道比发动机。

表 7-1　多型号发动机转/静子质量

类　型	型　号	总质量/ kg	转子质量/ kg	静子质量/ kg	静/转质量比	推力/功率	定型 时间/年
高涵 道比 涡扇	PW4084	6 600	2 420	4 180	1.73	360 kN	1994
	GE90-115B	8 980	3 840	5 040	1.31	510 kN	1995
	LEAP-1B	2 780	1 104	1 676	1.52	110 kN	2017
高推 重比 涡扇	F119	2 090	625	1 465	2.35	156 kN	1986
	EJ200	990	248	742	2.99	90 kN	1991
	F136	2 760	783	1 877	2.53	180 kN	2006
涡轴 与 涡桨	T700	198	41	157	3.83	1 200 kW	1978
	D-27	1 650	624	1 026	1.64	10 000 kW	1985
	PW150	718	115	603	5.24	4 000 kW	1998

2. 部组件质量分布

明确部组件质量分布有助于分析各部件之间结构质量的相对关系,同时明确对整机质量影响较大的部件,为整机结构质量分配和减重设计指明方向。典型高推重比涡扇发动机(F119、F136)部组件质量分布如表 7-2 所列。可以看出,F136 发动机设计推力更高,空气流量较大,且采用了 3 级低压涡轮设计以驱动升力风扇,使得其低压涡轮部件质量约为 F119 发动机的 3 倍,外涵机匣、管路系统、加力燃烧室质量也比 F119 适当增加。

表 7-2　F119 与 F136 发动机部件质量分布

kg

部　件	F119	F136
进气机匣	58.8	72.6
风扇	274.6	339.4
中介机匣	47.6	68.2
高压压气机	251.3	247.6

部　件	F119	F136
主燃烧室	142.6	134.3
高压涡轮	202.2	192.5
低压涡轮	189.8	392.7
涡轮后机匣	121.1	325.7
加力燃烧室	111.6	144.3
外涵机匣	54.5	182.6
喷管	217.7	183
机械系统	145.0	110
燃油控制及电气系统	203.7	258
外部管路、支架、卡箍	69.7	112.4
整机质量	2 090	2 761

3. 转子质量分布

由第 1 章对航空燃气轮机转子结构特征的分析可知,其刚性高压转子、柔性低压转子具有各自代表性结构特征,带来相应的典型的质量分布特征。以典型先进高推重比涡扇发动机为例,分析其核心机转子各结构单元质量分布,如图 7 - 19 所示。

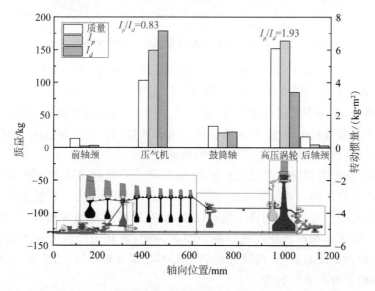

图 7 - 19　典型高推重比涡扇发动机高压转子质量分布

由图 7 - 19 所示高压转子结构系统质量分布可见:① 接近 80% 的质量集中在压气机与涡轮部件,其中又以叶盘质量为主,其约占转子结构系统总质量的 75%;② 压气机转子质量占比33%,且极转动惯量小于直径转动惯量($I_p/I_d = 0.83$),为厚盘转子;③ 涡轮转子质量占比47%,极转动惯量远大于直径转动惯量($I_p/I_d = 1.93$),为薄盘转子,其具有强旋转惯性力矩效应,高速旋转中可抵抗转子弯曲变形,提高其弯曲共振转速,是此类转子系统典型的动力学特征。

图7-20所示为典型高推重比涡扇发动机低压转子质量分布,可见,与高压转子相似,约80%质量集中在风扇与涡轮部件,其中叶盘质量同样约占转子系统质量75%,且相较于高压转子,低压转子质量更为集中在转子两端,分布极不均匀。

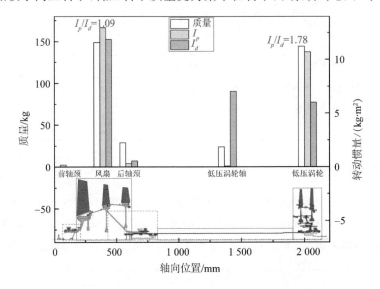

图7-20 典型高推重比涡扇发动机低压转子质量分布

值得注意的是,低压转子风扇与增压级转子质量占比43%,其惯量比(I_p/I_d)约为1.1,多级风扇为厚盘特征转子。而涡轮质量占比40%,惯量比约为1.8,虽然是双级低压涡轮,但由于径向尺寸较大、轴向尺寸短,故仍是薄盘转子。可见,涡轮部件为质量集中的薄盘特征转子,在高速旋转中具有强旋转惯性力矩效应,故涡轮端可采用单支点支承,利用其陀螺力矩控制涡轮角向变形。

综上,由典型高推重比涡扇发动机高、低压转子质量分布对比可知,压气机/风扇与涡轮部件质量都约占转子质量的80%,无论是两端支承还是悬臂支承,压气机端与涡轮端质量较接近,以控制转子质心位置,但高压转子涡轮端更重,而低压转子略微相反。多级风扇和高压压气机一般为厚盘转子,旋转中陀螺力矩效应较弱,而单级、双级涡轮都是薄盘转子,高速旋转中产生大陀螺力矩效应,通常利用其控制转子变形,提高转子弯曲共振转速。

7.2.2 质量预估方法

从发动机在布局设计阶段确定的总体方案中,可以获得部件长度、流道尺寸、承力框架数目与尺寸等参数,基本上确定了整机质量分布和结构效率水平。而结构参数的局部优化,如鼓筒厚度、锥壳倾角、盘心半径等,一般不会影响整机结构质量水平。因此,在航空发动机的方案设计阶段,可根据总体性能参数、流道尺寸及转速等,快速准确地估算发动机质量,为整机力学特性评估奠定基础。

发动机方案阶段的质量估算方法主要分为两类:① 总体参数法,即采用影响发动机质量的总体性能与结构参数,结合典型发动机设计数据,通过经验公式或拟合响应面、神经网络算法等数据分析手段,实现对发动机质量的预估;② 预构形法,即综合考虑发动机的气动性能、结构设计、机械装配等参数,基于典型转子结构特征,实现结构的预构形设计,结合典型航空燃气轮机的结构参数经验数据,融合估计组成发动机的主要零部件质量,进而叠加得到转子结构质量。比较而言,预构形法可更准确考虑各部组件细节特征,能实现质量的更精确预估,并得到各结构部组件质量分布特征;不过,总体参数法仅需部分总体性能参数,分析更方便。

1. 总体参数法

使用总体参数法评估方案设计阶段的整机质量,是利用较少的、对发动机质量影响较大的总体性能参数与结构参数,通过定性分析关系、经验公式、拟合响应面、神经网络算法等手段取得与整机质量的关系式,评估过程简单、速度快,但结果可能误差较大。

(1) 尺寸缩放法

尺寸缩放法又称 3/2 次方法,原理是发动机在缩小或放大时,推力增加是按线性尺寸的平方关系增加,而质量的增加是线性尺寸的立方关系增加。根据此定性关系,可得尺寸缩放法质量评估式为

$$M_{E,N} = M_{E,O} \left(\frac{F_N}{F_O} \right)^{\frac{3}{2}} \tag{7-1}$$

式中,$M_{E,N}$ 和 F_N 分别为新机的质量和不加力推力;$M_{E,O}$ 和 F_O 分别为参考机种的质量和不加力推力。此方法主要适用于同类型同推力量级发动机,对于衍生发展得到的同系列发动机更为准确。尺寸与质量间的关系代表了结构设计水平,尺寸与推力间的关系代表了性能设计水平,该方程成立的前提是默认发动机的结构设计与性能设计处于同水平下。

(2) 经验关系式

根据发动机生产与设计实际情况,《航空发动机设计手册》[1]总结出的发动机质量经验估计式为

---

① 肖国树,陈勤生,等.航空发动机设计手册(第 5 册).涡轮及涡扇发动机总体[M].北京:航空工业出版社,2001.

$$M_E = \frac{10\pi_t^{0.25}W_a}{1+B} + 0.12\,\frac{F}{g}\left(1 - \frac{1}{\sqrt{1+0.75B}}\right) \qquad (7-2)$$

式中，M_E、π_t、W_a 分别为待评估发动机的质量(kg)、总增压比、总空气流量(kg/s)，F 为不加力推力(N)，B 为涵道比，g 为重力加速度。

(3) 多元线性回归法

多元线性回归是以最小二乘法为基本原理，可选择多种对发动机质量有影响的参数作为输入变量，再通过参数变换，构造不同的回归方程。首先对整机质量开展单因素分析，自变量包括涡轮前温度 T_{t4}、总压比 π_t、涵道比 B、总空气流量 W_a、外涵流量 W_{out} 和内涵流量 W_{in}，计算结果如图 7-21 所示。

由图 7-21 可以看出：① 涡轮前温度 T_{t4} 对整机质量影响不显著；② 整机质量有随总增压比 π_t 增长而增长的趋势，且在高压比区增长更快；③ 涵道比 B、总空气流量 W_a 与外涵流量 W_{out}、内涵流量 W_{in} 两组参数间可相互转换，且内、外涵流量参数对整机质量影响更显著。因此，选取总增压比平方 π_t^2、外涵流量 W_{out} 和内涵流量 W_{in} 作为多元线性回归分析自变量，拟合得到回归方程为

$$M_E = -100.147 + 0.569\pi_t^2 + 3.347W_{out} + 17.781W_{in} \qquad (7-3)$$

经多型号涡扇发动机数据验证，平均相对误差在 10% 左右，可在涡扇发动机总体结构布局阶段较好地初步估算整机质量。

2. 预构形法

预构形法评估结构质量的本质是根据零构件结构和载荷特征参数，构建出满足载荷要求的几何构形以供初步计算其质量，该构形仅包含结构最关键的尺寸特征，仅考虑最主要的载荷条件，后续还需开展局部细节设计，因此称之为预构形法。

对整机结构按照预构形所需的载荷与结构特征归类，如图 7-22 所示。首先根据载荷特征，将整机结构分为转子与静子预构形，其中不包含进排气装置和附件系统，因为其质量主要取决于发动机流量和飞机设计需求。其次，根据结构几何特征，将转子预构形分为叶盘结构和轴壳结构，其中叶盘结构为质量单元，轴壳结构为鼓筒、锥壳、轴段等弹性单元；将静子预构形分为板壳结构和环壳结构，其中承力框架为板壳结构，承力机匣、燃烧室等为环壳结构。

(1) 转子叶盘结构

叶盘作为质量单元是转子横向过载、陀螺力矩等旋转惯性载荷的主要来源，准确评估其质量、转动惯量等参数是控制整机质量及力学特性的关键。采用预构形法评估叶盘结构质量的基本流程图如图 7-23 所示。

转子叶盘主要承受离心载荷、气动载荷和热应力，设计时主要考虑强度设计原则。在结构预构形中，考虑离心载荷和热应力，忽略气动载荷对叶片产生的气动扭矩和轴向力作用。实体叶盘构形如图 7-24(a)所示，可按照结构与载荷特征预构形为图 7-24(b)。其中，叶片简化为等截面柱体，轮盘截面构形由图中的关键参数决定。

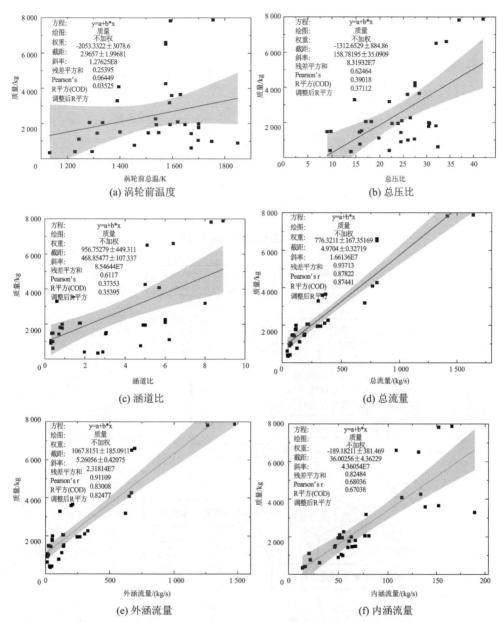

图 7-21　整机质量 VS 单自变量

叶盘材料由所在温度场确定,一般小于 500 ℃时选用钛合金,而温度更高时则用高温合金。

单个叶片的质量与叶根拉应力可由下式计算:

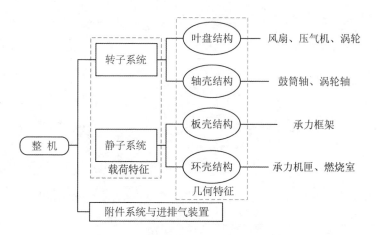

图 7 - 22　整机结构预构形归类

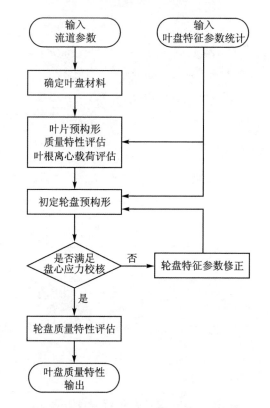

图 7 - 23　预构形法评估叶盘质量的流程图

$$m_b = \frac{\rho K_b h_b^3}{AR^2} = \rho h_b \overline{A(R)} \qquad (7-4)$$

(a) 实体结构

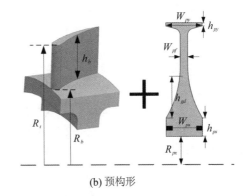

(b) 预构形

图 7 - 24　叶盘实体结构与预构形

$$\sigma_{bp} = \rho\omega^2 \int_{R_b}^{R_t} R\, \mathrm{d}R = \frac{\rho\omega^2}{2}(R_t^2 - R_b^2) \qquad (7-5)$$

式中，K_b 为叶片体积因子；h_b 为叶片弦长；AR 为叶片展弦比；$\overline{A(R)}$ 为叶片平均截面积。叶根拉应力可用来校核叶片强度，判断转速、半径等参数选取是否合理。

假设叶片在轮盘上周向均匀分布，如图 7 - 25 所示，以某个叶片为 1 号，按顺时针方向依次编号，叶盘径向惯性主轴与 0 号叶片截面质心线重合。相邻两叶片夹角为 $\Delta\theta = \dfrac{2\pi}{N_b}$，则第 i 号叶片与叶盘径向惯性主轴夹角为 $\theta_i = i\Delta\theta$。

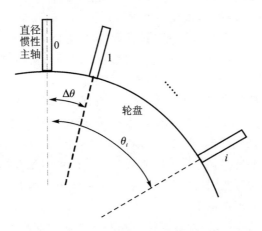

图 7 - 25　叶片在轮盘上周向分布示意图

根据转动惯量计算公式 $J = \displaystyle\int r^2 \mathrm{d}m$，单个叶片关于叶盘转轴的极转动惯量为

$$J_{pbi} = \int_{R_b}^{R_t} R^2 \rho A(R)\, \mathrm{d}R = \rho\overline{A(R)} \int_{R_b}^{R_t} R^2 \mathrm{d}R = \frac{\rho K_b h_b^2}{3AR^2}(R_t^3 - R_b^3) \qquad (7-6)$$

由于单级叶盘厚度远小于叶盘直径，其直径转动惯量近似为极转动惯量一半。

叶片数目可由总体结构布局方案给出,也可假定叶片稠度,由下式取整计算出:

$$N_b = \frac{2\pi R_b \tau AR}{h_b} \qquad (7-7)$$

进而可以得到单级叶盘叶片总质量和转动惯量。

确定轮盘截面构形的关键参数分为两类:一是可由总体结构布局方案获得的,如轮缘半径、轮缘宽度;二是待确定的,如轮缘高度、盘幅宽度、盘心半径等。可统计多种同类型发动机同部件轮盘参数,确定参数初值,再通过轮盘强度校核与迭代优化,最终确定第二类关键参数和轮盘质量、转动惯量。图 7-26 所示为典型高推重比涡扇发动机压气机轮盘关键参数取值统计。

轮盘强度校核载荷为叶片离心载荷、轮盘自身离心载荷和热应力。其中,叶片离心载荷由叶根拉应力在轮缘表面平均获得;热应力由盘心与轮缘温差确定的绝热温度场确定。

(2) 转子轴壳结构

轴壳结构主要包括盘间鼓筒、过渡锥壳和轴段。轴壳结构是载荷传递的路径,同时控制结构的变形,是转子的弹性单元,在满足强度设计要求的前提下还应关注结构刚度。

由传力路线确定轴壳结构的预构形,以典型航空发动机高压转子为例,计算其轴向拉伸载荷下的应力分布,得到载荷传递路线如图 7-27(a)所示。轴壳整体呈拱形结构,将其简化为等厚度锥壳与等半径鼓筒的组合,如图 7-28(b)所示。其中,鼓筒外径为 R,长度为 L,厚度为 t,锥壳半锥角为 θ。

与叶盘结构类似,轴壳结构预构形设计中,可由总体方案获得气动部件长度与半径,其他参数的确定需要依靠理论分析与参数统计。下面以典型涡扇发动机高压转子为例介绍转子轴段预构形步骤与参数取值方法。

首先,确定简化模型中锥壳的半锥角。角度越大,锥壳承受弯曲载荷的能力越小,局部抗弯刚度降低;角度越小,轴向长度越长,转子整体弯曲刚度降低,因此应存在使二者相平衡的最佳半锥角或取值范围。统计高推重比涡扇发动机高压转子锥壳半锥角,可归纳出如下规律:① 压气机前后锥壳半锥角约为 55°,以减小压气机局部变形,提高转子整体的弯曲刚度;② 涡轮后锥壳半锥角约为 25°,以降低局部抗弯刚度,避免涡轮的陀螺力矩作用于后支点,从而减小后支点动载荷。

其次,确定鼓筒轴半径,该参数直接影响转子整体弯曲刚度。经统计,鼓筒轴半径与压气机半径直接相关,二者比值约为 0.6。

再次,确定轴颈半径。轴颈半径受限于轴承半径,可由轴承 DN 值和转子转速计算得到。轴承 DN 值受轴承类型、环境温度的影响。

最后,确定各段轴壳厚度。由于轴壳厚度不仅要满足强度设计要求,还需考虑转子刚度、环境温度、冷却开孔等因素的影响,故不易通过公式显示表达。对已有结构的统计表明,薄壁鼓筒厚度约为 3.5 mm,转子轴颈厚度约为 10 mm。

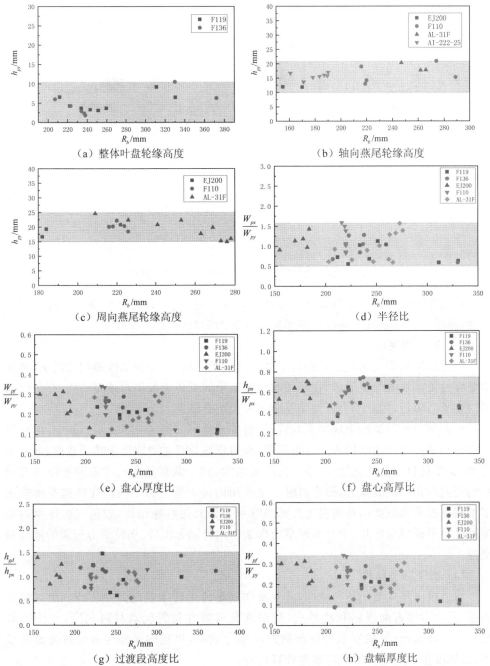

（a）整体叶盘轮缘高度　　　　　　　　　　（b）轴向燕尾轮缘高度

（c）周向燕尾轮缘高度　　　　　　　　　　（d）半径比

（e）盘心厚度比　　　　　　　　　　　　　（f）盘心高厚比

（g）过渡段高度比　　　　　　　　　　　　（h）盘幅厚度比

图 7 - 26　轮盘构形参数统计值

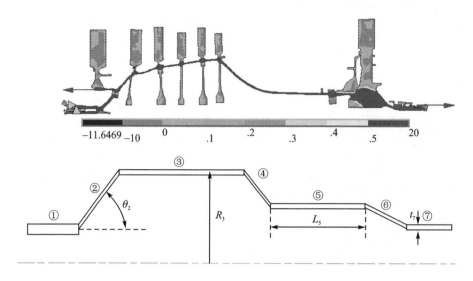

图 7 - 27   典型高压转子传力路线与轴壳预构形

根据完全确定的转子轴壳预构形可评估其质量,同时结合评估得到的叶盘质量特性,可进一步评估转子系统抗变形能力和动力学特性。

(3) 静子板壳结构

承力框架用于支承转子并将转子载荷通过承力机匣、安装节传递到飞机上,通常需要穿过发动机的气流通道,在转子与气流通道间是传力鼓筒与锥壳结构,在气流通道内是承力辐板,因此承力框架是复杂的板壳组合结构。

根据承力框架结构组成与承载特征,对其预构形如图 7 - 28 所示。其中,内外机匣长度与半径由总体结构布局方案获得;承力辐板数目主要取决于转子载荷,即支承类型、支承数目和空气流量(一般空气流量越大,转子载荷越大);考虑到锥壳具有较强的横向与角向承载能力,假定机匣与支承间的传力锥壳为 45°;板壳结构厚度取决于不同位置承力框架的环境温度。需注意承力框架的特殊结构,如进气机匣承力框架的进口可调导向叶片、中介机匣承力框架的内外涵分流环、涡轮承力框架的隔热衬套等。

(4) 静子环壳结构

承力机匣是典型的环壳结构,其主要作用是传递转子载荷到安装节和组成气流通道,其上主要有加强筋和法兰边,材料通常与所在位置轮盘材料相同,预构形如图 7 - 29 所示,承力机匣承受局部的内部压力载荷,机匣的半径可由总体流道图获得,其厚度主要通过机匣载荷条件计算得到。

图 7 - 28　承力框架预构形

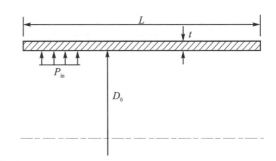

图 7 - 29　承力机匣预构形

根据承力机匣材料强度极限 σ 和内压鼓筒应力计算公式：

$$\sigma = \frac{P_{in}D_0}{2t} \qquad (7-8)$$

可解得最小厚度为

$$t_{min} = \frac{P_{in}D_0}{2\sigma} \qquad (7-9)$$

该厚度仅考虑了鼓筒的内压载荷，是承力机匣的最小厚度，对于需要传递转子载荷的承力机匣，厚度可通过载荷系数 K_r 修正，通常取值为 1.5。承力机匣质量可估算为

$$M_{SC} = \pi K_r t_{min} D_0 L \rho \qquad (7-10)$$

式中，ρ 为机匣材料密度，对于不传递转子载荷的机匣 K_r 取 1.0。

燃烧室组件质量主要包括外部形成冷却流路的内外层机匣、内部发生燃烧的环形火焰筒以及组织燃烧的头部结构（包括扩压器、旋流器、燃油喷嘴、点火装置等）。可参考承力机匣，将燃烧室内外层机匣和火焰筒简化为等厚的环壳，预构形如图 7 - 30 所示，内外层机匣的半径可由总体结构布局方案获得。

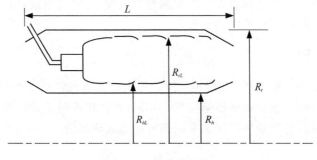

图 7 - 30　燃烧室预构形

燃烧室长度为压气机出口截面到涡轮进口截面,但由于燃烧室为弧形结构,在计算火焰筒和内外机匣时需对其长度进行修正,修正系数约为 1.4～1.6。

统计得燃烧室内外机匣厚度一般为 3 mm,可类比薄壁环壳质量估算公式 (7-10) 计算其质量 M_{BC}。内部火焰筒的内外环壳半径不能通过总体流道图直接获得,参考燃烧室设计经验,火焰筒与机匣间的距离约为机匣内外径差的 20%,计算公式如下:

$$\begin{cases} R_{tL} = R_t - 0.2(R_t - R_h) \\ R_{hL} = R_h + 0.2(R_t - R_h) \end{cases} \tag{7-11}$$

根据燃烧室设计经验,火焰筒换算厚度一般为 3 mm,火焰筒材料为高温合金钢,同样可类比薄壁环壳质量估算公式(7-10)求得火焰筒质量 M_{BL}。

与环壳形火焰筒及机匣结构不同,燃烧室头部结构质量与燃烧室容积直接相关,根据经验公式可得燃烧室头部结构评估质量为

$$M_{BD} = \delta_B \pi L (R_t^2 - R_h^2) \tag{7-12}$$

式中,δ_B 表示燃烧室头部质量比例系数,与密度单位相同,根据统计数据,常取值为 293 kg/m³。加力燃烧室为单层环壳＋头部结构,评估方法与燃烧室相同,统计其头部质量比例系数约为 74 kg/m³。

可以看出,总体参数法和预构形法都需要大量的实际发动机质量、总体性能、结构尺寸等参数作为支撑,以形成更准确的经验关系式并验证方法的准确性。二者的不同点在于:① 总体参数法所需的输入参数少,评估简单、快捷,但误差和分散度较大;② 预构形法所需的输入参数多,但评估精度更高,预估误差和分散度主要取决于样本数量,相对可控,误差一般在 10% 以内。需要注意,方案阶段的质量估算常对于已有发动机评估效果较好,而对于含有新布局、新结构、新工艺、新材料等的评估,由于积累的数据点较少,故可能导致误差增大,但对于新发动机的方案设计仍具有指导意义。

7.2.3　质量评估参数

结构质量及其分布特性是设计结果的直观表现,可定义参数对其定量评估,同时用于不同型号间结构设计水平的比较。

1. 整机推重比

推重比是发动机推力与质量之比,是军用涡扇发动机常用的设计指标。当推力一定时,推重比越大,表示发动机结构质量越轻,也间接表明了发动机尺寸越小,反映了发动机总体设计对质量的控制水平。推重比的表达式为

$$T_{wr} = \frac{F}{M} \tag{7-13}$$

其中,M 为整机质量。推重比综合反映了发动机气动性能、结构、材料、空气系统等

多方面的设计指标,一般作为飞机对发动机提出的综合评估指标。

2. 部件折合密度

航空发动机推力主要与流量相关,评估发动机质量层面的结构效率,对于整机可采用推重比;对于部件,可用流量代替推力。同时,部件轴向长度的控制也反映了部件气动热力设计水平,满足性能的同时,应尽可能缩短轴向长度、降低重量,因此,评估中宜采用单位长度参数作为对比。

由此,定义部件折合密度表达式如式(7-14)所示,部件折合密度指结构单位长度、单位流量所需的质量,表征发动机结构质量对空间的利用率。参数评估对象可以是压气机、涡轮等转子部件,也可以是承力框架等静子结构。

$$\rho_{eq} = \frac{M}{LW_a} \tag{7-14}$$

式中,M 为整机质量;L 为整机长度;W_a 为空气流量。

因此,部件折合密度参数的内涵是评估部件结构径向载荷与尺寸的优化设计程度。例如,对于流量相同的压气机,为保证其做功增压能力,流道半径较大时所需转速低,虽然轮盘径向尺寸增大,但离心负荷降低,二者导致的质量变化存在一个寻优过程。同样地,可通过缩小部件轮盘径向温度差,降低轮盘温度负荷,轮盘无需更多的质量来满足强度要求,从而降低了部件折合密度,该策略尤其适用于涡轮质量控制中。

┃7.3　整机变形协调性设计┃

整机结构布局设计理论是以结构变形控制为核心的描述复杂载荷环境下结构变形协调性的多专业平衡设计方法,即通过对过载、机动及旋转惯性激励等载荷环境下的结构系统特征参数与抗变形能力进行关联性研究而形成的基于整机变形协调性和转子静、动变形控制的设计方法。

航空燃气轮机整机结构系统复杂,各部件质量分布、几何特征以及约束形式存在显著的差异;且为了追求高的气动效率和发动机性能,转-静件间隙不断缩小。在飞行包线内的各种飞行状态下,转、静子结构均会产生位移和变形,会引起转-静件间隙变化,显著影响发动机性能及安全性。

7.3.1　极限载荷特征

航空发动机整机结构复杂,各结构系统处于不同载荷环境中,根据载荷危害性及其出现频次,可将载荷初步分为常规载荷和极限载荷。常规载荷一般包括转子离心载荷、轴向气动载荷、热载荷等,常见的极限载荷为过载、机动飞行及飞机硬着陆等限制载荷。

整机结构系统在常规载荷下的间隙变化是整机变形协调性设计的重要内容,已形成较为规范的评估流程与设计技术,如主/被动间隙控制技术,此处不再展开赘述。

而极限载荷叠加于常规载荷之上,代表更恶劣的整机载荷状态,尤其对于薄壁壳体静子结构,容易在极限载荷状态下产生更大的变形。为保证发动机性能及安全性,在整机变形协调性设计中还应保证转-静件在极限载荷状态下的变形协调设计。

1. 惯性过载

在飞机的起飞、降落以及加/减速过程中,发动机均受到惯性过载载荷作用。其中,典型过载状态主要有两类:飞机硬着陆和舰载机弹射起飞。这两种工况下,巨大的惯性载荷作用在整机结构上,转-静件发生较大的变形,极易导致转-静件碰摩及抱轴等危险故障。飞机硬着陆时整机系统主要承受横向过载,舰载机起飞时整机系统主要承受轴向过载。

《航空发动机结构完整性指南》[①]对发动机在过载状态下的安全性提出了如下要求:① 一般过载下,保证主安装节弹性和极限拉伸强度;硬着陆或单个连接点损坏情况下,安装节需保证发动机安全不脱落;② 地面吊装安装节在弹性限制载荷范围内无永久变形,在极限拉伸强度载荷范围内不发生完全破坏。考核中,地面吊装安装节承受轴向、侧向、横向惯性载荷大小分别限定为 $4g$、$2g$、$3g$。

2. 机动飞行

飞机在滚转、俯仰和偏航等机动飞行时产生角速度和角加速度,发动机转子系统受到巨大的陀螺力矩作用,并在承力支点上产生很大的支点动载荷,同时使承力系统发生变形。在机动飞行状态下,陀螺力矩会改变转-静件间隙,甚至引发碰摩、轴承破坏等安全性问题。

安全性设计标准对机动飞行状态下发动机的安全性提出了要求,在最大允许转速范围内,在飞行包线内和规定的机动飞行载荷下,发动机可以达到以下工作要求:① 短时间机动下,承受 1.5 rad/s 的俯仰/偏航角速度和 $1g$ 的垂向过载,持续工作 15 s 不发生故障;② 飞行包线内长时间机动下发动机可达 10^7 次循环寿命。

通过以上分析,可以确定整机系统变形协调性评估的主要内容为:过载、机动飞行状态下,整机结构系统关键位置的径向与轴向间隙变化量。其中,横向过载和陀螺力矩载荷主要影响整机的径向间隙协调性,而轴向过载则主要影响整机的轴向间隙协调性。过载和陀螺力矩载荷可根据国军标和型号设计规范的相关条例进行选取。

---

① 国防科学技术工业委员会,航空发动机结构完整性指南:GJB/Z 101—97[S].1997.

7.3.2　变形协调性评估

航空发动机整机变形协调性的评估方法是基于结构效率的结构抗变形能力评估方法,能够对发动机转-静子结构在极限载荷环境下的变形及其相互影响进行定量分析。结构的抗变形能力描述的是结构系统的刚度特性和质量之间的关系,反映了结构系统在给定载荷下的变形大小。而整机变形协调性评估是对转、静子抗变形能力匹配性的评价,是对结构抗变形能力定量描述的发展。

1. 评估参数

极限载荷状态对整机变形协调性的影响主要表现在以下两个方面:① 横向/轴向上,由于惯性载荷引起转-静件间隙的变化;② 周向上,由于约束不对称造成机匣结构变形不均匀。对于上述两个方面的影响,分别定义间隙匹配系数和截面均匀系数进行定量评估。

(1) 间隙匹配系数

间隙匹配系数反映了惯性过载作用下,转-静件结构相对变形的协调能力,定义为转-静件结构各个截面(径向/轴向)的最小间隙与最大间隙的比值:

$$D_c = \frac{\xi_{\min}}{\xi_{\max}} \tag{7-15}$$

式中,$\xi_{\min}$ 为截面的最小间隙;$\xi_{\max}$ 为截面的最大间隙。间隙值 ξ 可以由转-静件初始间隙 ξ_0、转子弹性线变形 ξ_{rotor}、静子弹性线变形 ξ_{stator} 以及静子由于椭圆度变化引起的径向变形 ξ_e 确定:

$$\xi = \xi_0 - (\xi_{\text{rotor}} + \xi_{\text{stator}} + \xi_e) \tag{7-16}$$

间隙匹配系数的意义在于反映了限制载荷状态产生的惯性载荷作用下发动机转-静件关键位置间隙变化的协调程度。需要说明的是,ξ_{rotor}、ξ_{stator} 和 ξ_e 均是指所造成的间隙减小量,当间隙增大时取负值。D_c 趋于 1 说明转-静件间隙变化小,变形协调性较好;D_c 趋于 0 说明转-静件间隙变化范围大,在危险截面易发生碰摩,此时产生 $\xi_{\min}$ 的位置即为容易发生碰摩的危险位置,在安全性设计中应予以重视。

(2) 截面均匀系数

极限载荷状态下,由于载荷和约束的非均匀性,静子机匣在竖直和水平两个方向的变形不同,由圆形 x 趋于椭圆变形,机匣截面变形的不均匀可引起转-静件间隙变化,周向上某些可能发生间隙闭合的区域是引起局部碰摩的危险位置,如图 7-31 所示。

截面均匀系数反映了惯性载荷下机匣结构由于安装节约束不对称和非均匀引起的周向截面椭圆度的变化,定义为机匣截面上最小外径与最大外径的比值:

$$D_r = \frac{d_{\min}}{d_{\max}} \tag{7-17}$$

截面均匀系数对于考察机匣结构在惯性载荷下的变形程度具有直观的描述。D_r 越小说明机匣截面变形均匀性越差,椭圆度越大;D_r 趋于1说明机匣结构周向刚性较强,机匣近似为圆形,不易发生间隙变化。为提高机匣的抗变形能力,在机匣外侧通常采用加强筋设计。

2. 惯性过载状态

惯性过载状态下惯性载荷分布在整个发动机上,包括转子和静子,各个部件处的惯性载荷大小和其质量成正比。仿真模型边界条件是在主安装节处施加全约束,在辅助安装节施加横向(Y 向)约束;加载方式是按照安全性设计要求,对于硬着陆过程施加横向 $3g$ 惯性过载,对于舰载机起飞过程施加轴向的 $4g$ 惯性过载。图 7-32 所示为载荷与约束边界示意图。

图 7-31　机匣截面变形不均匀

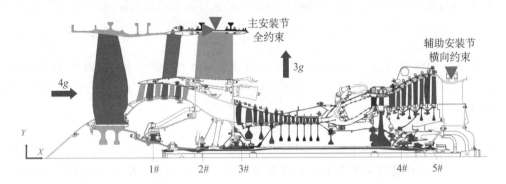

图 7-32　典型涡扇发动机惯性过载状态下载荷与约束边界示意图

(1) 横向过载响应特征

施加 $3g$ 横向惯性载荷到整机模型,计算得到整机变形云图如图 7-33 所示。提取转子和静子系统在 Y 向的弹性线,如图 7-34 所示,1♯～5♯支点位置标注在图中相应位置。假设转-静件初始间隙为 1.700 mm,则横向过载下转-静件间隙如图 7-35 所示。

由仿真结果可以看出:① 整机中风扇轮盘和机匣横向变形量最大,由于二者都是悬臂结构,变形同步使得间隙变化小,说明转子和静子系统变形协调性较好,在横向过载时不易发生转-静件碰摩;② 中介轴承的使用使得低压涡轮同时承担高压涡轮的惯性载荷,所以低压涡轮底端部位的实际间隙值最小,为横向过载下最容易发生碰摩的危险位置。

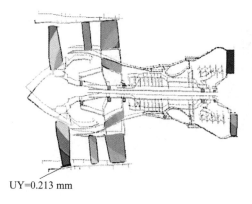

UY=0.213 mm

图 7-33　横向过载下整机系统变形云图

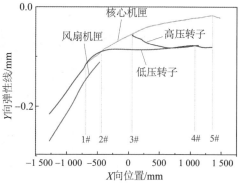

图 7-34　横向过载下转-静件 Y 向弹性线

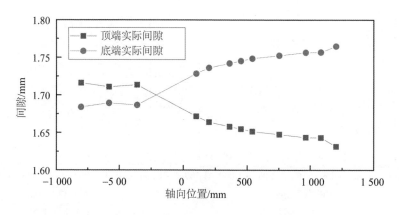

图 7-35　横向过载下转-静件间隙

（2）轴向过载响应特征

施加 $4g$ 轴向惯性载荷到整机模型，计算得到整机变形云图如图 7-36 所示。提取转子和静子系统在 X 和 Y 向的弹性线，如图 7-37 所示。给定转-静件初始间隙为 1.700 mm，则轴向过载下转-静件间隙如图 7-38 所示。

由仿真计算结果可以看出：① 由于发动机质量中心线与主、辅安装节的连线不重合，整机结构相对安装节产生俯仰，尤其在风扇位置产生明显横向位移，为轴向过载下最容易发生碰摩的危险位置；② 转、静子轴向弹性线平缓，说明各部件轴向整体刚性较好，由于安装节约束在静子机匣上，转子轴向变形约为静子的 2 倍。

3. 机动飞行状态

对于机动飞行状态下整机系统变形协调性的分析，可根据飞行包线，假设飞行速度为 $0.8Ma$，偏航角速度为 1.5 rad/s，机动飞行半径为 180 m。陀螺力矩分别作用在高、低压转子上，并通过支承结构传递至承力系统。仿真模型约束边界同惯性过载

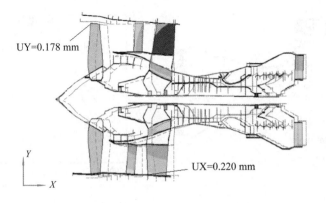

图 7 - 36　轴向过载下整机系统变形云图

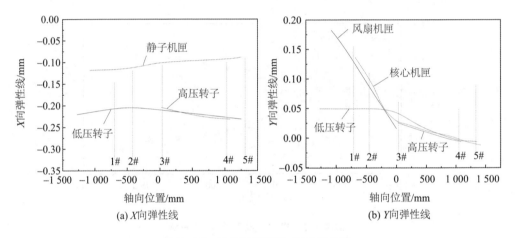

(a) X向弹性线

(b) Y向弹性线

图 7 - 37　轴向过载下转-静件弹性线

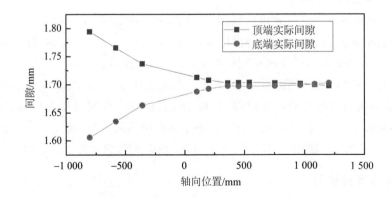

图 7 - 38　轴向过载下转-静件间隙变化

状态,机动飞行产生的陀螺力矩作用在高、低压转子上,如图 7 - 39 所示,M_l 为低压转子上的陀螺力矩,M_h 为高压转子上的陀螺力矩。

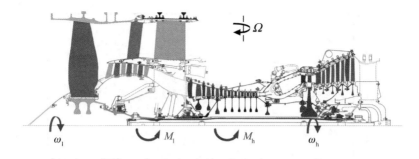

图 7 - 39　典型涡扇发动机机动飞行状态下陀螺力矩与约束边界示意图

计算得到机动飞行下整机变形云图如图 7 - 40 所示。提取转子和静子系统在 Y 向的弹性线,如图 7 - 41 所示。假设转-静件初始间隙为 1.700 mm,则轴向过载下转-静件间隙如图 7 - 42 所示。可以看出:① 由于陀螺力矩作用在转子上,转子变形明显,静子由于只受到结构质量在机动飞行中产生的离心载荷,几乎未发生变形;② 低压转子在陀螺力矩作用下变形较大,尤其是悬臂风扇质量集中,横向变形和间隙变化最大,为机动飞行下最容易发生碰摩的危险位置;③ 由于高压转子两端支承,整体变形相对较小。

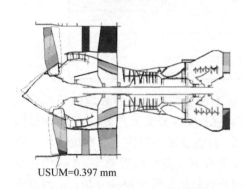

USUM=0.397 mm

图 7 - 40　机动飞行下整机系统变形云图

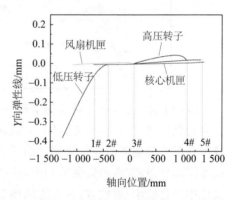

图 7 - 41　机动飞行下转-静件 Y 向弹性线

将上述模型在横向过载、轴向过载、机动飞行三种极限载荷下的变形和间隙计算结果代入定义的整机变形协调性评估参数中,如表 7 - 3 所列。表中参数来源于风扇位置,可以看出:① 机动飞行在风扇处导致的间隙变化明显大于惯性过载;② 极限载荷导致的风扇机匣截面椭圆变形非常小,机匣周向具有良好的刚性,不会因机匣椭圆变形产生碰摩问题。

综上,通过对高涵道比涡扇发动机整机变形协调性计算分析,可得如下结论:① 由于采用中介支点,高、低压转子涡轮端变形相叠加,结合辅助安装节位置,涡轮端在横向过载下易产生间隙变化;② 风扇端转子和机匣都处于悬臂状态,在横向过载下变形较大,但相互协调,产生的间隙变化小;③ 由于主安装节的单侧约束,风扇

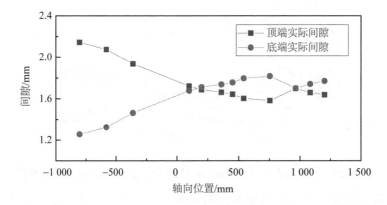

图 7 - 42   机动飞行下转-静件间隙变化

机匣在轴向过载下产生较大的横向变形,使得风扇间隙变化较大;④ 风扇悬臂支承,角向约束较弱,同时其转动惯量较大,易在机动飞行下产生大变形,导致明显高于惯性过载的间隙变化。

表 7 - 3   极限载荷下整机变形协调性评估参数

位　置	间隙匹配系数	截面均匀系数
横向过载	0.998	0.999
轴向过载	0.943	0.999
机动飞行	0.739	0.999

　　根据上述结论,可归纳出如下设计规律:① 不同类型极限载荷导致的整机危险间隙变化机理、位置和幅度不同,应根据发动机类型、安装和支承方案,确定不同极限载荷状态下影响整机变形协调性的敏感参数;② 整机变形协调性主要取决于转子质量和刚度分布、支承和安装节约束,这些特征主要在方案设计阶段确定,在后续详细设计中变化较小,因此,应在总体结构布局中即开展整机变形协调性分析;③ 通过优化转子支承方案和安装节位置,调整整机在不同极限载荷下的间隙变化,从而实现整机在全飞行包线内变形协调性的平衡设计。

7.3.3   结构布局设计策略

　　整机变形协调性设计目标是控制转、静子在常规载荷(主要指离心、温度和气动载荷)、振动载荷和机匣载荷下的间隙变化,以保证叶轮机效率和整机安全性。对于常规载荷和振动载荷,已存在的较成熟的变形协调控制手段如下:① 基于常规载荷的重复性和可预见性,可对常规载荷开展整机变形计算,针对转、静子在常规载荷下的变形规律,对关键位置采用主动间隙控制设计,如压气机末级和高压涡轮;② 振动载荷下的变形协调控制主要依靠在振幅较大的静子机匣处安装减振、吸振结构,或对承力框架开展隔振设计,从而控制静子机匣振动。

由于极限载荷产生时间和大小的不确定性,无法通过主动控制方法调节整机变形至协调状态,需依靠对结构在极限载荷下的变形规律控制来降低转、静子间隙变化。因而,需要以整机变形协调性策略作为结构布局设计指导,核心目标是使不同结构在同样载荷下具有相似的变形规律,即合理设计结构的质量、刚度和约束,尤其是对于典型整机构形、转/静子质量和刚度分布规律的确定。

下面针对不同极限载荷,分别介绍在整机结构布局中可采取的变形协调设计策略。

1. 横向过载变形协调

整机结构系统在横向过载状态下的间隙变化特征及采用的变形协调设计策略如图 7-43 所示,包括:① 高压转子采用 1-0-1 支承方案,最大变形点位于压气机出口,在确定主安装节位置(中介机匣承力框架)后,将辅助安装节设置在低压涡轮附近,保证核心机匣跨度与高压转子接近,实现核心机转子与机匣变形协调;② 低压转子质量集中在两端,前端采用弱约束设计,即风扇转子和机匣都处于悬臂状态,由于二者质量差异较大,需适当提高风扇转子横向约束,因此采用双支点支承,控制风扇变形;③ 低压涡轮后支点置于低压涡轮质心,以控制其横向变形和角向倾斜,而辅助安装节也位于低压涡轮附近,同样控制低压涡轮机匣变形,保证涡轮转-静件横向变形协调。

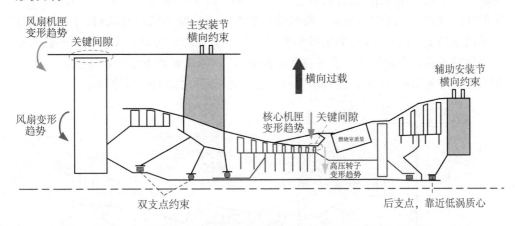

图 7-43　横向过载下整机关键间隙变化及变形协调性设计示意图

2. 轴向过载变形协调

整机结构系统在轴向过载状态下的间隙变化特征及采用的变形协调设计策略如图 7-44 所示,包括:① 通常采用两个安装节固定发动机,但考虑轴向变形具有累积效应,且转子仅通过单一止推轴承进行轴向约束,因此通常仅在一个安装节传递推力,此安装节作为主安装节;而适当释放另一辅助安装节轴向约束,以保证转、静子轴向变形协调;② 在轴向过载下,转子横向变形很小,可忽略不计,但对于周向约束非对称的静子,会产生一定量的横向变形,如悬挂式发动机安装,需增加风扇机匣横向弯曲刚度,并预留出风扇间隙变化量,以保障风扇位置轴向变形协调。

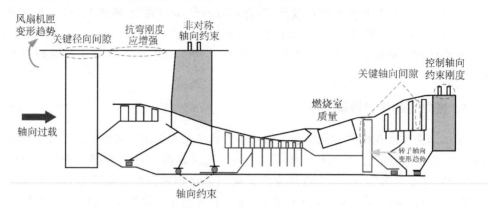

图 7-44　轴向过载下整机关键间隙变化及变形协调性设计示意图

3. 机动飞行变形协调

如图 7-45 所示,整机处于机动飞行状态下,在结构上除产生横向过载外,还会在转子上作用陀螺力矩,使大质量、大惯量比部件转子产生角向变形。针对此,可采用的变形协调设计策略包括:① 典型结构是大涵道比发动机悬臂风扇,应在设计时增强风扇局部角向约束,如采用拱形构形或具有一定跨度的双支点支承;② 对于大质量风扇和低压涡轮组件的变形协调性控制,需要考虑和调整安装位置及承力机匣传递路径弯曲刚度,以保证在机动飞行状态下转-静件之间的变形协调性。

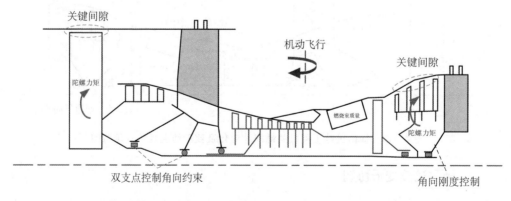

图 7-45　机动飞行载荷下整机关键间隙变化及变形协调性设计示意图

第 8 章
安装结构设计与整机安全性评估

完成设计研制的航空燃气轮机整机结构最终通过安装结构固定于飞机上,将发动机的推力等载荷传至飞机,实现推进飞行。在各飞行状态下,航空燃气轮机整机及安装结构系统应具备承受可能出现的各种危险状况及其载荷的能力,且在恶劣环境偶然事件发生时和发生后,应能保持必要的整体稳定性和安全运转的能力,即需实现航空燃气轮机结构系统安全性设计。

安全性设计是航空发动机正向研制的核心问题。安全性是航空发动机作为一个复杂结构系统体现出的综合属性,空间上涉及整个发动机的全部系统、部件、零件,时间上贯穿航空发动机全寿命期,是使航空发动机顺利适航取证、保护乘客及机组的人身安全的关键之一。安全性设计是以在恶劣环境下结构失效后产生的危害度最小为目标,以结构系统为对象,进行危害度控制的设计。仅通过有限次的试验无法完全验证并表明航空发动机的安全性,所以安全性设计并不是事后处理工作,而是以事前预防为主,事后处理为辅的逻辑。设计研发过程与安全性评估过程共同组成了航空燃气轮机研制的完整内容,两者相互依存,不可分割。

8.1 整机结构安全性

航空燃气轮机结构系统安全设计不同于结构的强度设计,不以保证正常工作载荷下的寿命及可靠性为目标,而是针对偶然发生的极端恶劣载荷,以防止系统功能丧失和降低危害度为目标。整机结构安全性设计中,一般不采用增加结构质量提高安全裕度的方法,而是从结构系统角度上采取一定的安全设计策略,以提高整机结构安全性。

8.1.1 结构安全性

结构安全性(structure safety),是指结构系统在使用环境下,承受可能出现的各种危险状况及其载荷的能力,以及在恶劣环境偶然事件发生时和发生后,仍保持必要的整体稳定性和安全运转的能力。对于航空发动机的结构安全性,是指结构系统在规定条件和时间内,以可接受的风险执行规定功能的能力。

航空燃气轮机是具有多变工况和复杂结构的高速旋转机械,其复杂性体现在结构特征复杂(转-静件耦合、板壳结构耦合)和载荷特征复杂(热载荷、气动载荷、机械载荷),对于结构系统结构效率的要求极高,既要减轻重量,又要提高承载。其结构系统安全设计的主要难点在于,由于飞行器的飞行状态多样(如机动过载、硬着陆等)以及飞行环境的不断变化(如偶然遭遇鸟群或沙暴袭击等),所承受的载荷更加恶劣与危险,而又不能简单采用加大安全裕度、放宽结构重量限制要求的安全设计策略。因此,相比一般旋转机械具有独特之处,必须以结构强度、冲击动力学、振动力学和转子动力学等多学科力学原理为指导,以发动机结构系统的创新巧妙设计为载体,在不增加结构质量的前提下提高系统安全性。

航空发动机结构安全性可以分为本体安全、操纵安全、系统安全以及使用安全,其反映的内涵和程度是不同的,如图 8-1 所示。本体安全指系统设计时留有一定的安全裕度,相当于前面提到的安全系数;操纵安全指发动机由于结构部件失效产生故障时,仍能保证飞行器安全着陆;系统安全是指结构系统整体失效时,仍然不至于有致命的危险发生;使用安全指驾驶员操作使用不当不至于引起破坏性的故障。航空燃气轮机结构设计中的重点是本体安全性和系统安全性,其中,本体安全性主要是在构件强度、寿命设计中通过安全裕度保证的;而系统安全性是总体结构设计通过整机结构系统的合理优化,控制和降低失效的危害度。

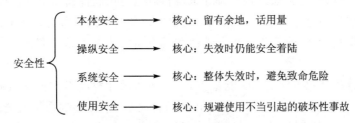

图 8-1　安全性的分类及内涵

安全的对立面是失效,基于航空燃气轮机的特点,其结构系统安全性的损失评估是依据不同程度的失效而确定的。结构系统按照设计要求进行生产、工作和维修的过程中,由于自身缺陷、损伤积累或外部工作环境变化而引起的发动机功能、性能不能满足使用要求的情况,称为结构失效。在航空发动机使用过程中,结构系统失效根据危害程度可分为轻微失效、重大失效和危险失效,如图 8-2 所示。

轻微失效主要是影响发动机的性能,如推力或输出功率下降,耗油率升高等。

重大失效会对发动机的可靠性和安全性产生较大影响,使结构载荷增加,强度储备和安全裕度降低。典型的重大失效包括:① 受控的着火;② 烧穿机匣,但不危及发动机;③ 低能量结构件飞出,但不危及发动机;④ 导致机上人员不舒服的振动;

⑤ 发动机向座舱引气中的有毒物质足以降低机组人员的操作效能;⑥产生与驾驶员指令方向相反的推力,但低于规定的最危险的水平;⑦发动机支承系统载荷路径失去完整性,但发动机没有实际脱开;⑧产生的推力大于最大额定推力;⑨相当大的、无法控制的推力振荡。

危险失效对发动机、飞机以及机载人员和装备的影响是摧毁性的、致命的。典型的危险失效包括:① 不包容高能碎片;② 客舱用引气中有毒物质浓度足以使机组人员或乘客失去正常行为能力;③ 产生与驾驶员指令方向相反的相当大的推力;④ 失去控制的着火;⑤ 发动机安装系统失效,导致发动机脱开;⑥不能使发动机完全停车;⑦单发飞机发生发动机空中停车。

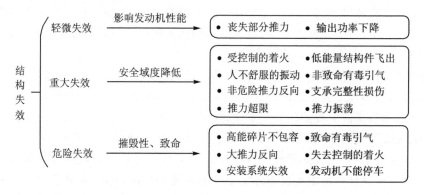

图 8-2 航空燃气轮机结构失效的分类与内涵

结构安全设计,是指通过各种设计策略和措施消除危害或控制危害程度,防止所设计的系统在使用过程中发生导致人员伤亡或设备损坏的各种意外事故。对于航空发动机结构安全设计,侧重于整机危险性和具有重大影响的故障模式分析及其试验验证。

安全设计的常用方法有:① 能量控制法,即从设计角度考虑消除或降低危害或控制危害度;② 故障隔离法,即确保在出现故障之后,不会影响系统安全;③ 薄弱环节法,即从安全性考虑,可在系统中设计"薄弱环节",使系统出现故障之前,在薄弱环节处先出现失效,以减轻故障的危害度;④ 告警装置,即在故障发生前后发出相应的提示,以采取相应的控制措施,减小危害度。

8.1.2 极限载荷及设计要求

航空燃气轮机整机结构系统的工作环境中主要存在 3 类载荷:一是来自发动机内部高速旋转的转子系统的旋转激励载荷;二是飞行器在过载、机动飞行及硬着陆等极限载荷状态下结构质量惯性所产生的载荷;三是叶片飞失、外物打伤等极端恶劣载荷。其中,基于现行的航空燃气轮机结构系统安全性相关规范或准则,重点考虑硬着陆、外物打伤、叶片飞失等状态,分析过载、机动飞行、轴向冲击和径向冲击 4 种载荷下结构安全性设计要求和考核方法。

1. 过载状态

发动机的过载是指发动机工作过程中由于加速或减速而受到的除重力之外的其他惯性负荷。过载状态引起转子系统和承力系统均在过载方向发生不同程度的变形,从而导致转、静子间隙变化,引起发动机气动性能衰退、碰摩等,严重时可能引起转-静件之间的抱轴和卡滞。

(1) 载荷特征

发动机过载状态按照加速度方向可以分为横向过载和轴向过载。其中,横向过载主要发生在飞机硬着陆过程中;轴向过载主要发生在舰载机弹射起飞或者飞机加/减速过程中。过载状态下的整机结构惯性载荷可分为静子结构系统惯性载荷和转子结构系统惯性载荷。其中,转子结构自身具有较大的旋转动量,在计算惯性载荷时需要考虑飞行器和转子之间运动关系的影响。

硬着陆过程产生的横向过载如图 8-2 所示,其物理过程如下:飞机硬着陆前,发动机具有初始向下的速度;飞机硬着陆时与地面发生接触,在横向冲击载荷的作用下,发动机产生动态变化的加速度,在横向上受到变化的惯性载荷。过载状态下,承力系统受到质量惯性载荷的作用,过载的每个瞬时质量惯性载荷都可以视为准静态载荷。垂向过载状态转子结构与承力结构载荷分布如图 8-3 所示。

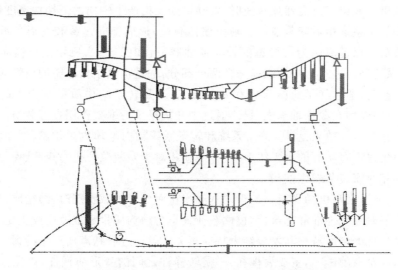

图 8-3　承力系统及转子系统横向过载时的载荷示意图

在横向过载作用下,转/静件结构产生变形,主要存在如下两方面特征。

① 转子系统和静子系统均产生横向的变形和位移,转-静件由于位移/变形不协调导致径向间隙发生变化,如图 8-4(a)所示,由于整机静子和转子结构质量分布、刚度分布和支承约束之间的差异,在惯性载荷作用下,可能发生局部变形过大和转-

静件变形不协调。

② 机匣为大直径壳体结构,由于安装节约束作用的不对称和非均匀性,机匣椭圆度发生变化,对转-静件间隙产生影响,如图 8-4(b)所示,由于约束和载荷的不对称,静子件在垂直和水平两个方向的变形不同,总变形趋近于椭圆形,而转子的运动轨迹截面基本为圆截面,从而导致转-静件在周向的间隙存在差异,可能引起局部的碰摩故障,如偏摩。

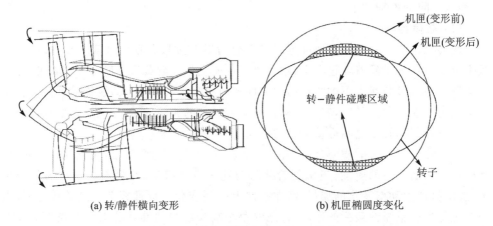

(a) 转/静件横向变形　　　　　　　(b) 机匣椭圆度变化

图 8-4　横向过载作用下变形示意图

舰载机着舰或飞机突然加减速时,发动机随飞机产生轴向的惯性加速度作用,转子系统和静子系统相对安装节产生轴向惯性载荷,形成轴向过载和变形。承力系统受到的载荷可以近似认为是稳态的轴向惯性载荷,如图 8-5 所示。与横向过载不同,承力系统轴向过载产生的载荷来自两个部分:一是机匣结构系统的质量所产生的轴向分布载荷,通过静子机匣作用在安装节上;二是转子结构质量所产生的惯性载荷,主要集中作用在滚珠轴承上,最终通过中介机匣承力框架作用在安装节上。

轴向过载力学效果是:① 静子系统和转子系统轴向整体发生位移;② 由于安装节的约束位置不在质心的水平线上,过载载荷相对于安装节产生力矩,从而使得承力系统整体相对安装节发生摆动。

综上,航空发动机随飞行器的运动状态变化而处于过载状态时,结构质量惯性载荷在每个瞬时可视为准静态载荷,惯性载荷大小与结构质量和加速度成正比,产生的变形与结构件的刚度特性和安装约束特性相关。对于过载状态所产生的惯性载荷及其对结构安全性的影响,主要表现在:一是转静件之间的变形协调性,以保证间隙变化及其对性能、转静子碰摩激励非协调涡动及失稳的影响;二是对安装结构系统的冲击损伤破坏的影响。

(2) 设计要求

硬着陆过程发动机随飞机以一定的向下速度与地面撞击,冲击载荷作用下产生动态变化的加速度,整体结构系统均承受冲击所引起的附加质量惯性载荷作用。横

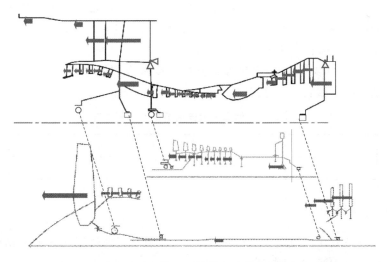

图 8-5 承力系统及转子系统轴向过载时的载荷示意图

向过载将产生两方面影响:① 转子系统和静子系统均产生垂直方向的位移;② 转静件之间由于位移不协调而导致径向间隙变化,轻微时影响气动效率,严重时可导致碰摩。飞机硬着陆过程中发动机的惯性加速度的典型变化过程如图 8-6 所示,横向过载发生时,发动机垂直方向的惯性加速度突增并振荡,范围一般在 $\pm 2g$ 内,之后在 2 s 左右期间内衰减回归零值。

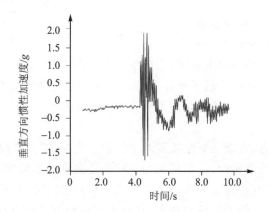

图 8-6 硬着陆时飞机质心的加速度-时间曲线

航空发动机结构安全设计中的载荷条件对于极限过载状态的要求是能承受轴向 $4g$、侧向 $2g$、垂向 $3g$ 的惯性载荷。对发动机安全性影响最为重要的是保证安装节的结构完整性,最常见的故障失效模式是安装固定结构及其紧固件的大应力疲劳断裂,因此,需要对发动机安装结构在受稳态和惯性冲击载荷作用下的损伤失效及危害性进行验证,基本设计要求如下:

① 对于主安装节,限制参数为弹性变形量和极限拉伸强度,须保证正常运转时

具有足够的强度裕度,并且在飞机紧急着陆条件下或更严重的单个连接部件损坏的情况下仍能保证安全。安装节的受载应在弹性极限载荷范围内,不存在永久变形,且能在极限拉伸强度载荷下不发生完全破坏。

② 对于地面吊装安装节,必须保证其能承受最大惯性载荷且不发生永久变形。最大惯性载荷要求如表 8-1 所列。

表 8-1　地面吊装安装节惯性载荷要求

方　向	轴　向	侧　向	垂　向
惯性载荷	4g	2g	3g

2. 机动飞行

机动飞行是战斗机的重要工作状态之一,对于装配高涵道比涡扇发动机的大型运输机和旅客机而言,虽然机动飞行不是典型的工况,机动程度不及战斗机严重,但仍对整机安全性具有重要影响。

飞机的机动飞行状态有三种:横滚、俯仰和偏航,如图 8-7 所示。机动飞行中产生角速度和角加速度使得发动机承受陀螺力矩作用,会降低转子系统的

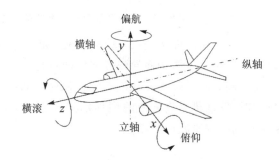

图 8-7　三种机动飞行状态示意

循环疲劳寿命。美国空军研究表明,飞机按 3.5 rad/s 速率进行机动飞行时,轴承载荷将增大 15 倍,作用在单个转子叶片上的力可达正常气动力的 3 倍(由于机动飞行引起的气动载荷的作用,而不是陀螺力矩直接作用在叶片上)。

(1) 载荷特征

对于战斗机而言,机动飞行是重要的工作状态之一,对于装配高涵道比涡扇发动机的大型运输机和旅客机而言,虽然机动飞行不是典型的工况,机动程度也不及战斗机严重,但仍需要对其进行安全性的考核。飞机机动飞行时,发动机转子上产生不可忽略的陀螺力矩,影响转子的运转状态,并以力矩的形式作用在转子支承结构上,产生巨大的支点动载荷,引起支承系统变形,严重时可导致轴承破坏。

飞机机动飞行时角速度与转子旋转速度方向不一致,使得发动机转子结构上产生陀螺力矩作用,如图 8-8 所示,M_l 为低压转子上的陀螺力矩,M_h 为高压转子上的陀螺力矩。结构系统主要受到两种载荷的作用:① 承力系统自身随飞机机动飞行姿态的改变而受到惯性载荷的作用;② 转子陀螺力矩作用在轴承上产生的支反力作用。

结构的惯性载荷主要是由发动机绕转弯中心按转弯半径做圆周运动产生的,其

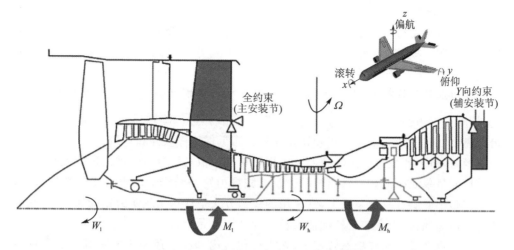

图 8-8　飞机机动飞行及转子惯性载荷

大小为 $F = mr\Omega^2$，与机动飞行半径以及飞机机动运动的角速度平方成正比，是与结构质量分布相一致的分布载荷。机动飞行中，背向回转中心的惯性载荷分布作用于整机结构上，其力学效果是使承力系统向安装节旋转半径外侧方向发生变形。

转子旋转惯性力矩的作用除了与机动飞行状态有关以外，还与转子自身转动惯量、转速及支点位置密切相关，旋转惯性力矩载荷通过轴承传递到承力系统上。如高涵道比涡扇发动机，如图 8-9 所示，作用在高、低压转子上的陀螺力矩与自转和偏航角速度方向垂直。

由于转子转速远高于偏航角速度，因而作用在转子上的旋转惯性力矩的影响高于横向过载的影响。在偏航状态下，发动机高、低压转子上所产生的旋转惯性力矩及其在支点上产生的支点动载荷如图 8-10 所示。竖直方向的载荷主要有重力、陀螺力矩以及支点动载荷，其力学效果是使得承力系统在受力平面内发生变形。

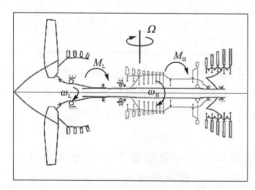

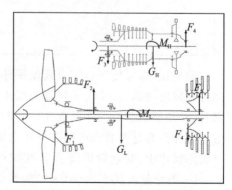

图 8-9　双转子系统受到的陀螺力矩　　图 8-10　机动飞行时转子陀螺力矩及支反力分析

（2）设计要求

对于机动飞行所产生的惯性载荷及其影响，需要通过仿真和试验验证，考察在惯性载荷作用下安装节、轴承及支承结构的承载能力，分析其对结构系统安全性的影响。

在机动载荷状态下，发动机转子上所产生的旋转惯性力矩大小与转动惯量和转速、机动飞行角速度成正比（$\vec{M} = J_p \vec{\omega} \times \vec{\Omega}$），因此，在进行旋转惯性力矩计算时，简化模型需要在转子结构刚度分布和转动惯量分布上保持等效性和一致性。在对转子系统建模时，对于叶盘与连接鼓筒部分采用梁单元模拟其质量与转动惯量的大小，叶片则采用质量单元模拟其质量与转动惯量。陀螺力矩是结构运动中产生的惯性载荷，作用在转子的所有质量单元上，常采用的模拟方法是计算出陀螺力矩的大小，将其等效为一对力偶，作用在转子转动惯量较大的结构单元上。

发动机在最大允许稳态转速下，在飞行包线内和在下述规定的陀螺力矩条件下承受角速度和加速度作用时，发动机应正常工作。依据机动飞行时间的不同，分别对短时和长时作用的陀螺力矩进行如下规定：① 对于短时间机动飞行，在绕垂直于转子轴线的稳态角速度和 1g 的垂直机动载荷作用下，发动机可安全持续工作 15 s。其中，飞行角速度随飞机类型不同存在差异，如表 8-2 所列。② 对于长时间机动飞行，在绕垂直于转子轴线的稳态角速度和飞行包线内的所有载荷作用下，发动机结构循环寿命为 10^7 循环，其中，机动飞行角速度随飞机类型不同存在差异，如表 8-3 所列。

表 8-2　短时间内最大角速度

类　　型	战斗机	轰炸机和货机	旋翼机
角速度/(rad·s^{-1})	3.5	1.5	2.5

表 8-3　长时间内最大角速度

类　　型	战斗机	轰炸机和货机	旋翼机
角速度/(rad·s^{-1})	1.4	1.4	0.9

试验验证时，可使用射线或其他探针传感器测试叶片和机匣之间的间隙、转子径向间隙和轴向间隙，以及转子挠度变形来评估其影响。要求试验后发动机性能无明显降低，发动机整机及部件系统在试验期间内工作正常，结构载荷在可接受范围，且分解后叶片没有过度磨损或即将损坏迹象。

实际操作中，发动机需要安装在陀螺试验台上进行性能检验。陀螺试验台以 0.5 rad/s 的增量步从 0.5 rad/s 增加到 3.5 rad/s，陀螺试验台应先一个方向转动再反向转动。每个状态下须完成如下步骤的考核：① 慢车状态 1 min；② 30 s 内从慢车加速到最大允许转速；③ 在最大允许转速驻留 10 s；④ 30 s 内从最大允许转速减速到慢车，最后停车。

美国阿诺德工程发展中心的工程师们提出了一种适用于航空燃气涡轮发动机的机动载荷模拟设备,该设备基于离心机工作原理设计而成,可以给工作的发动机提供真实飞行惯性载荷和陀螺载荷。所选设备的设计要求——15g 惯性力和 3.5 rad/s 的机动载荷决定了 12 m 的试验臂长,如图 8 - 11 所示。旋转机械臂产生的离心载荷模拟机动状态下发动机受到的过载,试验机械臂由一个更短的平衡臂来平衡,这个平衡臂具有可移动的固体质量和液体转移平衡系统。离心机由一个电动机和齿轮系来驱动,并采用结构措施抵消发动机产生的推力,防止其影响模拟器的转动。

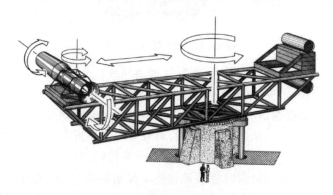

图 8 - 11　涡轮发动机机动过载模拟器设备

3. 冲击状态

　　根据发动机受到冲击的方向,可以将发动机的冲击状态分为轴向冲击与径向冲击。其中,发动机产生轴向冲击的方式主要有两种:① 由于冰、砂石、鸟、固定连接件等进入气流通道对叶片或其他结构产生的冲击损伤,也称外物打伤;② 由于突然移动油门杆或气流发生轴向脉动(喘振)导致的发动机推力突变。发动机的径向冲击状态主要指叶片飞失,叶片飞失(blade-off 或 blade loss)指的是转子叶片的局部甚至整个叶片折断飞出。

(1) 载荷特征

　　外物打伤,是工作过程中有可能遇到的对结构安全性具有重要影响的一种恶劣工作状态。随高速气流吸入发动机的外来物冲击对结构造成损伤,并使发动机性能下降,严重危害到飞机的飞行安全,这种外物冲击损伤简称外物打伤(foreign object damage)。外物打伤是典型的危及发动机安全性的事故,对于高涵道比涡扇发动机,由于其迎风面积大、空气流量大,危害更加严重,叶片的抗冲击强度、疲劳特性以及轴向冲击载荷对转子系统的影响备受关注。

　　通常把外物打伤分成软体外物打伤和硬体外物打伤两大类。软体外物打伤是指飞鸟、冰、液滴等被吸入发动机而对叶片造成的损伤,如图 8 - 12 所示。而硬体外物打伤是指随着高速气流吸入的一些小零件、维修时的残留物(如螺钉、螺栓等)、砂石以及其他杂物等对叶片的损伤。

图 8 - 12　外物打伤示意图

叶片飞失的原因通常有两种,一是叶片振动导致疲劳损坏;二是外物打伤导致的叶片瞬断丢失。当转子发生喘振、叶片共振或颤振时,有可能导致一片或几片叶片掉块或折断;若叶片上存在应力集中区域,即使不发生太大振动或共振也会产生局部交变大应力,引起疲劳裂纹,最后被其自身的离心应力撕裂折断;当气体腐蚀、砂石或飞鸟的冲击使叶片受伤、变形或磨损而发生振动或共振时,叶片更容易疲劳断裂。而由于高涵道比涡扇发动机的风扇叶片质量和转动惯量都很大,其风扇叶片飞失产生的危害性更为突出:一是由于风扇位于气流通道的前端,对发动机气流流道具有巨大的影响;二是风扇叶片的质量和转动惯量都比较大,丢失后转子系统会突加很大的不平衡量,对转子系统及整机的危害极大。在 5.1 节中,已对叶片飞失载荷特征进行了详细论述。

综上,外物打伤和叶片飞失载荷变化速率非常大,典型特征是作用时间极短,具有明显冲击特征,其危害主要是对转子和静子结构的直接破坏和使整机结构系统力学特性发生变化,如转静件碰摩等,造成整机及转子系统振动加大,以致引起系统损伤失效。对于载荷的冲击效应表现为巨大振动能量在径向和轴向的冲击激励,以及之后大不平衡下发动机减速停车过程中的损伤失效危害。

(2) 设计要求

对于外物打伤,标准中规定当发动机吸入异物时,发动机仍能达到如下工作状态:① 对于仅可能影响一台发动机的外物撞击和吞咽情况,不会对发动机产生任何危险性影响;② 对于有可能影响超过一台发动机的外物撞击和吞咽情况,不会妨碍飞机继续安全飞行和着陆,包括立即或随后丧失性能、发动机操纵性能恶化、超过发动机的工作极限值。

对于叶片飞失,要求叶片飞失后发动机具有足够的结构完整性。在最高允许瞬态转速下,风扇、压气机和涡轮位置的单个叶片在缘板以上的叶身断裂飞出,并引起同级叶片发生二次损伤后,应保证下列情况:① 发动机不产生非包容故障和着火;② 不发生转子、轴承、支承或安装节的灾难性破坏;③ 不出现超转状态;④ 不出现易燃液体管路的泄漏或发动机丧失停车能力;⑤ 避免导致灾难性破坏的二次失效模式。此外,必须提供适当的结构阻尼,使单个叶片破坏时在危险转速下不会导致持续性的功率损失。

在航空发动机的研制和适航取证过程中,需要通过试验评定发动机对冲击载荷的承受能力。对于外物打伤,通过分析和试验评定发动机满足内物或外物损伤要求的能力,验证风扇和压气机叶片能满足的使用要求,并进行吞冰和吞鸟试验。对于叶片飞失,必须对吊挂于地面试车台的发动机整机进行最危险的风扇叶片飞失试验(见图 8 - 13),验证风扇叶片飞失后的结构安全性。

图 8 - 13　用于叶片飞失试验的发动机室外试车台

整机试验前,需要进行仿真分析和部件试验,考核的内容如下:① 机匣包容性,涉及非线性高速撞击动力学及复合材料机匣的设计;② 高速柔性转子瞬态冲击响应,涉及瞬态转子动力学、转静子碰摩、挤压油膜阻尼器等问题,分析和评估转子在突加大不平衡激励下的瞬态响应;③ 整机结构动力学响应,涉及薄壁结构件的耦合振动、轴承及安装节冲击载荷;④ 转子持续生存能力,主要是指发动机在叶片飞失后保持风车状态运转的能力。需要注意,考虑到叶片断裂后对同级其他叶片的打伤,在转子系统动力学特性分析中,叶片飞失后产生的力学效果应等效于 2 个叶片脱离轮盘的载荷量值。

│8.2　安装结构及安全性设计│

航空燃气轮机通过安装结构将推力和载荷传至飞机机体,安装结构的完整及可靠工作是整机安全性的重要保障。安装结构设计包括发动机安装形式设计、几何构形设计、热变形补偿装置设计以及减振装置设计,兼顾发动机装拆方案设计,实现的基本功能可概括为安装、固定、传力、补偿(工作时的变形补偿、安装时的工艺补偿)。

航空燃气轮机的安装结构设计除需要满足功能、强度综合要求外，还必须保证结构的安全性要求。在飞行包线内各限制载荷下，应确保安装结构不发生永久变形；在可能存在的各极限载荷下，应不发生破坏；应控制安装结构数目，以便于发动机的拆装、更换，不过也常采用冗余设计策略，以提高安装结构安全性，避免灾难性事故的发生。

8.2.1 整机安装要求

1. 载荷条件

发动机安装节主要承受的载荷有以下几种：① 发动机的质量；② 在飞机机动飞行中发动机及附件产生的惯性力；③ 转子系统产生的陀螺力矩；④ 转子不平衡产生的惯性力；⑤ 发动机推力。安装节要能承受 3 个方向的力和 3 个方向的扭矩，6 个约束形成一个静定的安装结构方案，如图 8 - 14 所示，超静定的安装约束也是可以的。发动机的 6 个自由度需要由安装节上 6 个独立的支反力来限制，每个安装节上作用 1~3 个独立的支反力，而独立的支反力数就决定了节点的结构形式。

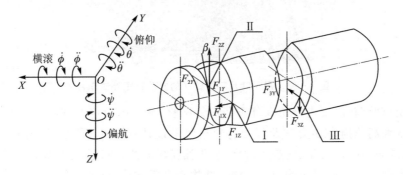

图 8 - 14　某涡扇发动机安装节的受力情况

根据传递载荷种类和安装位置，可将安装节分为两种：主安装节与辅助安装节。通常，主安装节主要承受发动机推力载荷、重量、机动飞行的陀螺力矩及惯性载荷等，是发动机静子部件的轴向定位处。辅助安装节仅承受发动机部分重量，应防止发动机偏摆，因此承受部分弯矩和扭矩，不承受轴向载荷。为有效传递载荷，安装节的设计须保证其具有良好的强度与刚度。

如图 8 - 15 所示，在设计时需要考虑的发动机载荷条件包括疲劳载荷谱，惯性载荷、陀螺载荷、角加速度、推力载荷、气动载荷等正常飞行和地面载荷，轴卡滞等极限载荷（安全性设计需考虑），紧急着陆等特殊条件下的载荷（安全设计需考虑），2 倍最大（反）推力等附加条件下的载荷。

不同载荷情况下对发动机安全工作时间的要求是不同的，如图 8 - 4 所列。对于正常工作状态，要求发动机在正常工况可以安全停车。对于很少发生的大突加不平

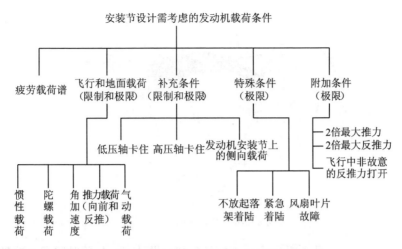

图 8 - 15　安装节设计需考虑的发动机载荷条件

衡事件,要求安装节必须能够保持结构完整性,且整个发动机必须满足:① 发动机保留在安装节上;② 不着火;③ 零件脱落飞出发动机对飞机不造成伤害;④ 风车状态下应满足飞机可接受的载荷能力。

表 8 - 4　典型工况下安全工作时间要求

	严重载荷	极限载荷	极限载荷	极限载荷	正常载荷
持续时间	15 s	2 min	30 min	180 min	不限制
注解	发动机保留在安装架上,不着火,零件不脱落或无其他危险	180 min 风车状态后可以安全停车;允许小的损伤和裂纹	180 min 风车状态后可以安全停车;允许小的损伤和裂纹	可以在 85% 状态工作	在低循环寿命计算中应考虑不平衡量载荷的影响

2. 结构设计要求

图 8 - 16 所示为典型高涵道比涡扇发动机安装示意图,主安装节和辅助安装节均通过吊架结构与飞机承力系统连接。主安装节装于温度较低的区域,该区域一般靠近转子止推轴承处的压气机或风扇机匣,辅助安装节装于涡轮附近的承力机匣上。

在安全性设计和适航性要求中,安装节的结构安全是重要的考核内容,在保证安全的策略中,除了保证结构强度安全系数以外,采用冗余设计和合理地使用检查也是十分有效的措施。

图 8 - 17 所示,对于单一承力结构的安装节,其检验时间间隔是由工作中的可见裂纹来确定的。当发现有可见裂纹时,要确定这时距离首个承力件失效的剩余寿命,以此来确定其更换时间。

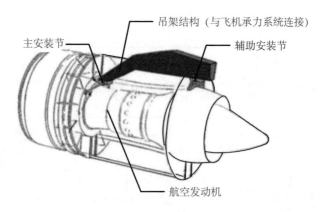

图 8-16 发动机吊装示意图

图 8-18 所示为具有两个承力件的冗余结构设计安全检验时间间隔的确定。对于具有失效保险安全设计的结构,当首个承力件出现可见裂纹时,安装系统仍具有足够的安全寿命;首个承力件失效后,载荷重新分配,结构仍可安全运转。剩余寿命可根据材料的散度和可靠性来确定。

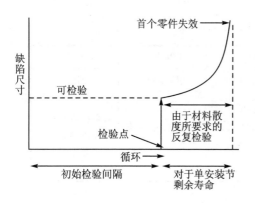

图 8-17 单一承力结构安装节检验间隔

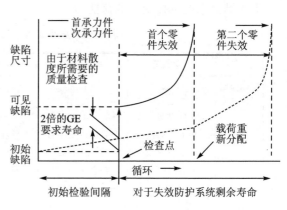

图 8-18 带有冗余保护安装节检验间隔

综上,航空燃气轮机安装结构系统一般应遵循下列设计原则与基本要求:

① 安装结构的选择取决于发动机在飞机上的安装方案,而安装结构的最终确定和设计,是飞机与发动机反复协调和折衷的结果。

② 安装结构应能够承受飞机给出的载荷要求,并按规范要求具有足够的刚度、强度裕度,使发动机在各种环境和状态下都能有效工作,实现与飞机特性的最优匹配。

③ 安装结构系统一般是限制发动机 6 个自由度的静定系统,以便保持发动机在飞机上的定位与对中,选择若干个安装点,这些安装点应设置在距离合适(尽可能大)的两个截面上。部分采用超静定的安装系统,应在主约束将发动机准确固定后,再安

装可调整的多余约束,以减小附加载荷。

④ 承受推力的安装节的最佳位置应分布在主承力机匣(框架)水平中心线的两侧,以消除推力载荷偏离水平中心线所引起的机身弯曲,避免造成发动机机匣变形等。

⑤ 安装结构应尽可能设置在坚固的发动机承力机匣上,并将集中载荷扩展为分布载荷。

⑥ 安装节安装在飞机上,必须能自由地膨胀和收缩(轴向和径向),实现热变形补偿和工艺补偿。

⑦ 安装结构系统的设计形式应便于发动机在飞机上的装配与拆卸。

⑧ 现代航空燃气轮机的安装结构系统,不仅要求其具有较强的承载能力,在工作过程中,希望安装结构可在不损失承载能力的前提下,有效地削弱发动机传来的振动。

8.2.2　结构及力学特征

1. 安装结构布局

发动机安装节通常是一套 2 个安装平面、6 个约束的连接结构。安装节的 2 个安装平面中,一个平面设置有主安装节,另一个平面设置辅助安装节。主安装节在安装横截面上可以有 2 个或 3 个安装点,辅助安装节可以是 1 个或 2 个。但不论数目多少,主安装节及辅助安装节均应各在一个横截面内。所有的主、辅安装节中,相对飞机而言只应有一个安装点是固定的(一般位于主安装节中),该点称为死点,其余各安装点均允许自由移动,即工作时允许与飞机机体结构间有相对移动,如图 8-19(a)所示,以适应发动机与飞机膨胀不一致造成的位移。通常,辅助安装节采用万向接头或关节轴承等结构以保证在轴向具有一定活动量。

安装结构设计中,要求在常规载荷作用下,安装节处的机匣不能产生局部永久变形,为此,在机匣上对安装节连接部位要设计加强筋和凸边等结构,如图 8-19(b)所示,以进行局部加强。安装位置一般要选在直径尽量大的机匣处,或者在安装节处具有刚性法兰边,并便于承力机匣拆卸。需要注意的是,两个安装节的跨度一般较大,

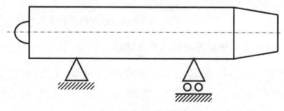

(a) 主、辅安装节示意

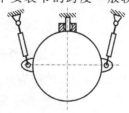

(b) 吊耳和万向接头示意

图 8-19　发动机的安装示意图

目的是降低安装节给发动机机匣施加的附加载荷。

安装位置对发动机抗变形能力和振动的影响很大。图 8-20(a) 所示为高涵道比发动机结构示意图,其具有两端质量大、中间刚度较弱的结构分布特点。若安装位置选取不对,如将发动机安装节安置在刚度较弱的中间段,则在工作中可能会发生哑铃型模态振动,如图 8-20(b) 所示,导致两端振动过大。因此,在安装结构系统设计时,首先应根据发动机特点实现其合理布局。

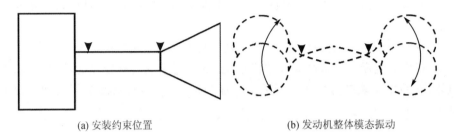

(a) 安装约束位置　　　　　　　　　　(b) 发动机整体模态振动

图 8-20　发动机安装状态下振动模态示意图

目前,高涵道比发动机常见的两种安装结构如图 8-21 所示。其传力路线特征有所差异:一是主安装节位于风扇机匣后分流环处(核心机吊装方式),这种结构由于传力线与中心推力作用线接近,发动机的变形较小,但在轴向上存在附加力矩作用于飞机上;二是将安装传力机构安置在风扇机匣和涡轮机匣外延长线上,该结构形式使安装反力形成的力矩与推力产生力矩相抵消,没有附加力矩作用在飞机上。对于大推力发动机,消除和减少这种附加力矩是十分重要的。

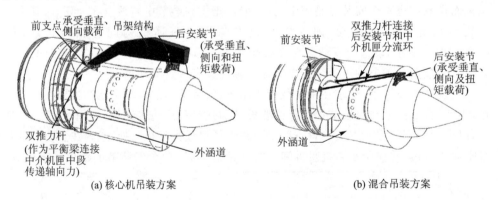

(a) 核心机吊装方案　　　　　　　　　　(b) 混合吊装方案

图 8-21　高涵道比涡扇发动机的安装结构

图 8-22(a) 所示为早期的 CF6 发动机安装方案,即核心机吊装方案,在工作中推力相对于主安装节会形成一个力矩作用在飞机机体上。而在现代的 GE90、GP7200 和 GEnx 的安装节设计中,均改为主安装节位于风扇机匣外,并通过承力拉杆将辅助支点和风扇中介机匣分流环相连,以达到合力通过一个中心点,从而有效地消除了作用在飞机上的附加力矩,如图 8-22(b) 所示。

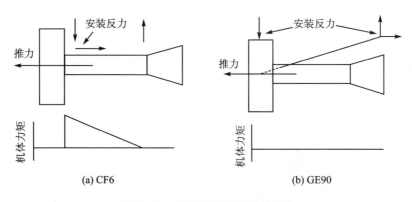

图 8-22　不同推力传力路径对比

  对于 PW1000G 等新型齿轮传动风扇发动机，其工作载荷与总体结构布局特征等变化也带来安装结构系统及传力路线的新特点。如图 8-23 所示，PW1000G 发动机安装结构包括前、后两个安装节和一套推力杆。其前安装节位于风扇机匣上部，后安装节位于涡轮排气机匣的上部，推力杆前端连接于风扇后中介机匣 9∶30 和 2∶30 的时钟位置，后端通过平衡梁连接后安装节。

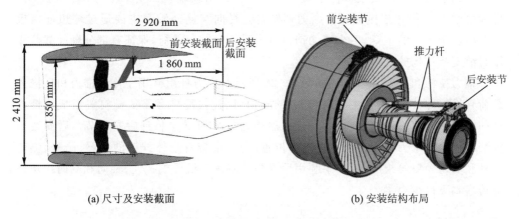

(a) 尺寸及安装截面　　　　　　　　　(b) 安装结构布局

图 8-23　PW1000G 安装承力结构

  如图 8-24 所示，PW1000G 发动机的风扇与低压涡轮转子之间应用传动齿轮箱，以实现二者以不同工作转速运转。与之相应，其中介机匣承力框架区别于一般大涵道比涡扇发动机，分为低压压气机(增压级)前和低压压气机后两部分。低压压气机前侧承力框架主要支承风扇后支点、低压压气机前支点以及传递齿轮箱；而低压压气机后侧承力框架主要支承高压压气机前支点。

  由于风扇与涡轮不直接连接，转子不能在组件内部平衡全部轴向力，因此，风扇后支点承受风扇全部大轴向力；同时，低压涡轮转子所产生的轴向载荷在无风扇部件内部平衡后，作用于低压压气机(增压级)前支点处的轴向力同样相对更大。为了减小发动机整机变形，在该发动机的承力结构系统设计中，采用与 GE90 等类

航空燃气轮机结构系统动力学设计

似的混合吊装方案,利用拉杆连接风扇后中介机匣承力框架和位于低压涡轮后承力框架及机匣上的后安装节,并改进设计前安装节结构,使其具备承担部分轴向力的能力。

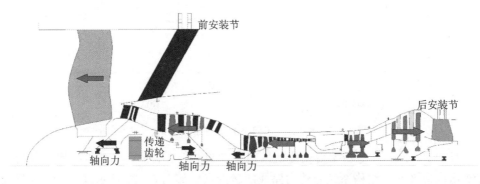

图 8-24　PW1000G 整机轴向载荷受力分析简图

前安装节结构如图 8-25 所示,其主要功用是支承发动机前端并传递径向和侧向载荷到承力梁。前安装节位于风扇后承力框架与风扇机匣交汇上方位置,主要构件为主梁、2 个侧边连接板和 2 个剪切销钉。径向与侧向载荷主要通过侧边连接板传至固定于飞机的主梁,两个剪切销钉可承受部分轴向载荷,保证有部分轴向载荷作用时前安装结构的安全性。

推力拉杆和后安装节结构如图 8-26 所示。推力杆组件用于传递推力和反推力载荷到后安装节,推力杆主要由承力管壳、销钉、连接配件和平衡螺钉等组成。推力杆前段连接风扇后中介机匣承力框架,后端通过平衡梁安装到后安装节。后安装节安装在涡轮后承力框架排气机匣上方位置,主要由带有整体挂钩的主梁、凸耳、侧向拉杆和剪切销钉等组成,工作中利用后安装节将发动机后端径向、轴向和侧向扭矩载荷传递到飞机承力梁。

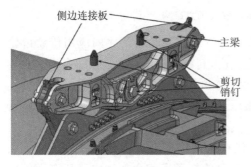

图 8-25　前安装节结构

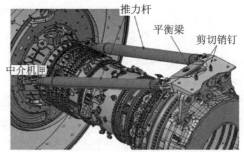

图 8-26　推力拉杆与后安装节结构

PW1000G 发动机的前、后安装节的结构均采用了冗余设计,以保证其安全性。

在安装节的承载结构设计中,采用了 3 个承受横向载荷的连接拉板和抗剪切销钉,但是在使用中,只有外侧两个承力拉板受力,中间位置的拉板作为冗余设计储备。当两侧拉板损坏时,冗余设计的中间拉板可以完全保证发动机的正常使用。同时,这种设计策略有利于地勤人员从发动机的位置变化上及时发现发动机结构损伤失效。

2. 主安装节

虽然不同型号的航空燃气轮机安装结构系统具有通用的承载与使用要求,但各航空发动机设计集团所设计的结构具有各自的特点。下面以 GE 公司的产品为例分析主安装节结构设计特征的沿袭与发展。

图 8-27 所示为 20 世纪 60 年代末设计的 CF6-50 发动机前安装节结构。其为核心机吊装方案,采用单一推力传力路线,主安装节设计为马项圈(horse-collar)结构,安装在风扇和压气机框架安装边上。主安装节的吊耳位于马项圈承力结构上,经过了局部加强,通过销钉和螺栓连接,为局部非静定系统(locally non-determinant system)。

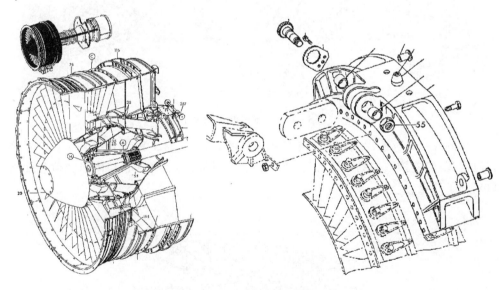

图 8-27 CF6-50 发动机的前安装节

图 8-28 所示为 20 世纪 70 年代改进设计的 CF6-80A 前安装节结构。该主安装节沿用马项圈承力方案,但在结构上进行了改进,使之可以将垂直/侧面载荷作用在安装边上,并且保证推力载荷均匀分布,并保证气流通道在推力作用下保持一定的圆度,有利于封严。承力件是连接板,轴向力由左右两个推力杆传递,中间设计有安全销以防推力杆失效时备用。

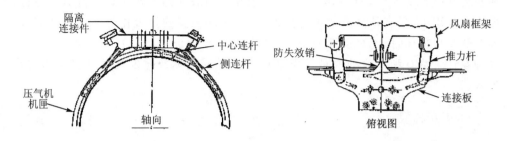

图 8-28　CF6-80A 的前安装节

图 8-29 所示为在 CF6-80A 基础上改进的 CF6-80C2 发动机主安装节结构，该结构主要是对整机推力路径进行了更新。这时主安装节安装在风扇外机匣上，采用推力拉杆连接风扇机匣内分流环和涡轮机匣处辅助安装节，即采用混合吊装方案，以消除作用在发动机上的附加力矩。

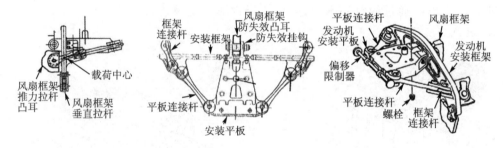

图 8-29　CF6-80C2 安装节

如图 8-30 所示，20 世纪 90 年代末设计的 GE90-94B 中，其前安装节设计思路得以沿袭，但连接结构更为简洁，安装节位于风扇机匣上，将垂直和侧向载荷分配到风扇静子件上。

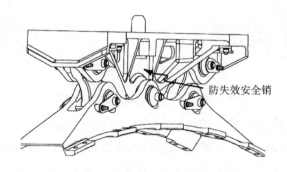

图 8-30　GE90-94B 前安装节

3．辅助安装节

辅助安装节是针对主安装节的辅助安装结构，其主要功能是平衡作用在承力结构上的弯曲、扭矩和保证轴向伸长，典型结构特征如图 8 - 31 和图 8 - 32 所示。

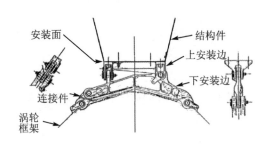

图 8 - 31　CF6 - 80A 后安装节

图 8 - 32　CF6 - 80C2 后安装节

对于 GE90 发动机，由于直径尺寸和推力较大，在辅助安装节设计上采用平衡梁（whiffle-tree）结构，如图 8 - 33 所示，可保证作用在每个承力件的载荷均匀，防止连接失效情况，达到安全承载的目的。

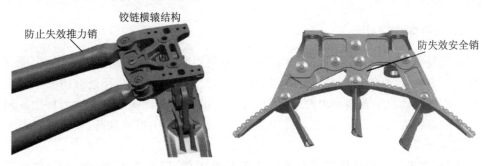

图 8 - 33　GE90 - 115B 后安装节

在发动机的使用过程中，由于所配装的飞机不同，其安装位置和方式具有很大的不同，发动机可以按照飞机的要求适应性地改变其安装节位置和安装方式。以 GE 公司的 CF34 系列涡扇发动机为例，其具有军用型 TF34 和多个民用型型号，针对不同使用要求，GE 公司发展了多种安装节和安装方式。

① CF34 - 8C1/5 型号安装于庞巴迪 CRJ700 机身尾部两侧，所以采用侧面安装方式，如图 8 - 34 所示，利用球形接头和单推力杆，后面辅助支点采用关节轴承和销钉连接。

② CF34 - 10 型号安装在巴西航空工业 E - JET 系列飞机的机翼下，如图 8 - 35 所示，采用吊挂结构，为适用于不同飞机，前段主安装节采用单推力杆并具有失效保险结构。

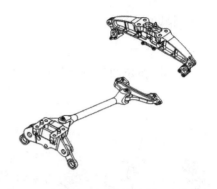

图 8 - 34　CF34 - 8C1/5 单杆安装结构　　　　图 8 - 35　CF34 - 10 带失效保险安装结构

8.2.3　安全性设计

航空燃气轮机通过安装结构固定于飞机上,传递推力、重量及各种振动载荷。在各工作条件下,均需保证安装结构的完整,以避免发动机脱落等灾难性事故的发生,对安装结构应采取失效保护、冗余设计等安全性设计策略,并应减少结构振动等可能引起的结构损伤失效。

1. 失效保护设计

现代高涵道比涡扇发动机安装结构中普遍使用双推力杆传递轴向力,为保证发动机的安全性,需针对推力杆及后安装节形成的推力载荷传递路径进行防破损安全设计。一般发动机中普遍使用两个推力杆,防破损安全设计就是指双推力杆中任何一条传载路径失效时,另一个推力杆应能承受 100% 的额定推力载荷,作为保证其安全性的冗余设计。

不过,双推力杆设计使得安装系统零件数目加倍,导致成本高、重量大、结构复杂。现代部分发动机中提出了单推力杆设计方案,如图 8 - 36 所示。其一端连接到后承力组件中向前延伸的凸缘,另一端通过传力连杆连接到中介承力框架,前后两端均设计中央凸缘并通过螺栓等连接结构固定。单推力杆结构需采取与双推力杆不同的安全性结构设计方案,以避免推力杆损伤后灾难性事故的发生。

后安装节主要由承力平衡组件、推力杆组件和一个防失效保护结构组成,通过螺栓等连接结构固定在飞机吊挂上。如图 8 - 37 所示,两个凸缘、吊耳和螺栓共同组成了失效保护结构(failsafe arrangement),可在单推力杆失效时传递轴向载荷,其位于发动机后承力框架与后安装节的连接位置,后承力框架结构外伸吊耳位于两个连杆的中心处,配有螺栓穿过凸缘和吊耳螺栓孔,将吊耳和凸缘连接起来。需要说明的是,由于螺栓孔大于螺栓外径,吊耳可以沿着螺栓轴向滑动,在正常工作状态下,该连接结构处于松弛、无约束状态,并不传递力或约束作用,仅在推力杆失效时传递轴向载荷。

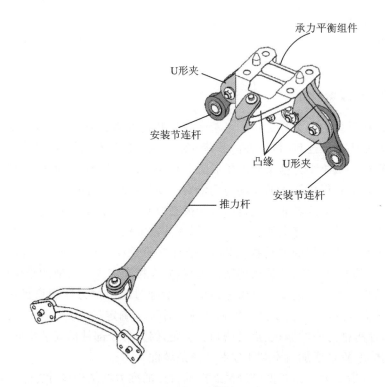

图 8 - 36　单推力杆结构示意图

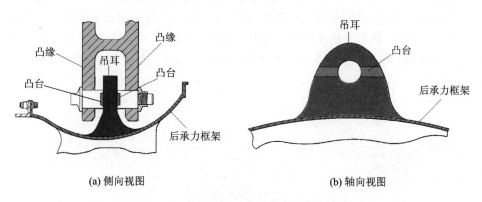

(a) 侧向视图　　　　　　　　　　　　　　　(b) 轴向视图

图 8 - 37　后安装节中失效保护装置示意图

　　防推力杆失效的安全设计的关键是在吊耳前后端面各设计一个凸台。凸台的厚度要小于 U 形夹凸缘之间的轴向距离,以保证在正常工作时,推力杆传递轴向载荷,而防止失效保护装置不传递载荷。当单推力杆在发动机工作中失效时,发动机将向前/后偏移,凸耳将与 U 形夹凸缘接触,推力载荷从发动机吊耳传递到飞机吊架上。

　　在吊耳的强度设计中,应保证其可以承受发动机推力产生的轴向载荷,并具有一定的安全裕度,因此一般设计为梯形结构,并在与承力机匣连接处进行局部加强,以保证应力分布和变形的合理性。结构配合间隙设计的重点是确保凸耳与 U 形夹凸缘之间的接触仅发生在凸台处,因此,需要准确掌握安装结构系统在受力状态下的变形和径向接触位置。

2. 推力杆减振设计

安装结构系统中推力杆是一个可承受拉压载荷的横跨杆,其两端分别与后安装节和风扇后承力框架连接,传递轴向载荷。由于推力杆具有大长径比结构特征,其工作环境横跨中介机匣承力框架和涡轮后承力框架,除了承受巨大的轴向推力载荷以外,还必须考虑高、低压转子的振动激励影响。安装系统中的细长推力杆可能具有和不平衡激励频率相同或者非常接近的低阶模态频率,可能出现高振幅的振动响应,使安装系统中的部件产生高周疲劳、接头磨损或冲击损伤。

对于大长径比杆件的振动损伤控制,最有效的设计方法如下:一是调整模态频率,采取避开共振的方法;二是增加结构阻尼,减小振动应力。目前的结构设计中,要求推力杆的模态频率远离发动机激振频率,一般通过减小推力杆的长径比来提高模态频率。然而,在推力杆长度已经根据其他设计要求确定后,为减小长径比,通常需增大直径,使得推力杆的体积、重量增加。但是,因为每个部件的安装空间有限,所以推力杆的体积、重量增加后不利于安装系统的装配。

图 8 - 38 所示为一种新型可调模态振动特性的推力杆结构设计方案。细长的横跨杆设计有一个直径较大的集中质量结构,用于调整推力杆的模态频率,以远离发动机整机激振频率,从而使振动响应最小,将其称为推力杆的频率调节装置。在具体结构动力学设计中,该装置的主要设计参数为集中质量结构的质量大小和位置。通过调整设计参数,使推力杆的模态频率位于发动机风扇转子最大转速和核心机转子最小转速之间。

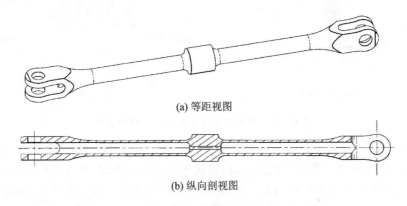

(a) 等距视图

(b) 纵向剖视图

图 8 - 38 可调模态振动特性的推力杆结构

推力杆结构动力学设计中,应对整个系统进行分析,并考虑多个因素:一般情况下集中质量应布置在推力杆模态振幅最大处,质量块的质量和位置确定需保证在满足避开共振的要求外,同时对推力杆的结构质量和强度影响最小。需要说明的是,推力杆一般为中空管,以降低重量,保持强抗弯刚度。

推力杆的几何构形也可以采用分体式结构,如图 8-39 所示,该结构由细长的横跨杆和独立的集中质量块组成,质量块通过固定连接结构与细长横跨杆连接。调整质量块的大小和位置可以使得推力杆的模态频率远离发动机激振频率。其中,集中质量块由两个半圆环组成,半圆环材料应具有足够的强度和耐腐蚀性,通常其密度大于推力杆材料密度,并需要注意避免不同材料之间产生接触磨损。

(a) 等距视图　　　　　　　(b) 集中质量块透视图　　　　　　　(c) 等距视图

图 8-39　推力杆的结构示意图

3. 安装结构隔振设计

航空燃气轮机安装结构不仅需要承受巨大的推力和惯性载荷,同时由于转子旋转及气动噪声等会产生振动载荷的作用,故最终会将一部分振动能量外传到飞机上。双转子航空发动机包括高、低压转子转速频率振动,以及轴承碾压、齿轮啮合及气动噪声引起的宽频、高频振动,如图 8-40 所示,其中 N_1 为低压转子转速频率,N_2 为高压转子转速频率。

超限的外传振动载荷可导致安装结构乃至飞机承力结构的损伤失效,同样可造成不可估量的安全性问题。因此,为避免振动激励潜在的安全性影响,先进安装结构设计中还需实现对振动的抑制与隔离。安装结构隔振、减振设计难点如下:一是需满足刚度特性要求,实现对整机的安装与承载;二是需针对多频段作用,至少需针对高、低压转子两个不同转速频率激励进行减振设计。

图 8-41 所示为某新型航空燃气轮机主安装节装配示意图。主安装节通过主体底座的圆柱面与发动机进行定位,在底座处通过螺栓将减振器主体与发动机相连,在伸出轴两侧通过叉形结构与飞机承力系统相连接。位移和载荷依次通过减振器和叉形结构传向机身。该结构采用液压减振器和动力吸振器两部分隔离与衰减振动,其中,两个动力吸振器分别位于安装节主体结构的两侧,动力吸振器通过悬臂伸出轴与安装节壳体连接,装配时通过螺栓轴向拉紧。

液压减振器由安装节壳体、上端盖、定压阀和轴向减振器组成,如图 8-42 所示。发动机外传振动载荷传递至安装节壳体,然后依次通过盖板、橡胶、浮动衬套、伸出轴

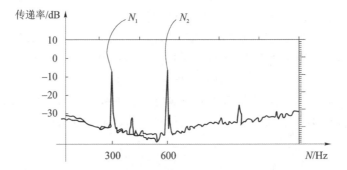

图 8-40　某双转子涡扇发动机安装结构上的振动传递率

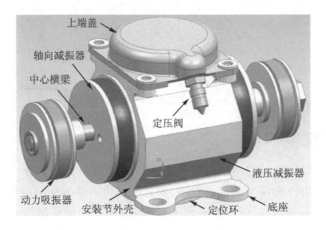

图 8-41　主安装节装配图

和叉形结构传至机身。安装节中的浮动衬套、弧形橡胶和盖板并非实心结构,三者共同围成的空腔组成液体流道,上下液腔之间通过节流孔连接,液体流道即图中绿色线条围成的区域,液体通道内充满了减振液。液腔上端为气腔结构,气腔上端盖一侧带有调压阀,用于调节气腔内的压力。气腔与液腔之间通过可变形的橡胶隔膜隔开,调节气腔内的气压可以调节减振液的液压,进而改变减振液的力学参数。

　　轴向减振器为由端板、硅胶和轴向固定衬套组成的"三明治"结构,对分布在壳体两侧的轴向减振橡胶结构进行设计:双层橡胶位于发动机其中一侧,两层橡胶之间装有一金属圆环,保证安装节能够同时承受来自发动机的较大轴向(推力)和径向载荷;单层橡胶轴向减振结构刚度相对较小,工作时主要承受发动机的径向载荷,但在极限状态下可承受较小的与推力方向相反的轴向载荷。在液压减振器结构中,轴向减振器在轴向方向上吸收发动机的轴向冲击载荷的能量,起到缓冲减振作用。

　　根据液压减振器结构和减振机理绘制出发动机的液压减振器原理图,如图 8-43 所示。液压减振器为被动减振装置,其减振机理为发动机振动传至安装节,支承于橡胶上的浮动衬套与刚性连接的减振器壳体和发动机产生相对运动,挤压上/

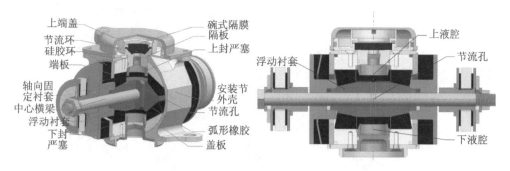

(a) 结构剖面示意　　　　　　　　(b) 液体通道示意

图 8 - 42　液体减振器及部分结构剖面图(彩图见彩插)

下液腔的减振液,使减振液通过节流孔流向下/上液腔,产生巨大的节流阻尼,使得振动幅值受到抑制,从而达到减振的目的。在装配前,根据所需衰减的频率范围调节气腔的气压可以有效调节减振液的压力,从而调整减振液阻尼和刚度,达到衰减不同频带振动的目的。

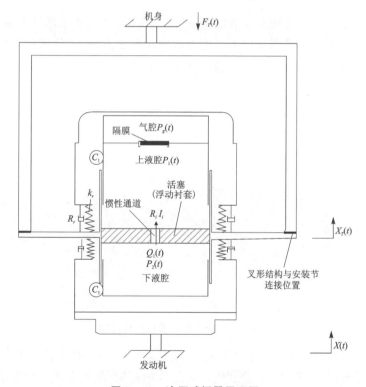

图 8 - 43　液压减振器原理图

安装结构中的动力吸振器主要用于吸收较高频率的高压转子振动。吸振结构如图 8 - 44 所示,该结构为主要由钨碳钢质量块、硅胶垫圈和连接垫片组成的"三明治"

航空燃气轮机结构系统动力学设计

结构。装配时,伸出轴分别经过尾板和衬套由左端贯穿动力吸振器及主体,通过螺纹辅助轴向压紧"三明治"结构。由前文结构分析可知,伸出轴支承于浮动衬套上,该动力吸振器可以通过调整螺母调节尾板与衬套间的距离,从而改变"三明治"结构的压紧程度,进而对动力吸振器的频率进行小范围调节。

图 8 - 44 动力吸振器结构图

图 8 - 45 所示为动力吸振器的减振原理图,在安装节上附加辅助子系统,使得从发动机传来的振动激励能量分配到结构与辅助子系统上,并使分配到结构上的振动能量最小,达到结构减振的目的,此辅助系统为动力吸振器。

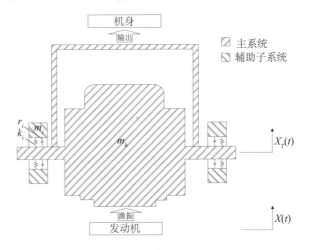

图 8 - 45 动力吸振器机械结构图

在安装节结构中,动力吸振器为弹簧-质量系统,其中,主系统为发动机-液体减振器-机身系统,子系统为由橡胶和钨钢环组成的弹簧-质量系统。当发动机高压转子的激振频率与弹簧-质量子系统的模态频率相近时,高频振动激起橡胶-钨钢环子系统(吸振器)共振,吸振器将大部分振动能量吸收到自身结构上,此时主系统上分布的振动能量较小,从而达到减振的目的。设计时,考虑到发动机高压转子工作较为稳定的特点,即动力吸振器的有效工作频率带宽较窄,动力吸振器宜采用小阻尼设计,这样可提高吸振效果,同时小阻尼也有利于简化结构设计,提高吸振器的可靠性。

| 8.3　整机安全性评估方法 |

航空发动机研发过程分为概念设计、初步设计、详细设计以及试制与验证四个阶段,并且需要反复迭代。而安全性评估是这个过程中必不可少的一部分,其目的是通过对有限数量发动机的安全性风险进行评估和控制,从而保证发动机整体安全性及其风险概率达到可接受的水平。

安全性评估包括需求确定、分配、确认、设计和验证。评估结果应支持发动机的设计目标,使发动机失效模式所引起的危险性的失效概率不超过要求的发生概率。发现和消除系统设计中可能导致安全性问题的隐患,确保所有发动机失效对飞行器的风险是可接受的。为研制方、使用方和审定局方在航空发动机系统的适航要求符合性证明方面提供一个通用的基础和证据。

8.3.1　术语与定义

安全性(safety):指能避免造成使用操作及维修保障等人员的死亡、身体伤害,避免飞行器等装备及其组成部分的损毁、损伤,避免造成飞行等级事故及严重环境破坏等事件的能力。

安全设计(security design):指通过各种设计策略和措施消除危险或控制危险程度,防止所设计的产品在使用过程中发生导致人员伤亡或设备严重损坏的各种意外事故。航空发动机结构安全设计,侧重于整机危险性和具有重大影响的故障模式分析及其试验验证。

安全评估(safety assessment):是对在研或服役的发动机系统可能存在的危险性及其后果进行综合评价和预测。是对所处工作环境中系统固有的或潜在的危险及其严重程度的分析,并作出定量的表示,提出相应的安全对策措施,以达到安全性标准的过程,主要包括风险评价和危险评价。

轻微发动机后果(minor engine consequences):除丧失推力和发动机供给外没有其他影响的发动机失效。

重要发动机后果(major engine consequences):可能显著增加飞行机组人员工作负担,或减小发动机工作条件和危险性发动机失效之间的安全裕度的影响。

危险性发动机后果(hazardous engine consequences):可能造成发动机完全损失或报废,或者使飞机产生严重且不可逆的破坏的影响。

功能危险评估(function hazard assessment):也叫功能危险分析,是系统综合检查产品各种功能,识别各种功能故障状态,并根据其严重程度进行分类的一种安全性分析过程。

故障树分析（fault tree analysis）：由上往下的演绎式失效分析法，利用布林逻辑（Boolean Logic）组合低阶事件，用于分析系统中不希望出现的状态。

故障模式与影响分析（failure mode and effect analysis）：一种结构的、归纳的、从下到上的分析，用于评定每个元件或构件的失效对系统的影响，可在系统的任一层次上进行，通常用来分析单一故障的故障影响。

共因分析（common cause analysis，CCA）：是区域安全分析、特定风险分析和共模分析的总称，是对共因失效进行定性和定量分析的工具，可以检验系统间是否满足独立性要求，分析冗余设计在共因失效条件下系统失效的概率。共因分析的目的是杜绝共因失效或将事件发生概率控制在给定的概率范围之内。

区域安全分析（zonal safety analysis）：是根据故障模式与危险性分析、功能分析，在发动机结构系统中人为划定的空间区域内，考虑系统或设备失效、维修失误、环境变化和系统运行等情况而进行的安全性分析。区域安全分析的目标是在改进设计的区域内防止或限制系统安全性影响事件的发生，或减小其发生概率，保证发动机各系统之间的相容性和完整性。

特定风险分析（particular risk analysis）：用于分析处于发动机之外，但是可能破坏原来对故障的独立性认定的事件或影响作用，以保证所有与安全相关的影响被消除或被证实可接受。

共模分析（common mode analysis）：用来校验故障树分析中与门事件的独立性，避免共因失效（common cause failure）（或称共模失效（common mode failure））对系统的冗余系统安全性的影响，是针对冗余系统进行的安全性分析，也是用于确保系统安全的定性分析，包括在不同层次上的评估。

8.3.2 评估要求

设计过程与安全性分析过程共同组成了发动机研发的完整内容，两者相互依存，不可分割。根据需要，安全性评估可在发动机寿命周期过程的任何阶段上进行，需要大量数据和资料作为支撑，在实际工作中应根据发动机研制进展情况和具体条件做出定性或定量的评估。对于正向研制航空发动机的安全性评估和研发过程的交互关系，可参考图 8-46。

图 8-46 中左半边自上而下是整机、系统和构件进行功能和需求的分配及确认，右半边则是对设计进行自下而上的验证。对需求进行确认的目的是确保需求的正确性和完整性，使发动机满足客户的需求和适航的要求。同时，在安全评估实施过程中，应当有相应的计划和管理活动，以保证所有相关的失效状态都得到确认，并且考虑过所有可能导致这些失效状态的单点故障和多重故障组合。

在论证/方案设计阶段，需要对发动机提出风险要求和进行必要的功能风险评估，在详细/工程设计阶段需要根据研发过程开展整机级和部组件/子系统级的初级

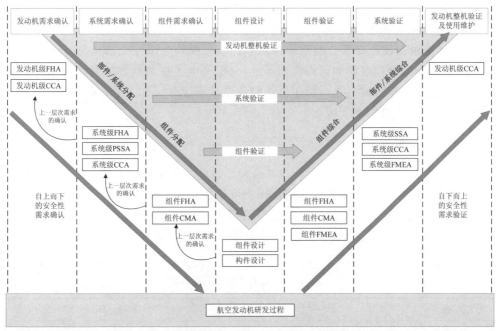

图 8 - 46　航空发动机研发过程与安全评估交互关系

系统安全性评估、系统安全性评估和共因分析等评估。数据不充分时通常只做定性的评估,随着数据的累积逐步进行详细的定量评估。

1. 要求分解

发动机作为一个高度综合的复杂系统,是由各部件和子系统整合而成的,而在整合过程中所引起的衍生复杂性或其相关性都应该在评估过程中考虑到。在进行安全性评估时,只要涉及综合性系统(如控制系统),都需要建立合理的系统级安全性目标并判断设计是否满足这些目标。

在航空燃气轮机安全性设计与评估中,其相关要求可按以下步骤分配:

① 确定基本的发动机性能和运行需求。通过这些基本的需求,能够建立发动机级功能和这些功能的需求。同时,能够确定与外界物理和运行环境的功能接口。这项工作的输出是一个包括发动机级功能、相关功能需求以及这些功能接口的清单。

② 自发动机级功能向部件、系统级进行分配和分解,确定适合的发动机功能分组并将这些功能的要求分配到部件、系统。根据功能分配及相关的失效影响,确定满足安全性目标所必需的更具体的部件、系统要求。作为功能不同组合的结果,衍生要求及增加的假设会在此阶段产生。这些工作的输出是对于每个发动机部件、系统以及它们的相关接口的一组要求。

③ 初步的部件、系统架构得到确认,该架构确立了部件、系统结构和边界,在此结构和边界之内,实施特定产品设计以满足所有已确立的安全性和技术性能要求,然后通过使用功能和性能分析、初步系统安全性评估和共因分析等过程进行迭代式的

评估。这项工作的输出包括零组件、成附件级的部件、系统架构,以及适用零组件、成附件的部件、系统功能和安全性设计要求的分配。

④ 将安全性设计要求分配至硬件和软件。分配到电子控制器中硬件的设计要求包括适合的安全性目标和研制保证等级;分配到电子控制软件的要求包括研制保证等级。此项工作的输出也可用于更新初步系统安全性评估,当在最终架构中包含了所有要求时,该过程即完成。

2. 评估指标

航空燃气轮机安全性评估指标应综合考虑危险失效事件后果的危险可能性和危险严重性,包括定性与定量指标。定性评估可依据工程经验、数据和飞行情况积累,风险评估指数(RAC)是最常用的定性评估指标,其决定危险事件风险的两种因素(即危险可能性和危险严重性),按其特点划分为相对的等级,一般分为 5 级,如表 8-5 所列。

表 8-5 危险可能性等级表

说 明	等 级	个 体	总 体
频繁	A	可能经常发生	连续发生
很可能	B	可能发生若干次	非连续,但经常发生
偶然	C	可能偶尔发生	发生若干次
很少	D	很少发生,但有可能	很少发生,但有理由预期可能发生
极少	E	极少发生,可认为不会发生	极少发生,有理由认为几乎不可能发生

概率风险评估(PRA)是最典型、应用最广的定量风险评估方法,适用于大型复杂系统。概率风险评估可在研制的不同阶段开展,在不同阶段实施,重点不同。如型号没有明确要求,具体指标范围如表 8-6 所列。针对不同的危险失效事件,对于预期发生概率可作如下一般性要求:

① 引起危险性发动机后果的所有故障模式的预期发生概率不超过极小可能定义的概率($10^{-7} \sim 10^{-9}$ 次/发动机飞行小时);

② 如果不能评估引起危险性发动机后果故障模式的概率,可评估单个引发危险性发动机后果的故障模式发生概率,要求比最低指标低一个量级,即不大于 10^{-8} 次/发动机飞行小时;

③ 引起重要发动机后果的单个失效模式或失效模式组合的预期发生概率不超过微小可能概率($10^{-5} \sim 10^{-7}$ 次/发动机飞行小时);

④ 若不能绝对证明可得到这样低的数量级的概率,则可通过工程判断和以往经验并结合正确的设计和试验原理来表明其合理性;

⑤ 考虑作战训练任务强度和使用状态影响,军用发动机可接受的安全性水平略高于民用发动机,故障模式发生概率可降低一个量级。

表 8-6　危险失效事件后果危险可能性、严重性及定量指标要求

概率 （定量）	每飞行小时			
	$1.0×10^{-3}$	$1.0×10^{-5}$	$1.0×10^{-7}$	$1.0×10^{-9}$
可能性 （描述性）	A. 频繁 / B. 很可能	C. 偶然	D. 很少	E. 极少
危险程度	轻　微	重　要	危害性	灾难性
失效状态 影响	• 轻微降低安全边界 • 轻微增加机组工作量 • 乘员有些不方便	• 明显降低安全裕度或功能 • 明显增加机组工作量或影响机组效率 • 乘员有些不舒适	• 显著降低安全边界或功能 • 显著增加机组工作量或使人员痛苦，使其不能精确履行其职责 • 对乘员有严重影响	• 不能安全飞行和着陆的所有失效情况
等级	Ⅳ级	Ⅲ级	Ⅱ级	Ⅰ级

3. 评估项目

安全性是航空燃气轮机作为一个复杂系统体现出的综合属性，空间上涉及整个发动机的全部系统、部件、零件，时间上贯穿航空发动机全寿命期。以概率风险评估（PRA）为基础的定量分析方法，强调在不同研发阶段均要开展相应的评估，在不同阶段实施重点不同，研发（设计）阶段和使用阶段概率风险评估实施重点也有所不同。研制和使用不同阶段概率风险评估实施重点如表 8-7 所列。

表 8-7　不同研制和使用阶段概率风险评估实施重点

阶　段	实施重点
论证阶段	➤ 需要对发动机提出风险要求和进行必要的功能风险评估
方案设计阶段	➤ 通过以往经验评估设计方案的风险，对方案进行权衡； ➤ 识别主要风险因素，提出降低风险的设计改进措施
技术设计阶段	➤ 综合利用仿真数据、部分试验数据和专家判断数据，评估型号的安全风险和任务风险，及其对安全性和可靠性要求的满足程度； ➤ 识别风险因素，提出降低风险的措施
工程设计阶段	➤ 利用试验数据，结合其他数据来评估型号的安全风险和任务风险； ➤ 判别型号技术状态是否满足可靠性和安全性要求，支持工程决策
使用阶段	➤ 利用使用过程观测数据进行风险计算和自动风险监控； ➤ 评估常规或应急操作、维修程序对安全风险和任务风险的影响，提出降低风险的操作或维修策略； ➤ 评估不同技术升级方案的风险，提出风险最小、效益最高的技术升级方案

安全性设计本质上是一种从设计目标出发,逐层分解、分工设计、逐层综合的迭代过程,要在设计活动中贯彻安全性要求,需要依托完善的计划和管理,把安全性要求逐层解耦并逐层分解到底层设计活动中,并在底层设计活动中保证底层设计要求的实现。安全性设计基本原则如下:

① 必须对预期可能发生的所有失效后果进行分析,其中包括:与发动机装机相关的飞机装置和相关程序;可发生的二次失效和潜在的失效;零件独立的功能失效或逐个失效的多重失效,或可导致危险性发动机后果的失效。

② 需总结可能导致危险性或重要发动机后果的所有失效,并估算相应失效发生的概率。需清楚确认其失效可导致危险性发动机后果的任何发动机零件,若不能绝对证明可得到这样低数量级的概率,则可通过工程判断和以往经验并结合正确的设计和试验原理来表明其合理性。某些单个元件的主要失效不能用数字合理地估计,应按照相关规定的完整性要求,表明其符合要求。

③ 若达到依靠安全系统以防止失效发展到导致危险性后果的程度,则必须分析安全系统与发动机本身共同失效的可能性。安全系统包括安装装置、仪表、早期警告装置、维修检查和其他类似设备或程序。若安全分析结果与相应维修安排、使用专业仪表相关,则必须在分析中给予确认和适当证明。

④ 在安全分析中一般包括以下项目的检查:指示设备;人工和自动控制系统;压气机引气系统;冷却剂喷射系统;燃气温度控制系统;发动机转速、功率或推力控制器和燃油控制系统;发动机转速超速、超温或最大限制器;螺旋桨控制系统;发动机或螺旋桨的反推系统。

8.3.3 评估流程

安全性评估过程应包括要求的产生和与发动机研制活动相配合的验证性工作。要通过一系列过程,采用一套方法对发动机功能以及实现这些功能的部件/系统设计进行评价,从而判断可能发生的危险失效,以及相关的危险是否已经得到恰当处理。

1. 研发评估总流程

航空发动机安全性评估的主要流程及其与研制过程的对应关系如图 8 - 47 所示。图中给出了典型的研发周期,安全性评估流程包括安全性需求确定、安全性指标自顶向下的分解以及安全性水平自底向上的确认,以上三个过程分别对应航空发动机整机级和子系统功能故障评估(FHA)、各系统的初级系统安全评估(PSSA)以及系统安全评估(SSA)三个评估过程。

安全性评估过程始于概念设计阶段,并在该阶段确定其安全性要求。随着研发过程的推进,安全性评估结果或总体需求的变更等因素可能导致设计产生更改,进而需要开展重新评估,这种重新评估又可能产生新的设计要求,新的设计要求又可能需要更进一步的设计更改来满足,这种安全性评估过程应持续到验证表明设计已经满足安全性要求为止。

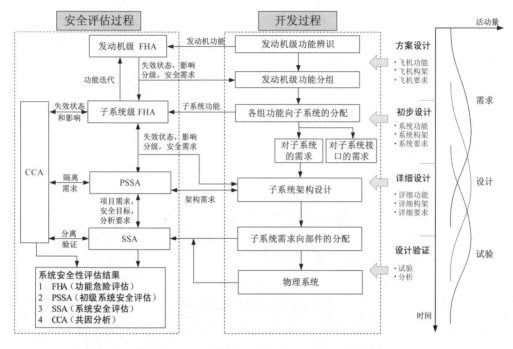

图 8-47 航空发动机研发中的安全性评估过程

安全性评估的主要步骤如图 8-48 所示,评估过程中宜采用的分析方法包括:
① 安全性需求确定,对应开展发动机级和子系统级功能危险性评估工作;② 安全性
指标自顶向下的分解,对应整机级及各部件/系统的初级系统安全评估工作,采用故
障树分析等工具;③ 安全性水平自底向上的确认和验证,对应系统安全评估,采用故
障树分析、故障模式与影响分析以及仿真机试验验证结果等方法。

安全评估过程中,应采用共因分析方法(CCA)建立和确认各子系统之间物理功
能的分离、隔离要求,辨识和消除部件/系统中可能存在的共因失效。

2. 定量评估流程

定量评估采用概率风险评估方法,其实施流程如图 8-49 所示,具体包括以
下 9 个步骤:

① 根据任务特点和安全性要求,确定安全评估的基本准则和目标;

② 进行系统分析;

③ 利用主逻辑图及故障模式与影响分析(FMEA)等方法,识别危险源(或初因
事件);

④ 利用事件树进行事件链建模,描述初因事件经各中间事件达到特定后果状态
的过程;

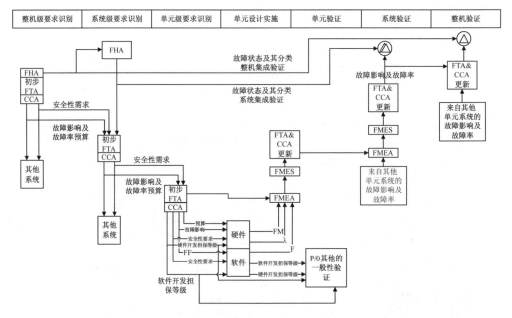

图 8-48　安全性评估的步骤

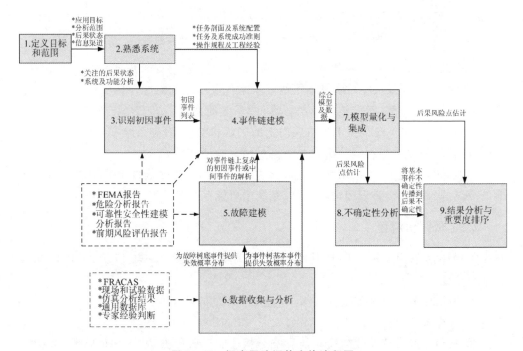

图 8-49　概率风险评估实施流程图

⑤ 利用故障树对事件链模型中的关键中间事件进行失效力学过程建模；

⑥ 收集并分析与故障相关的各类定性和定量的数据信息；

⑦ 利用蒙特卡洛等仿真技术进行事件链模型的量化与集成；

⑧ 对事件链模型及其参数的不确定性进行分析；

⑨ 对事件链模型各基本事件按重要度进行排序，给出评价结果。

3. 功能/系统安全评估

(1) 功能危险评估(FHA)

功能危险评估(function hazard assessment,FHA)是一种系统工程分析技术和方法，不针对具体的硬件，注重对产品功能上和操作上的缺陷进行分析，其目的是发现潜在的危险或突变故障模式，以控制或避免可能发生的危险后果。不同的评估对象其内涵完全不同。

新型发动机研发或现有发动机改型设计方案的安全性评估的核心是确定功能失效状态并评估其影响。航空发动机功能危险评估至少包括以下内容：

① 功能定义，即确定与分析发动机及各子系统相关的所有功能。

② 危险说明，即确定并描述各功能的失效或故障状态。

③ 工作状态确定，即确定该失效或故障出现时所处的工作状态或飞行阶段。

④ 故障影响确定，即确定失效情况对其他系统的影响以及对发动机的影响。

⑤ 影响等级分类，即根据故障情况对发动机的影响进行分类。

⑥ 提出进一步分析的方法。

⑦ 提出合格审定或验证的方法。

完成功能危险评估的最低标准如下：

① 必须考虑所有功能。

② 必须考虑所有功能的故障模式。

③ 必须考虑所有工作阶段和所有接口。

④ 必须推导出故障条件及其严酷度等级。

⑤ 必须是系统的且彻底的。

(2) 初级系统安全评估(PSSA)

初级系统安全评估(preliminary system safety assessment,PSSA)应确定各部件/系统和附件的安全性要求，并预计所建立的各部件/系统构架是否满足系统安全性要求。初步系统安全评估用来完成故障状态列表，并确定相应的安全性要求，同时描述保证发动机满足 FHA 中识别的功能危险的定性或定量要求的策划方案。

初级系统安全评估过程中，主要考虑以下内容：

① 识别并获得所有相关系统的安全性要求；

② 考虑需要满足安全性目标的结构属性；

③ 考虑失效安全概念；

④ 确定保护措施。

初级系统安全评估是对功能危险评估中所识别的功能危险以及提出的安全性要

求满足情况的预计。宜采用的分析方法是故障模式与影响分析、故障树分析以及共因分析。整机级初级系统安全评估的输入是系统级功能危险评估的输出,低层次的初级系统安全评估的输入是高层次的初级系统安全评估的输出。初级系统安全评估的输出包括如下内容:

① 分配到下一级的安全性要求(包括定性和定量的);

② 独立性设计要求(分隔、隔离、保护等);

③ 硬件/软件研制担保等级;

④ 安全性维修任务及最大维修时间间隔;

⑤ 系统的初步安全预计结果。

(3) 系统安全评估(SSA)

系统安全评估(system safety assessment,SSA)是对已完成研发的发动机进行系统性、综合性的评估,用来说明相关的安全性要求已经被满足,即确认该发动机满足功能危险评估和初级系统安全评估中确定的定性和定量要求。系统安全评估应综合各种分析结果用以确认整个系统的安全性,要求把所有的在初级系统安全评估中识别的具体安全性要求都考虑进去。

系统安全评估在详细设计阶段与试验验证阶段进行,是一种对发动机各部件/子系统的安全性进行系统性、综合性地检查、评估和分析的过程,对每种使用模式中的工作状态,确定其潜在的危险,预计其对人员伤害或对发动机损坏的可能性,并确定危险消除或发生概率减少到可接受范围。

系统安全评估是确定已实施的设计能满足安全性要求的评估过程,是安全符合性验证的最终环节,相应的评估文件是发动机安全分析符合性验证的主要支持材料。评估的流程包括以下内容:

① 检验在部件/系统级功能危险评估中建立的设计要求是否被满足;

② 确认为发动机级影响建立的分类是合理的;

③ 检验在发动机级安全性要求和目标中强调的,或者从发动机级安全性要求和目标中获得的安全性要求是否被满足;

④ 检验在共因分析过程中识别的设计要求是否被满足;

⑤ 确认系统安全评估和发动机级功能危险评估的联系。

8.3.4　分析方法

航空发动机安全评估过程中主要采用的方法有:故障树分析(FTA)、故障模式与影响分析(FMEA)、共因分析(CCA)。

1. 故障树分析(FTA)

故障树分析(FTA)是自上而下的分析技术,它可持续地向下分析到设计的详细层次。

故障树分析作为初级系统安全评估(PSSA)的一部分,用来明确功能危险评估(FHA)识别分析中的事件及存在于较低层次的单点故障或者组合故障。从故障模式影响分析(FMEA)中获得基本事件的故障率。

故障树分析使用布尔逻辑门表明故障影响与故障模式的关系。最常用的逻辑门是"与门"和"或门"。"与门"表示所有输入事件发生时,高一层次的输出事件才发生;"或门"表示所有输入事件中只要有一个事件发生,高一层次的输出事件就发生。

故障树分析主要功能包括:

① 确定顶层事件的发生概率;

② 评估系统结构属性,分解顶层安全性要求及软硬件的研制保证等级;

③ 评估设计更改的影响;

④ 确定是否需要更改设计和/或确定需要关注的特殊情况;

⑤ 作为系统安全评估(SSA)的一部分,表明设计对定性、定量安全性目标的符合性;

⑥ 提供可视化的方法,定性地描述软件对于顶事件故障状态分类的重要性;

⑦ 建立发动机的维修任务和任务时间间隔,以满足系统安全性的要求。

执行故障树分析需要以下 4 个基本步骤:

① 定义目标和分析的深度;

② 定义分析的需求水平;

③ 定义非期望事件;

④ 定义的非期望事件可直接与 FHA 绑定。如果系统被细分成多级,则这个非期望事件也可与其他故障树上的顶事件绑定,如果非期望事件是一个更大事件的再分化,那么应特别注意与子树是否又联合在一起。在其被联合到一个新的故障树之前,对所有联合的子树必须独立地检视。非期望事件的故障概率预算需要声明:

a. 第一时间收集最完整的、系统的可行数据,分析其决定可能的错误、故障事件和导致顶事件的联合事件;

b. 构造联合非期望事件的故障树;

c. 分析和总结 FTA 结果。

故障树分析可以是定量的,也可以是定性的。如果具备条件,应尽可能获得定量的事件发生概率。当进行定量的故障树分析时,事件的发生概率根据故障率和暴露时间进行估计。为进行分析,故障率通常被假定为随时间变化的常量,即为处于偶然失效期(位于早期失效期之后耗损失效期之前)的故障率的估计值。如果考虑耗损期或者早期失效期的故障率,则须使用其他方法,如生命周期限制等。每飞行小时故障状态平均发生概率的计算必须在合理的假设典型平均飞行时间、考虑合理的暴露与风险时间的基础上进行。

2. 故障模式影响分析(FMEA)

故障模式影响分析(FMEA)是一种系统地、自下而上地识别部件、系统、附件、零组件的故障模式并确定其对上层产品影响的方法。FMEA 可以在产品的任一层次上进行,通常 FMEA 用来分析单一故障的故障影响。航空发动机 FMEA 通常包括以下信息:① 产品、零件号、功能;② 故障模式与相关的故障率;③ 故障发生的任务阶段;④ 故障影响;⑤ 可检测性与检测方法;⑥ 使用补偿措施;⑦ 故障影响的严重性。

FMEA 可以与 FTA 一起进行定量分析。此外,通过自下而上提供故障影响列表,FMEA 能够对 FTA 进行补充。通过比较 FMEA 的失效模式和故障树的底事件,FMEA 亦可用于验证 FTA。需要注意的是,在初始设计阶段执行 FMEA 时,有些信息无法获取,只能进行假设或估计。

分析人员需要回顾和理解前述准备阶段所收集的信息,分析确定每一个已确定的失效模式在给定层次和高一层次的影响,为每个不同类型的影响建立失效影响类别,对每个失效影响类别进行编码。通过定义这些编码将对应的文字描述从工作表转移到报告正文,简化 FMEA 工作表。每个影响类别必须仅有一个更高层次的影响,否则该影响类别必须更详细地定义。

3. 共因分析(CCA)

共因分析(CCA)是对共因失效进行定性和定量分析的工具,其可以检验系统间是否满足独立性要求,分析共因失效条件下系统失效的概率。需要指出的是,对于共因失效分析中所确定的故障或外部事件,对于灾难性的故障后果,这些共因事件必须杜绝;而对于危险性的故障后果,这些共因事件发生的概率必须控制在给定的概率范围之内。

共因分析包括区域安全分析、特殊风险分析和共模分析。

(1) 区域安全分析(ZSA)

发动机区域安全分析(ZSA)是对在发动机上人为划定的区域内,考虑系统安全、维修失误、外部环境变化、系统运行等情况而进行的安全性分析,其目的是:① 通过对各区域进行相容性检查,判定各系统、附件的安装是否符合安全性设计要求;② 判定位于同一区域内各系统、附件之间相互影响的程度;③ 分析产生维修失误的可能性及其影响。

区域安全分析是定性分析,如图 8-50 所示,包括三个主要任务:① 为每个新型发动机研制项目准备设计和安装指南;② 根据指南检查飞机各区域与指南的符合程度,记录结果供引用或参考;③ 准备安装于发动机各区域的系统/部件清单,该清单在项目的不同阶段可根据安装图纸、样机和发动机实物制定。针对这些系统/部件,需确定其对附近系统/部件有影响的失效模式目录。该目录可根据系统/部件的

FMEA 和系统/部件的固有危险来确定。

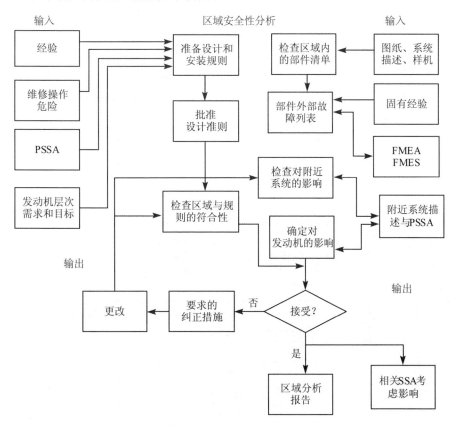

图 8 - 50　区域安全分析过程

（2）特殊风险分析（PRA）

发动机特殊风险分析（PRA）是分析处于发动机之外，但是可能破坏原来对故障的独立性认定的事件或影响作用。

发动机面临的典型外部风险包括火灾、冰、雹、雪、鸟撞、雷电、高强度辐射场、结构件松脱等。根据结构设计情况合理地确定了风险后，要针对每一项风险进行专门研究，对与之同时或后续出现的影响进行检查和论述。总的目的就是保证所有与安全相关的影响要么被消除，要么被证实可接受。

发动机特殊风险分析通常是依风险逐条进行的，如果可接受，则需要安全评估或相应鉴定文件；如果不可接受，则开始更改设计。

（3）共模分析（CMA）

发动机共模分析（CMA）是用来检验故障树分析中"与门"事件的独立性的，它贯穿发动机研制使用、维修的全过程，可确保设计的优良性。

部分设备可能使设计中功能的独立性和冗余失效，共模分析对发动机独立性有影响的设计、制造、维修错误以及故障状态进行评估,还必须考虑功能的独立性。发动机需要考虑的一些共模故障包括:软件开发错误、硬件开发错误、硬件故障、制造维修错误、安装错误、环境因素(如温度、振动和湿度等)、继发性故障、共同外部起因故障。

整机级和系统级共模故障分析流程如图 8 - 51 所示。CMA 分析过程包括以下 4 部分:① 建立 CMA 清单;② 识别 CMA 要求;③ 分析设计,确保符合要求;④ 形成 CMA 报告(包括分析过程和结果)。

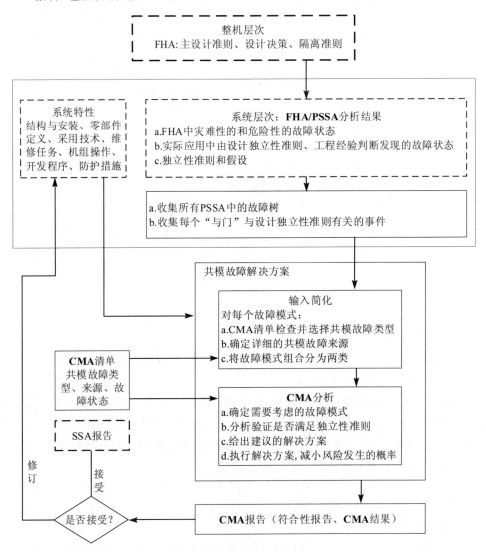

图 8 - 51 共模分析流程图

参考文献

[1] 洪杰，马艳红. 航空燃气涡轮发动机结构与设计[M]. 北京:科学出版社,2021.

[2] 付才高,顾家柳等. 航空发动机设计手册第 19 册——转子动力学及整机振动[M]. 北京:航空工业出版社,2000.

[3] 洪杰，马艳红，李超. 航空燃气轮机转子动力学特性与安全性设计[M]. 北京:北京航空航天大学出版社,2021.

[4] 刘永泉，洪杰，马艳红. 航空燃气涡轮发动机振动抑制容差设计[M]. 北京:北京航空航天大学出版社,2020.

[5] 洪杰，马艳红，张大义. 航空燃气轮机总体结构设计与动力学分析[M]. 北京:北京航空航天大学出版社,2014.

[6] 陈光，洪杰，马艳红. 航空燃气涡轮发动机结构[M]. 北京:北京航空航天大学出版社,2010.

[7] 朗道 ЛД,栗弗席兹 Е М. 力学[M]. 李俊峰，鞠国兴,译. 北京:高等教育出版社,2007：99-135.

[8] 谢传峰，王琪,等. 理论力学[M]. 北京:高等教育出版社,2015.

[9] 顾家柳. 转子动力学[M]. 北京:国防工业出版社,1985.

[10] Yukio I, Toshio Y. Linear and Nonlinear Rotor Dynamics：A Modern Treatment with Applications[M]. [S.1]：John Wiley Sons,2013.

[11] Muszynska A. Rotordynamics[M]. USA：CRC press,2005.

[12] 机械振动 恒态(刚性)转子平衡品质要求 第 1 部分:规范与平衡允差的检验. GB/T 9239.1-2006[S]. 北京:中国标准出版社,2006.

[13] Den Hartog J P. Mechanical Vibration[M]. New York：McGraw-Hill Book Company, Inc., 1940：317-323.

[14] Timoshenko S P. Vibration Problems in Engineering[M]. New York：D. Van Nostrand Co, Inc., 1955：290-299.

[15] Jeffcott H H. The Lateral Vibration of Loaded Shafts in the Neighbourhood

of a Whirling Speed—The Effect of Want of Balance[J]. The London, Edinburgh, and Dublin Philosophical Magazine and Journal of Science, 1919, 37 (219): 304-314.

[16] Smith D M. The motion of a rotor carried by a flexible shaft in flexible bearings[J]. Proc. Roy. Soc., 1933, 142: 92-118.

[17] Shiau T N, Lee E K. The residual shaft bow effect on dynamic response of a simply supported rotor with disk skew and mass unbalances[J]. Journal of Vibration and Acoustics, 1989.

[18] Benson R C. The steady-state response of a cantilevered rotor with skew and mass unbalances[J]. Journal of Vibration Acoustics Stress and Reliability in Design, 1983, 105(4): 456.

[19] Carnegie W. Rotary inertia and gyroscopic effects in overhung shaft systems [J]. Bull. Mech. Eng. Educ., 1964, 3: 191.

[20] 洪杰, 杨哲夫, 吕春光, 等. 高速柔性转子系统动力学特性稳健设计方法[J]. 北京航空航天大学学报, 2019, 45(5).

[21] 洪杰, 宋制宏, 王东, 等. 高速转子系统支承结构及力学特性设计方法[J]. 航空动力学报, 2019, 34(5).

[22] Wang J, Xu M, Zhang C, et al. Online bearing clearance monitoring based on an accurate vibration analysis[J]. Energies, 2020, 13(2): 389.

[23] Tiwari M, Gupta K, Prakash O. Effect of radial internal clearance of a ball bearing on the dynamics of a balanced horizontal rotor[J]. Journal of sound and vibration, 2000, 238(5): 723-756.

[24] 李超, 金福艺, 王东. 转子结构布局及其力学特性优化分析[J]. 航空动力学报, 2019, 34(2).

[25] 张大义, 刘烨辉, 洪杰, 等. 航空发动机整机动力学模型建立与振动特性分析 [J]. 推进技术, 2015(5).

[26] 洪杰, 杨哲夫, 孙博, 等. 局部旋转惯性对转子系统动力学特性的影响[J]. 航空动力学报, 2022 (4): 673-683.

[27] 洪杰, 闫琦, 丰少宝, 等. 界面连接多盘转子旋转惯性模型及动力响应特性 [J]. 航空动力学报, 2022 (5): 897-908.

[28] Liu Y, Liu H, Wang N. Effects of typical machining errors on the nonlinear dynamic characteristics of rod-fastened rotor bearing system[J]. Journal of Vibration and Acoustics, 2017, 139(1).

[29] Liu Y, Liu H, Fan B. Numerical analysis on the static-dynamic coupling influences of parallelism flaw in disc-rod rotor ball bearing system[J]. Proceedings of the Institution of Mechanical Engineers, Part K: Journal of Multi-

body Dynamics，2018，232(1)：103-112.

[30] Xueqi C，Yanhong M，Jie H．Vibration suppression of additional unbalance caused by the non-continuous characteristics of a typical aero-engine rotor [C]//International Conference on Rotor Dynamics．Springer，Cham，2018：34-48.

[31] Yu H，Sun B，Ma Y H，et al．The dynamic load of Inter-shaft bearing and its transmission Characteristic of complex rotor system[C]// ASME Turbo Expo 2018：Turbomachinery Technical Conference and Exposition，2018.

[32] Mollmann D E．Dual rotor vibration monitoring：U S 8313279[P]．2012-11-20.

[33] 夏巍.具有中介轴承的航空发动机转子动力学响应分析[D]．武汉:华中科技大学,2015.

[34] Harsha S P．Nonlinear dynamic analysis of a high-speed rotor supported by rolling element bearings[J]．Journal of Sound and Vibration，2006，290(1-2)：65-100.

[35] Genta G．Dynamics of Rotating Systems[M]．Springer US，2005.

[36] Cao H，Niu L，Xi S，et al．Mechanical model development of rolling bearing-rotor systems：A review[J]．Mechanical Systems and Signal Processing，2018，102：37-58.

[37] Filimonikhin G B，Nevdakha Y A．Balancing a rotor with two coupled perfectly rigid bodies[J]．International Applied Mechanics，2002，38(3)：377-386.

[38] Guskov M，Sinou J J，Thouverez F，et al．Experimental and numerical investigations of a dual-shaft test rig with intershaft bearing[J]．International Journal of Rotating Machinery,2014,2007(2):308-321.

[39] Liu S G，Ma Y H，Zhang D Y，et al．Studies on dynamic characteristics of the joint in the aero-engine rotor system[J]．Mechanical Systems & Signal Processing，2012. 29(5)：120-136.

[40] 航空涡轮喷气和涡轮风扇发动机通用规范:GJB 241A-2010[S].北京:总装备部军标出版发行部,2010.

[41] Elishakoff I，Ohsaki M．Optimization and Anti-Optimization of Structures Under Uncertainty[M]．London:Imperial College Press，2010.

[42] 洪杰,徐筱李,梁天宇,等.转子结构系统界面失效分析及稳健设计方法[J].航空动力学报,2018,33(03):649-656.

[43] Ishida Y，Inagaki M，Ejima R，et al．Nonlinear resonances and self-excited oscillations of a rotor causedby radial clearance and collision[J]．Nonlinear

Dynamics，2009，57(4)：593-605.

［44］王存. 非连续转子连接结构的动力学模型及区间分析方法［D］. 北京：北京航空航天大学，2019.

［45］Ibrahim R A，Pettit C L. Uncertainties and dynamic problems of bolted joints and other fasteners［J］. Journal of Sound & Vibration，2005，279（3）：857-936.

［46］陈萌. 航空发动机转子系统动力学特性区间分析理论与方法研究［D］. 北京：北京航空航天大学，2010.

［47］Gong Y P，Ehmann K F，Lin C. Analysis of dynamic characteristics of micro-drills［J］. Journal of Materials Processing Tech，2003，141(1)：16-28.

［48］刘伟佳. 陀螺效应对转子临界转速的影响［J］. 吉林师范大学学报（自然科学版），2012，33(3)：47-49.

［49］Isa A A M，Penny J E T，Garvey S D. Dynamics of bolted and laminated rotors［C］. Proceedings of the International Modal Analysis Conference - IMAC，San Antonio，Texas，2000，1：867-872.

［50］龚良慈，等. 航空发动机设计手册（第17册）：载荷及机匣承力件强度分析［M］. 北京：航空工业出版社，2001.

［51］Durocher E，Legare P Y. Oil line insulation system for mid turbine frame：US20100275572［P］. 2010.

［52］王永锋. 高负荷转子承载结构动力学响应与振动控制方法［D］. 北京：北京航空航天大学，2021.

［53］邓吟. 基于有限元素法的多物理场下弹性支承系统动力学特性研究［D］. 北京：北京航空航天大学，2006.

［54］Grice R M，Pinnington R J. A method for the vibration analysis of built-up structures，part I：introduction and analytical analysis of the plate-stiffened beam［J］. Journal of Sound & Vibration，2000，230(4)：825-849.

［55］Remington P J. Structure-borne sound：structural vibrations and sound radiation at audio frequencies (3rd edition)［J］. Journal of the Acoustical Society of America，2005，118(5)：2754-2754.

［56］Cui D，Craighead I A. Reduction in machine noise and vibration levels based on the statistical energy analysis method［J］. ARCHIVE Proceedings of the Institution of Mechanical Engineers Part E Journal of Process Mechanical Engineering 1989-1996 (vols，2000，214(3)：147-155.

［57］Harari A. Wave propagation in cylindrical shells with finite regions of structural discontinuity［J］. Journal of the Acoustical Society of America，1977，62(5)：1196-1205.

[58] Wu C. Vibration Power Flow and Experimental Investigation[M]// Wu C, Wave Propagation Approach for Structural Vibration. Singapore：Springer, 2021：233-264.

[59] Goyder H, White R G. Vibrational power flow from machines into built-up structures, part I：Introduction and approximate analyses of beam and plate-like foundations[J]. Journal of Sound & Vibration, 1980, 68(1):59-75.

[60] Pires F, Vanlanduit S, Dirckx J. Structural intensity on shell structures via a Finite-Element-Method approximation[J]. The Journal of the Acoustical Society of America, 2018, 144(3): 1862-1862.

[61] Lamarsaude B, Bousseau Y, Jund A. Structural intensity analysis for car body design：going beyond interpretation issues through vector field processing[C]. Proceedings of ISMA2014, 2014.

[62] 漆文凯, 高德平. 干摩擦阻尼及其应用[J]. 理化检验：物理分册, 2002, 38(4):160-163.

[63] Von Benken J D. Damped turbine engine frame：US 5284011 A[P]. 1994.

[64] Onat E, Klees G W. A method to estimate weight and dimensions of large and small gas turbine engines [R]. NASA Technical Report, 1979, CR-159481.

[65] Lolis P, Giannakakis P, Sethi V, et al. Evaluation of aero gas turbine preliminary weight estimation methods[J]. Aeronaut Journal, 2014, 118(1204): 625-641.

[66] Tong M T, Halliwell I, Ghosn L J. A computer code for gas turbine engine weight and disk life estimation[J]. Journal of Engineering for Gas Turbines and Power, 2004, 126(2):265-270.

[67] Armand S C. Structural optimization methodology for rotating disks of aircraft engines[R]. NASA Technical Report, 1995, NASA-TM-4693.

[68] Gutta P R, Chinthala V S, Manchoju R V, et al. A review on facility layout design of an automated guided vehicle in flexible manufacturing system[J]. Materials Today：Proceedings, 2018, 5(2) : 3981-3986.

[69] Seitz A, Bijewitz J, Kaiser S, et al. Conceptual investigation of a propulsive fuselage aircraft layout[J]. Aircraft Engineering and Aerospace Technology, 2014, 86(6) : 472-464.

[70] 李超, 金福艺, 王东, 等. 转子结构布局及其力学特性优化设计[J]. 航空动力学报, 2019, 34(02):282-291.

[71] 李超, 金福艺, 张卫浩. 航空发动机转子结构布局优化设计方法[J]. 北京航空航天大学学报, 2019, 45(02):266-276.

[72] Park P，Gilbert M，Tyas A，et al. Potential use of structural layout optimization at the conceptual design stage[J]. International Journal of Architectural Computing，2012，10(1)：13-32.

[73] 郑华强，彭刚，马艳红，等.航空发动机结构力学性能定量分析方法[J].推进技术，2018，39(03)：645-652.

[74] Hong J，Tianrang L I，Zheng H，et al. Applications of structural efficiency assessment method on structural-mechanical characteristics integrated design in aero-engines[J].Chinese Journal of Aeronautics，2020，33(04)：1260-1271.

[75] Yu P，Zhang D，Ma Y，et al. Dynamic modeling and vibration characteristics analysis of the aero-engine dual-rotor system with Fan blade out[J]. Mechanical Systems and Signal Processing，2018，106：158-175.

[76] Hong J，Yu P，Zhang D，et al. Modal characteristics analysis for a flexible rotor with non-smooth constraint due to intermittent rub-impact[J]. Chinese Journal of Aeronautics，2018，31(3)：498-513.

[77] Ma Y，Liang Z，Chen M，et al. Interval analysis of rotor dynamic response with uncertain parameters[J]. Journal of Sound and Vibration，2013，332 (16)：3869-3880.

[78] 李超，刘棣，马艳红，等. 叶片飞失转子动力学特性及支承结构安全性设计 [J]. 航空动力学报，2020，35(11)：2263-2274.

[79] 柴象海，胡寿丰，张执南，等. 显式动力学子模型法在航空发动机整机瞬态冲击并行计算中的应用[J].数据与计算发展前沿，2020，2(6)：11-20.

[80] Yamamoto T，Ishida Y，Ikeda T. Summed and differential harmonic oscillations of an unsymmetrical shaft [J]. Bulletin of JSME，1981，187(24)：183-191.

[81] Hong J，Chen C，Wang Y F，et al. Vibration test of high speed flexible rotor due to the sudden-unbalance[J]. Journal of Aerospace Power，2018，33(1)：15-23.

[82] 王宗勇，龚斌，闻邦椿.质量及激励幅值突变转子系统动力学研究[J]. 振动与冲击，2008，27(8)：48-51.

[83] 刘璐璐，赵振华，陈伟，等. 航空发动机复合材料机匣弹道冲击特性[J].航空动力学报，2018，33(01)：30-38.

[84] Hong J，Yu P，Zhang D，et al. Investigation on the modal characteristics of the rubbing rotor system with additional constraint [C]// ASME Turbo Expo 2018：Turbomachinery Technical Conference & and Exposition，2018.

[85] 洪杰，许美玲，马艳红，等. 风扇叶片飞失激励下转子-支承结构安全性设计策略[J]. 航空动力学报，2016，31(11)：8.

[86] 刘璐璐,杨宗志,陈伟,等. 航空发动机叶片飞失整机响应及安全性分析[J]. 计算机仿真, 2020, 37(2), 47-52.

[87] 刘棣,李超,马艳红,等. 柔性转子动力学特性及支承结构安全性设计[J],航空发动机, 2021, 47(2): 45-51.

[88] Axel Rossmann,et al. Aeroengine Safety[M] Graz University of Technology, 2020.

[89] Lawrence C,Carney K,Gallardo V. Simulation of aircraft engine blade-out structural dynamics[C]// Worldwide Aerospace Conference and Technology showcase,2001.

[90] Sinha S K,Dorbala S. Dynamic loads in the fan containment structure of a turbofan engine[J],Journal of Aerospace Engineering,2019,22(3):260.

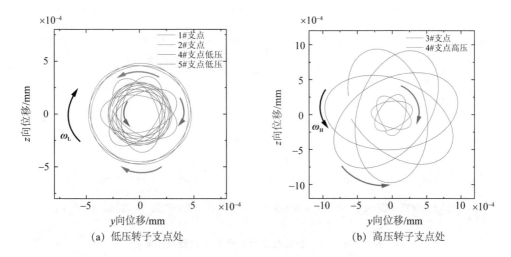

（a）低压转子支点处 （b）高压转子支点处

图 4 - 8 转子在支点处的轴心轨迹

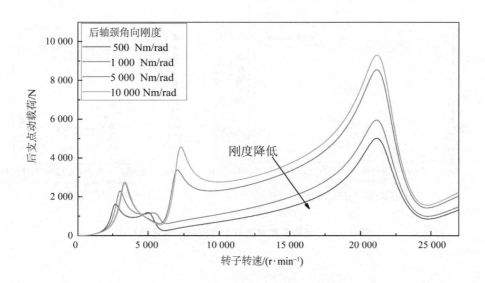

图 4 - 21 涡轮盘后轴颈刚度对后支点动载荷的影响

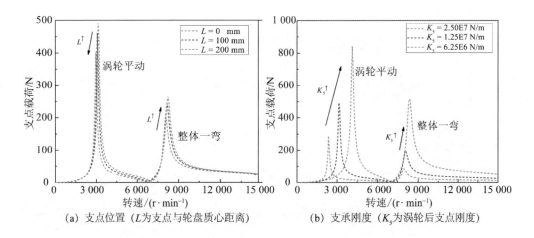

(a) 支点位置（L为支点与轮盘质心距离）　　(b) 支承刚度（K_s为涡轮后支点刚度）

图 4-35　支承参数改变对 5 号支点动载荷的影响

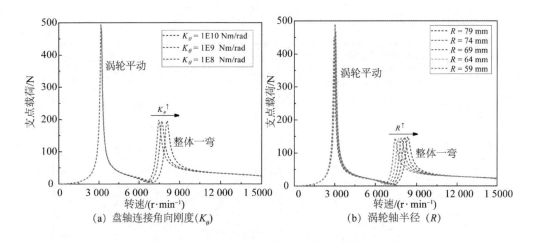

(a) 盘轴连接角向刚度(K_θ)　　(b) 涡轮轴半径（R）

图 4-36　结构参数改变对 5 号支点动载荷的影响

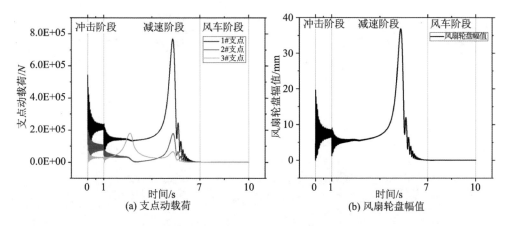

(a) 支点动载荷 (b) 风扇轮盘幅值

图 5 - 13　叶片飞失-转子系统响应特性

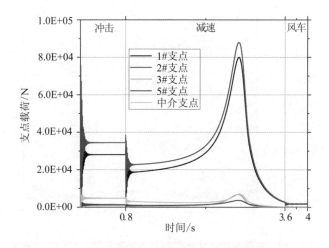

图 5 - 17　风扇叶片飞失后支点动载荷变化

3

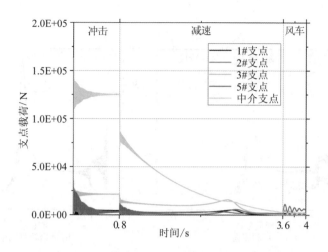

图 5 - 18 低压涡轮叶片飞失后支点动载荷变化

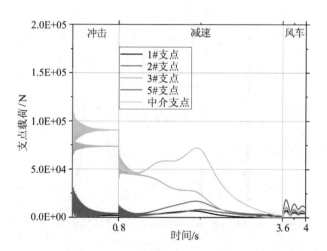

图 5 - 19 高压涡轮叶片飞失后支点动载荷随时间的变化规律

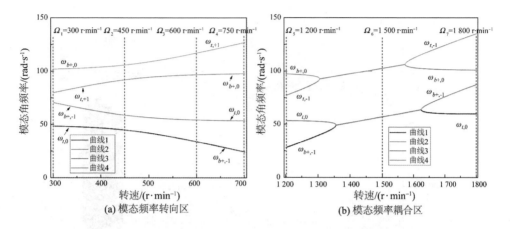

(a) 模态频率转向区   (b) 模态频率耦合区

图 5-34   转子模态频率随转速变化的曲线(偏心距为 100 mm)

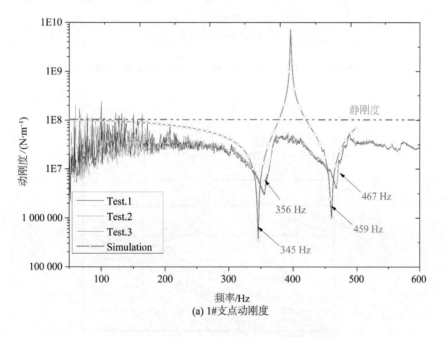

(a) 1#支点动刚度

图 6-13   不同频率下承力结构支点动刚度特征

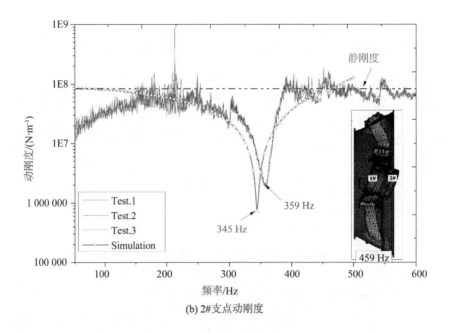

(b) 2#支点动刚度

图 6-13   不同频率下承力结构支点动刚度特征(续)

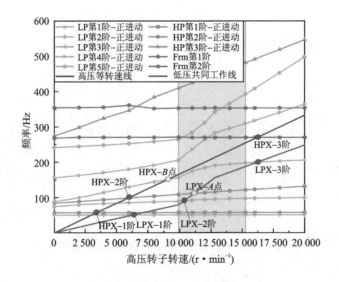

图 6-39   共用支承-双转子系统 Campbell 图

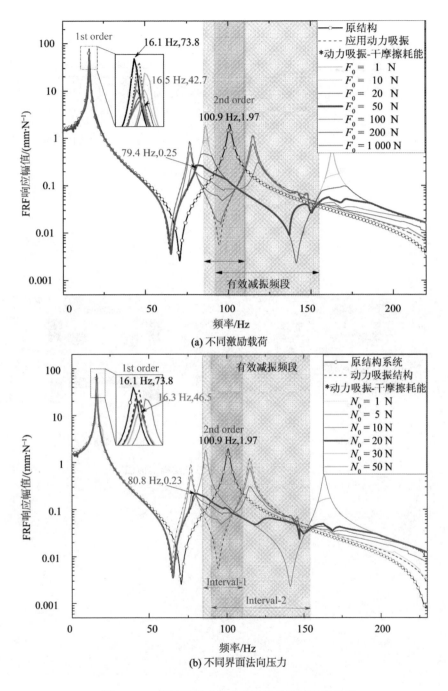

(a) 不同激励载荷

(b) 不同界面法向压力

图 6-59 应用不同减振结构时结构系统响应特征

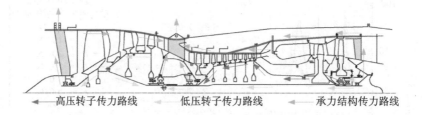

图 7 - 3 F119 涡扇发动机承力结构与传力路线

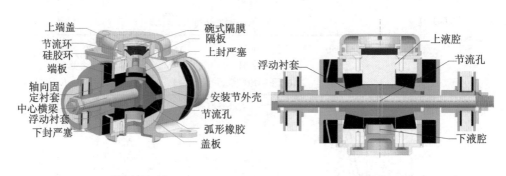

(a) 结构剖面示意   (b) 液体通道示意

图 8 - 42 液体减振器及部分结构剖面图